U0241611

《人民文库》编委会

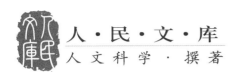

人·民·文·库

人 文 科 学 · 撰 著

灾荒与饥馑：1840—1919

李文海　周　源　著

人民出版社

责任编辑：刘彦青

责任校对：夏玉婵

图书在版编目（CIP）数据

灾荒与饥馑：1840—1919/李文海；周源 著. —北京：人民出版社，2020.1

（人民文库）

ISBN 978－7－01－021697－3

Ⅰ.①灾…　　Ⅱ.①李…②周…　　Ⅲ.①自然灾害-历史-中国-1840-1919　　Ⅳ.①X432-092

中国版本图书馆 CIP 数据核字（2019）第 294327 号

灾荒与饥馑：1840—1919
ZAIHUANG YU JIJIN 1840—1919

李文海　周　源　著

人民出版社 出版发行

（100706　北京市东城区隆福寺街 99 号）

北京汇林印务有限公司印刷　　新华书店经销

2020 年 1 月第 1 版　2020 年 1 月北京第 1 次印刷

开本：710 毫米×1000 毫米 1/16　印张：16

字数：212 千字

ISBN 978－7－01－021697－3　定价：38.00 元

邮购地址 100706　北京市东城区隆福寺街 99 号

人民东方图书销售中心　电话 （010）65250042　65289539

《人民文库》出版前言

人民出版社是党的第一家出版机构，始创于1921年9月，重建于1950年12月，伴随着党的历史、新中国的发展、改革开放的巨变一路走来，成为新中国出版业的见证和缩影！

"指示新潮底趋向，测定潮势底迟速"，这十四个大字就赫然写在人民出版社创设通告上，成为办社宗旨。在不同的历史时期，出版宗旨的表述也许有所不同，但宗旨的精髓却始终未变！无论是在传播马列、宣传真理方面，还是在繁荣学术、探索未来方面，人民版图书都秉承这一宗旨。几十年来，特别是新中国成立以来，人民出版社出版了大批为世人所公认的精品力作。有的图书眼光犀利，独具卓识；有的图书取材宏富，考索赅博；有的图书大题小做，简明精悍。它们引领着当时的思想、理论、学术潮流，一版再版，不仅在当时享誉图书界，即使在今天，仍然具有重要影响。

为挖掘人民出版社蕴藏的丰富出版资源，在广泛征求相关专家学者和老一辈出版家意见的基础上，我社决定从历年出版的2万多种作品中（包括我社副牌东方出版社和曾作为我社副牌的三联书店出版的图书），精选出一批在当时产生过历史作用，在当下仍具思想性、原创性、学术性以及珍贵史料价值的优秀作品，汇聚成《人民文库》，以满足广大读者的阅读收藏需求，积累传承优秀文化。

《人民文库》第一批以20世纪80年代末以前出版的图书为主，

分为以下类别：（1）马克思主义理论，（2）中共党史及党史资料，（3）人文科学（包括撰著、译著），（4）人物，（5）文化。首批出版100余种，准备用两年时间出齐。此后，我们还将根据读者需求，精选出20世纪90年代以来的优秀作品陆续出版。

由于文库入选作品出版于不同年代，一方面为满足当代读者特别是年轻读者的阅读需要，在保证质量的前提下，我们将原来的繁体字、竖排本改为简体字、横排本；另一方面，为尽可能保留原书风貌，对于有些入选文库作品的版式、编排，姑仍其旧。这样做，也许有"偷懒"之嫌，但却是我们让读者在不影响阅读的情况下，体味优秀作品恒久价值的一片用心。

在社会主义文化大发展大繁荣的今天，作为公益性出版单位，我们深知人民出版社在坚持社会主义文化前进方向，为人民多出书、出好书所担当的社会责任。我们将从新的历史起点出发，再创人民出版社的辉煌。

《人民文库》编委会

序

李　侃

　　近代中国一百多年的历史,是充满了屈辱与苦难,奋斗与抗争,变革与革命,失败与胜利的历史,是中国各族人民在火与铁的考验中用生命和鲜血写成的历史。每当人们回顾以往这段历史的时候,都会情不自禁地为饱经忧患的祖国而痛愤,为中华民族艰苦卓绝的斗争而自豪。

　　中国人在遭受苦难的时候,经常把"天灾"与"人祸"联系在一起。近代中国最大最深的"人祸",就是帝国主义的侵略掠夺和封建主义的压迫盘剥。对这个近代历史的主题,已经有许多历史学家写出了多种多样的著作,今后也一定还会有更多更好的著作。然而对于"天灾",却没有引起历史学家们应有的注意,迄今为止还没有一本关于近代灾荒史的专门著作出版。李文海等同志专门叙述中国近代灾荒历史的《灾荒与饥馑:1840—1919》一书,可以说是一部开拓性的历史新著,不仅充实了近代中国历史的内容、加强了近代中国历史研究的薄弱环节,而且也填补了近代中国历史的一个重要空白。

　　"天灾"与"人祸",无论从内容还是从形式上看,两者似乎是不同的东西，然而又往往是和经常是互为因果，交相而至的东西。所谓"天灾"，既是自然现象，又表现为社会现象。近代中国社会的动荡、社会矛盾的激化、人民群众的反抗斗争，以及社会生产力的状况、土地关系和人口的阶级构成等等，都与灾荒有着密切的关系。在一定意义上也可以说，不了解和不研究中国近代灾荒史，就不能更深刻更全面地认识近代中国社会，就不能真正认识中国的国情。

"天灾"作为一种自然灾害，看起来似乎是不分贫富，不论贵贱，一经发生，社会各阶级各阶层都蒙受其害。然而在阶级社会里，直接地受害最深最重的仍然是劳动人民，特别是广大贫苦农民。包括近代在内史不绝书的水、旱、蝗等灾害发生之后的"悉成泽国"、"赤地千里"、"哀鸿遍野"、"饿莩载途"种种悲惨图景，基本上都讲的是农村和农民。在中国人口中占绝大多数的农民，是中国古代和近代社会物质财富的基本生产者，又是"天灾"和"人祸"深重苦难的直接承受者。在广大农民还不可能从阶级的剥削和阶级的对立中认识自己、发现自己，从而具有阶级的自觉的年代，在还不可能用科学的观点认识自然灾害发生原因的年代，在更没有力量去抵御和战胜自然灾害的年代，他们最直接最美好的愿望，就是渴望有一个"风调雨顺"、"五谷丰登"、"国泰民安"、"安居乐业"的生存条件和生活环境。这些朴实而美好的愿望，其实不过是维持生存的基本条件，顶多也不过是希望得到温饱而已。然而严酷的现实却是地主阶级敲骨吸髓的剥削、残酷无情的压迫，到了近代，又加上资本帝国主义无止境的掠夺和榨取，腐败的清政府已经步步沦为侵略者的附庸，进而成为"洋人的朝廷"。老大的中华帝国，已经到了民穷财尽、亡国灭种的危殆边缘。"人祸"加剧"天灾"，"天灾"加剧"人祸"。在天灾人祸，交相煎迫；内忧外患，接踵而至的险恶风云中，中华民族还有生存发展、独立自主、置身于世界民族之林的余地吗！中国人民还有站立起来，扬眉吐气的一日吗？历史做了斩钉截铁的回答：能！为什么能？因为中华民族和中国人民，是不甘屈服的民族和人民；因为中国人民在百年的苦难、百年的苦斗、百年的追求、百年的试验中，历史地选择了唯一能够救中国,唯一能够发展中国的道路,这就是中国共产党领导中国人民选定的社会主义道路。

在中华民族和中国人民用一百多年的时间,用无数的生命和鲜血,最后推倒了压在自己头上的三座大山,沿着历史必然的道路,为实现社会主义现代化而开始新的万里长征的路上,尽管我们还必须肩负着历史遗留下来的沉重负担,遇到这样那样的困苦与挫折,但是我们必须也能够排除万难,奋勇前进!任何具有民族良知的中国人,任何有志气的华夏儿女,只要对近代中国百年来"天灾人祸"的肆虐,对百年来历史命运和历史行程有所了解,有所认识,那么就没有理由因为目前中国的贫穷落后而自馁、自卑、自弃,因为我们的先人,已经在那样难以想象的艰难困苦中,在硝烟弥漫、血肉横飞、灾荒饥馑、水深火热中,终于把我们这个民族和人民从濒临灭亡的危难中拯救出来,难道走上社会主义光明大道的后来者,就不能踏着先烈们的足迹,完成他们的未竟之业,开辟新的未来吗?历史和现实已经和正在作出肯定的回答:能!谓予不信,请读一读自鸦片战争以来的近现代中国史,请读一读这本《灾荒与饥馑:1840—1919》!

"天灾"或曰自然灾害,确实不是人的意志所能决定,也不是人的力量所能完全防止的自然现象,即使是科学技术发达到如此高度的今天,对某些自然灾害也还是只能做到一定程度的预防,减少灾害造成的损失,而不可能完全杜绝和"制止"。然而随着社会的不断进步,科学技术的不断发展,人类抵御自然灾害、战胜自然灾害的能力毕竟是大大增强了。而中国社会主义制度的建立与巩固,虽然在经济、文化和科学技术上还不够发达,但是由于有共产党的领导和为人民服务的人民政权,在防御和战胜自然灾害方面,已经显示出巨大的优越性。当今中国为什么可以用占全世界7%的耕地养活占全世界22%的庞大人口;中国人的平均寿命为什么从解放前的34岁增加到现在的69岁;在近代平均每两年漫决一次的黄河为什么新中国成立以来岁岁安澜,许多恶性传染病为什么得到了预防和消灭?所有这些,都是人民政府依靠人民群众大力防灾救灾、治江治河、兴修水利、抗旱防涝、防疫治虫、植树造林、防风固沙等措施的结果。再以人们普遍关心的中国人口问题来说,从1953年到1989年36年间,全国人口从不到6亿猛增到11亿,人口的暴满,已经对社会主义现代化,甚至对民族的生存与发展构成了严重的威协,以致非实行严格的控制和计划生育不可。而反观历史,据专家们研究统计,中国人口从1850年的4.3亿到1953年的5.8亿,一百多年的时间,人口只增加了1.5亿,可谓是相当低的平均增长率。这里抛开新中国成立以后在人口问题上的严重失误不说,从另一个历史角度看,如果不是推翻了帝国主义、封建主义和官僚资本主义的统治,人口的快速增长是不可能的。在整个民族的生存都难以保证的条件下,在战争、灾荒、饥馑、疫病连续不断地夺取人民财产的情况下,人口增长的缓慢,正是说明"天灾"与"人祸"对整个民族的摧残与扼杀。

《灾荒与饥馑:1840—1919》的作者李文海等同志,是以真挚的爱国热忱,饱含对百年民族苦难的悲怆,以广阔的历史视野和冷静、科学的态度,审视中国近代历史和近代社会;以历史的使命感和时代的责任感,撰写了第一本中国近代灾荒简史。我无意对此书和它的作者们做"礼貌"式的恭维和赞扬,更无力对此书做恰如其分的估价和评论。只是凭着一点对真诚关心祖国和人民历史命运的史学同行的尊重和感激,在这里表示我的一点微薄的心意。历史和现实,时时使我痛切地感到,时代赋予我们这一代史学工作者的任务是何等艰巨而意义深远!在这国际政治风云急剧变幻、各种各样的社会思潮迎面扑来、五花八门的"理论"接踵而至、历史面貌被弄得扑朔迷离的时刻,作为历史唯物主义者,怎样才能站稳自己的脚根,清醒而严肃地对待历史和现实,已经成为不能不正视、不能不回答的问题。《灾荒与饥馑:1840—1919》用自己的实践,从一个侧面、一个过去曾被忽视的历史领域,正视和回答了这个问题。而这也正是我对此书及其作者表示尊敬和感激的原因所在。

上面说了一些似乎与此书既有关又无关的话,说对说错并不重要,因为此书的价值和意义自会经受读者和时间的检验,并不会因为我的这无足轻重的议论而改变的。是为序。

1990 年 5 月 1 日

序

彭 明

　　《国情丛书》计划第一批出八本书,《灾荒与饥馑:1840—1919》(以下简称《灾荒与饥馑》)是最早交稿的一本。作者李文海教授系人民大学党委书记、副校长,党政事务已经忙得不可开交,但他还是抽出晚间的业余时间写作,按期完成了这本专著。编委会同人对他这种孜孜不倦、刻苦治学的精神非常感佩。所以,当作者嘱为此书作序的时候,我也就欣然同意了。

　　我愿为此书作序的另一个原因是:我的家乡(豫东夏邑)是历史上的重灾区,像书中所引"十年倒有九年荒"的那种安徽凤阳花鼓调,我在童年也会唱的。根据记忆,每届春荒,家乡出走乞讨者不绝如缕。就在前不久,我在主编《中国现代史资料选辑》时,还看到了这样一件档案材料:"豫东夏邑灾情甚重,全县民众十分之七以上逃往各地,境内青苗树皮均被食尽。"[《全国经济委员会关于各省水灾调查报告》(1948年),存南京第二历史档案馆]这里讲的虽然是1948年,但冰冻三尺非一日之寒,看了《灾荒与饥馑》一书,就不难从历史上找到原因。

　　作者曾参加70余万字的《近代中国灾荒纪年》(以下简称《纪年》)

一书的编写（最近已由湖南教育出版社出版）。《纪年》依据清宫档案、官方文书、文集、笔记、书信、日记、地方志及报纸、杂志等，资料相当丰富。《灾荒与饥馑》一书就是在《纪年》的基础上写成的。因此，我感到资料的翔实是本书的一大特点。

材料丰富，但又不能简单地罗列，因为本书是一本专著，所以它的理论分析也是较强的。正如作者所引恩格斯在《自然辩证法》中所说："自然界作用于人"，"人也反作用于自然界"。本书不仅有专节论述"人祸加深了天灾"（第一章第二节），而且全书也都贯穿着天灾与人祸的密切关系。河南人在抗战期间的国民党统治区有一句口头语："河南四荒，水、旱、蝗、汤（汤恩伯）"，它很形象地反映了两者的关系。有史、有论，史论结合是本书的又一个特点。

通俗易懂，可读性强，是《国情丛书》体例一再要求的。我看本书是注意到了这一点的。全书的开篇在"十年倒有九年荒"的标题下引了老舍在自传体小说《正红旗下》的一段生动描写，把旧中国的水、旱、灾荒景象，呈现在读者的面前。再如1887年黄河在郑州决口时的那段描写，数万民夫对"克扣侵渔，以致堤薄料缺"而导致河决的一位官员切齿痛恨，将其痛打之后，"支解投河"以泄民愤（第一章第二节），读来也是很感人的。文字通畅，事例感人，我觉得是本书的第三个特点。

近年来，史学界常有"史学危机"或"历史无用"等说法。我虽然不同意这种说法，但有些现象却还是值得我们注意的。例如，历史书的可读性差，有的书写得比较呆板，使人不愿意看，书出了卖不出去；再如，有的历史题材面不宽，而且重复过多，特别是中国近现代史，大都是政治史，经济、军事、文化方面的较少，一些具体领域的专史则更为少见。前者是写法问题，后者是选题问题，后者比前者可能更为重要。因此，开拓近代历史研究的新领域，是摆脱"危机"、"无用"等困境的很重要的途径。《国情丛书》编委会在讨论出书计划时，是非常注意这一点的。现在出的这本《灾荒与饥馑》，不但对当代青年了解旧中国的国情很有益处，而且对治史、修志以及防止自然灾害、治理环境等实际工作，也是很有用处的。

据悉:联合国曾通过决定,在 1990 年到 2000 年,开展"国际减轻自然灾害十年"的活动。中国灾害防御协会为此召开会议,认为:"我国是一个自然灾害频繁、灾害损失严重,而防灾意识又比较薄弱的大国,应积极响应参加这项活动。"(《人民日报》1988 年 2 月 13 日)

《国情丛书》推出的第一批书中的这本《灾荒与饥馑》,算是中国史学界参加"国际减轻自然灾害十年"的一项活动,也算是对那种"历史无用"论的一个回答。

1990 年 4 月于人大林园

目　　录

前　言

　　自然灾害是全人类的共同大敌。人类一直在同各种自然灾害的顽强斗争中艰难地发展着自己。我国地域辽阔,地理条件和气候条件都十分复杂,自古以来就是一个多灾的国家。邓云特(即邓拓)的《中国救荒史》有这样一个统计:

　　　　我国历史上,水、旱、蝗、雹、风、疫、地震、霜、雪等灾害,自西历纪元前 1766 年(商汤十八年)至纪元后 1937 年止,计 3703 年间,共达 5258 次,平均约每六个月强即罹灾一次。

　　其中,水旱灾害又是各种自然灾害中发生最频繁的,"据文字记载,从公元前 206 年到 1949 年的 2155 年间,几乎每年都有一次较大的水灾或旱灾。"①

　　历史进入近代之后,由于封建统治的日趋腐败,帝国主义的肆意掠夺,社会的动荡,经济的凋蔽,使本来就十分薄弱的防灾抗灾能力更形萎缩,自然灾害带给人们的痛苦和劫难也更为严重。一遇自然灾害发生,不是洪水泛滥,尽成泽国,就是田园坼裂,赤地千里。灾民遍野,道殣相望,几乎成为近代社会司空见惯的现象。自然灾害曾经给予我国

---

　　① 《人民日报》1990 年 3 月 14 日。

近代的经济、政治以及社会生活的各个方面以深刻的影响，同时，近代经济、政治的发展也使得这一时期的灾荒带有自己时代的特色。

因此，研究中国近代灾荒史，应该是中国近代史研究中一个十分重要的领域。它一方面可以使我们更深入、更具体地去观察近代社会，从灾荒同政治、经济、思想文化以及社会生活各方面的相互关系中，揭示出有关社会历史发展的许多本质内容；另一方面，也可以从对近代灾荒状况的总体了解中，得到有益于今天加强灾害对策研究的借鉴和启示。

毛泽东同志把灾荒问题看作是了解国情、研究国情的一个重要方面。在1955年所写的《关于农业合作化问题》中，他指出："中国的情况是：由于人口众多、已耕的土地不足（全国平均每人只有三亩田地，南方各省很多地方每人只有一亩田或只有几分田），时有灾荒（每年都有大批的农田，受到各种不同程度的水、旱、风、霜、雹、虫的灾害）和经营方法落后，以致广大农民的生活，虽然在土地改革以后，比较以前有所改善，或者大为改善，但是他们中间的许多人仍然有困难，许多人仍然不富裕，富裕的农民只占较少数，因此大多数农民有一种走社会主义道路的积极性。"最近，党中央多次提出，应该对广大群众特别是青少年进行国情教育，使他们了解中国的历史，了解中国的现实，以便从实际出发，对我们国家民族的发展前景有一个清晰的认识，进一步坚定为实现四个现代化的宏伟目标而奋斗的信念。就这个方面来说，研究中国近代灾荒史，也是一件极有意义的工作。

遗憾的是，在历史科学的百花园中，灾荒史的研究似乎一直是一个被人遗忘的角落。1938年，商务印书馆出版了前面提到的邓拓同志的《中国救荒史》，这是我国第一部力图用唯物主义历史观去观察和分析自然灾害及人们与之作斗争的历史现象的力作。可惜这部开创性的著作几乎成了绝响，此后再也没有人在这个领域里继续耕耘，自然也就谈不上有什么值得称道的收获。在此期间虽然也有一点有关自然灾害的年表、图表一类的资料书，但或失之于过分简略，或仅反映局部地区的情形，就总体上看，灾荒史研究领域虽不能说还是一块未被开垦的处女地,但说它是中国近代史研究中的一片空白或薄弱环节,大概不算过分。

在这种情况下,我们中国人民大学清史研究所和历史系的几位同志(李文海、林敦奎、宫明、周源),于1985年正式组成"近代中国灾荒研究"课题组,着手对我国近代灾荒问题进行初步的探索。我们深知这项工作的复杂和艰难,不敢有"填补空白"之类的雄心大志,只想起一点"拾遗补阙"的作用,为这块久被冷落的园地增添上一草一木。经过5个寒暑的努力,总算有了一点小小的结果:前年末,完成了70余万字的《近代中国灾荒纪年》,现已由湖南教育出版社正式出版发行;如今又写出了这本《灾荒与饥馑:1840—1919》初稿,将作为《国情丛书》的一种,交由高等教育出版社出版。由于林敦奎和宫明正在全力为课题计划中第三本书《晚清灾荒丛谈》的写作做准备,所以本书是由李文海和周源负责撰写的。周源写了第七、第八两章,其余部分均由李文海执笔。写作过程中,得到了校内外许多同志及《国情丛书》编委会的热情支持和帮助,我们谨在此表示由衷的感谢。

在本书的体例方面,有一点需要说明的,那就是为了便于阅读,我们在公历的年月日后面用括号加注了旧历;在古今地名或行政区划有变化时,于首次出现古地名时用括号加注了今地名,以后续见则不再注,以省篇幅。

20世纪的最后十年,被联合国确定为"国际减轻自然灾害十年",这反映了世界各国人民抗御自然灾害的共同意志,具有十分重要的意义。本书的出版,恰值这项活动正在开展之际,我们极其高兴地愿把这本小册子作为献给这项活动的一件微薄的礼物。

1990年3月21日

第 一 章

中国近代灾荒与社会生活

第一节 "十年倒有九年荒"

　　黄河不断泛滥,像从天而降,海啸山崩滚向下游,洗劫了田园,冲倒了房舍,卷走了牛羊,把千千万万老幼男女飞快地送到大海中去。在没有水患的地方,又连年干旱,农民们成片地倒下去,多少婴儿饿死在胎中。是呀,我的悲啼似乎正和黄河的狂吼,灾民的哀号,互相呼应。

　　这是老舍先生在他的著名的自传体小说《正红旗下》中,对他出生的那个时代——19世纪末叶自然灾害情况的一段生动描写(见该书第76页)。这段文字是如此之确切和真实,以致我们在把它作为文艺作品阅读的同时,也完全可以当作历史资料来对待。

　　大概现已年过半百的读者们,多半曾经听到过一首颇为流行的凤阳花鼓,可惜我已只记得其中并不连贯的两小段:

　　　　说凤阳,道凤阳,凤阳本是好地方;

　　　　自从出了朱皇帝,十年倒有九年荒。

......

大户人家卖田地，小户人家卖儿郎；

我家没有儿郎卖，身背着花鼓走四方。

前一段是讲灾荒的频繁；后一段是讲一旦灾荒发生后，灾民们卖儿鬻女、流离失所的悲惨情景。我至今也没有太弄明白，为什么偏偏把灾荒同那位明代的开国君主朱元璋联系起来：仅仅是因为朱元璋出生于凤阳并在大灾奇荒中度过了他坎坷的童年这点历史因缘呢，还是多少包含着把朱元璋作为封建君主专制主义的象征的意味，朦胧而曲折地反映着人们已经察觉到了自然灾害同封建政治之间某种不可分割的关联？但无论如何，"十年倒有九年荒"这句话，却是对旧中国灾荒状况的十分简洁而且极为精当的概括，——至少对于本书所要涉及的近代社会是如此。

一旦接触到那么大量的有关灾荒的历史资料后，我们就不能不为近代中国灾荒之频繁、灾区之广大及灾情之严重所震惊。就拿水灾来说，在各种自然灾害中，这是带给人们苦难最深重、对社会经济破坏最巨大的一种，而在一些重要的江、河、湖、海的周围，几乎连年都要受到洪水海潮的侵袭。黄河是决口、泛滥最多的一条大河，有道是："华夏水患，黄河为大。"尽管封建阶级吹嘘说"有清首重治河，探河源以穷水患"，但实际上还是"溃决时闻，劳费无等，患有不可胜言者"。① 而且进入近代以后，黄河"愈治愈坏"，河患更加严重。1885 年 12 月 26 日（光绪十一年十一月二十一日）的上谕也承认："黄河自铜瓦厢决口后，迄今三十余年，河身淤垫日高，急溜旁趋，年年漫决。"②据不完全的统计，自 1840 年到 1919 年的 80 年间，发生黄河漫决的年份正好占了一半，即平均两年中即有一年漫决，而且有时一年还漫决数次。至于黄河漫决所造成的灾难，我们将在以下几章中作具体的叙述。

---

① 《清史稿》，卷 126。这里的"河"专指黄河。

② 《光绪朝东华录》（二），总第 2042 页。

我国第一大河的长江,全长 5800 公里,流域面积达 180 多万平方公里。长江两岸特别是中下游地区,历来是我国重要的产粮区。尽管由于上游两岸山岩矗立,在宜昌以东进入广阔的平原地区后,水流又比较平缓,加之还有许多湖泊调节水量,所以较之黄河来说,造成的水患要小得多。但在近代的 80 年间,也曾发生 30 余次漫决,只是浸淹的区域较黄水泛滥为小而已。

流经湖北、河南、安徽、江苏 4 省的淮河,也曾是一条带给人们无穷灾难的河流。特别是安徽、江苏两省,"沙河、东西淝河、洛河、洱河、芡河、天河,俱入于淮。过凤阳,又有涡河、瀣河、东西濠及漴、浍、沱、潼诸水,俱汇淮而注洪泽湖。"一旦淮河涨水,"淮病而入淮诸水泛溢四出,江、安两省无不病。"①1910 年(宣统二年),侍读学士恽毓鼎曾经因为"滨淮水患日深",上过一个奏折,其中说:"自魏晋以降,濒淮田亩,类皆引水开渠,灌溉悉成膏腴。近则沿淮州县,年报水灾,浸灌城邑,漂没田庐,自正阳至高、宝,尽为泽国。实缘近百年间,河身淤塞,上游不通,水无所归,浸成泛滥。"②我们一开始提到的十年九荒的凤阳,其主要灾荒正是来源于淮河的涨溢淹浸。

位于京师附近的永定河,在从鸦片战争开始到清王朝灭亡的 71 年间,曾发生漫决 33 次,也是平均接近两年一次。有关永定河漫决而造成严重水患的具体情况,我们将在下面作专门的论述。这里只简单地列举一下晚清时期永定河历年漫决的时间、地点,以便使读者有一个总体的印象:

1843 年 8 月 27 日(道光二十三年闰七月初三日),北 6 工汛北遥堤 11 号蛰塌 20 余丈。

1844 年 7 月中(道光二十四年五月底),南 7 工 5 号决口。

1850 年 7 月上旬(道光三十年五月底),北 7 工 8 号、9 号堤顶漫溢

---

① 《清史稿》,卷 128。
② 《清史稿》,卷 128。高,指高邮湖;宝,指宝应湖。

30 余丈。

1853 年(咸丰三年)夏秋之际,南 3 工 13 号堤岸被水冲塌百余丈。

1856 年 7 月 19 日(咸丰六年六月十八日),南 7 工堤面漫溢 40 余丈,7 月 29 日(六月二十八日),北 4 上汛 10 号及北 3 工 12 号均冲决 20 余丈。

1857 年 8 月 7 日(咸丰七年六月十八日),北 4 上汛 10 号漫塌 20 余丈。

1859 年 7 月底(咸丰九年七月初),北 3 工 12 号堤埝冲塌 70 余丈。

1867 年 8 月 8 日(同治六年七月初九日),北 3 工 5 号堤身漫塌 30 余丈。

1868 年 5 月 5 日(同治七年四月十三日),南 4 工堤埝漫塌 20 余丈;8 月 24 日(七月初七日),南上汛 15 号堤工塌卸。

1869 年 6 月(同治八年五月)间,北下 4 汛漫决。

1870 年 7 月(同治九年六月)间,南 5 工决口。

1871 年 7 月(同治十年六月)及 8 月(七月),分别在南 2 工 6 号及南岸石堤 5 号漫决。

1872 年 8 月(同治十一年七月),北下汛 17 号漫口 60 余丈。

1873 年 8 月 7 日(同治十二年闰六月十五日),南 4 工 9 号漫口。

1874 年 7 月中(同治十三年六月初),漫口数处,使顺天府所属之东 8 县(通州、蓟州、三河、香河、宝坻、宁河、武清、东安)及北 5 县(密云、顺义、怀柔、昌平、平谷)"半成泽国"。

1875 年 8 月(光绪元年七月)间,南 2 工漫口。

1878 年 8 月 20 日(光绪四年七月二十二日),北 6 工 14 号漫口。

1883 年 8 月 27 日(光绪九年七月二十五日),南 5 工 17 号冲决成口。

1884 年(光绪十年),永定河决。具体时间、地点不详。

1887 年 3 月 16 日(光绪十三年二月二十二日),南 8 下汛 13 号漫口 20 余丈;8 月 11 日(六月二十二日),南 7 工西小堤 4 号漫溢,口门 40 余丈。

1888 年 8 月(光绪十四年七月),北上汛 12 号漫决;10 月(九月),南 2 工 17 号漫口。

1890 年 7 月 21 日(光绪十六年六月初五日),北上汛 2 号漫口 70 余丈。

1892 年 7 月 17 日(光绪十八年六月二十四日),南上汛 2 号漫口 40 余丈,北 3 工 12 号及北 2 工 5 号堤身亦均塌溃。

1893 年 7 月 25 日(光绪十九年六月十三日),南上汛 34 号、14 号,北上汛 5 号、7 号,北中汛 9 号、10 号及北下汛头号至 5 号同时漫溢。

1896 年(光绪二十二年)夏,北中汛 6 号、7 号及北 6 汛相继溃决。

1898 年(光绪二十四年)夏,永定河溢。具体时间、地点不详。

1904 年 7、8 月(光绪三十年六、七月)间,北下汛漫决。

1907 年 7 月 29 日(光绪三十三年六月二十日),南 5 工 11 号、19 号漫溢成口;次日,北甲上汛 14 号堤身刷开。

1911 年 8 月 30 日(宣统三年七月初七日),南 3 工尾 20 号漫溢成口,口门约宽 140 余丈。

不难想象,在这样高的漫决频率之下,生活在这条河流两岸的居民,所过的是一种什么样颠连困苦的生活!

湖南的湘、资、沅、澧四大河,都汇流于洞庭湖,然后注入长江,使洞庭湖成为我国最大的淡水湖之一。本来,拥有如此丰富的水利资源,自然条件极为优越,洞庭湖周围地区理应是物产丰盈的鱼米之乡。但由于封建统治者对湖区不加治理,不但使洞庭湖对长江水量的调节作用日益减小,而且出现了沿湖州县如巴陵、岳州(今均属岳阳)、临湘、华容、安乡、南县、澧州(今澧县)、安福(今临澧)、武陵(今属常德)、龙阳(今汉寿)、沅江、湘阴等几乎年年"被水成灾"的怪现象。据《清实录》及其他有关资料记载,中国近代史的 80 年中,上述地区明确有遭受水灾记录的共达 72 年,另一年为出乎常规地出现了旱荒,其余 7 年则因资料缺乏而情况不明。湖南的一些地方官僚称这些地区"滨临河湖，地处低洼，俱系频年被淹积歉之区"，"各灾民糊口无资，栖身无所，情形极其困苦，且多纷纷外出觅食"，①倒也所言不虚。

谈到水患，不能不涉及江、浙两省的海塘问题。《清史稿》说："海塘惟江、浙有之。于海滨卫以塘，所以捍御咸潮，奠民居而便耕稼也。在江南者，自松江之金山至宝山，长三万六千四百余丈。在浙江者，自仁和之乌龙庙至江南金山界，长三万七千二百余丈。"②江苏的滨海之地，因为面对的海湾"平洋暗潮，水势尚缓"，所以海塘还颇能起一点拦阻海潮的作用。浙江"则江水顺流而下，海潮逆江而上，其冲突激涌，势尤猛险"，一旦海塘坍塌，"海水漂入内地百里，膏腴变为斥卤，田禾粒米不登"；加之潮涨海溢之时，势极汹涌，潮头高达数丈，"潮头一过，浪涌如山"，居民连躲避都来不及，往往"漂溺不计其数"。晚清时期，"海塘大坏"。据称，"综计两省塘工，自道光中叶大修后，叠经兵燹，半就颓圮"。③ 因此，海塘溃决之事，连年发生。浙江水灾，相当一部分与海塘坍塌有关，而且只要是由海潮引起的水灾，一般灾情都较严重。太平天国时期，浙江嘉兴附近农村的一个小地主，面对着海潮浸淹、流民塞途的情形，感慨地说："海塘工事，承平所难，况当乱离，岂有修筑之期乎！塘不修筑，则海水不能不注溢，田禾不能不被害。然则此等流民，自今一二年中，岂能复归故土乎！"④

上面我们只是从水灾的角度，从各个侧面来反映近代社会中国大地上灾荒的频发性。水灾之外，各种自然灾害还有很多很多。按照《清史稿》的说法，自然灾害的种类，除去一些迷信的内容，还包括：恒寒、恒阴、水潦、阴雨、雪霜、冰雹、恒燠、恒旸、灾火、风霾、蝗蝻、疾疫、地

---

① 《录副档》，道光二十九年六月十八日湖南巡抚赵炳言折。本书所引之《录副档》或《朱批档》，均为中国第一历史档案馆所藏清代档案，不一一注明。
② 《清史稿》，卷128。
③ 《清史稿》，卷128。
④ 沈梓：《养拙轩笔记》，《太平天国史料丛编简辑》第2册，第269页。

震、山颓等等。如果不要那么烦琐，只讲常见的灾害，至少也应该提到水、旱、风、雹、火、蝗、震、疫诸灾。在一个时期和一个地区，或者是一灾为主，或者是诸灾并发。因此，在说明灾荒的频发程度时，还需要以地区为单位，对各类灾荒作一点综合的考察。下面，我们举出几个地区，为读者提供一点例证：

位于珠江下游的广东省，气候条件优越，降水量不但充沛，而且季节分配比较均匀，因此农业生产和其他经济发展一向较好。即使这样，在近代历史上这里也不时有各种自然灾害发生。据张之洞在 1886 年11 月 10 日（光绪十二年十月十五日）的奏折所说，广东水患"从前每数十年、十数年而一见，近二十年来，几于无岁无之"。① 据不完全统计，近代 80 年中，该省遭受较大水灾 22 次，局部地区水灾 18 次，先旱后涝或水旱兼具的灾荒 2 次，较大旱灾 1 次，较大风灾 8 次。

直隶的情况要比广东严重得多。前面已经讲到永定河连年漫决的情形，再加上这一地区的其他一些河流如滦河、沙河、大清河、潴龙河、拒马河、滹沱河、徒骇河、南北运河等也不时漫溢，使水灾成为这一地区的主要威胁。谭嗣同在《上欧阳中鹄书》中说："顺直水灾，年年如此，竟成应有之常例。"② 据统计，近代 80 年中，顺直地区遭受较大水灾竟有 38 次；但与此同时，旱灾也并不少见，较严重的旱灾有 7 次，水旱灾害同时发生的有 22 次；另有一些年份则还伴有蝗灾、震灾、雹灾及瘟疫。"中稔"以上的年景在整个近代历史上只占一小部分。

安徽也是多灾省份之一。该省兼跨长江、淮河两流域，其中横贯北部的淮河，河床坡度甚小，汇入支流又极多，加上雨季雨量集中，极易造成水灾，已如前述。所以有人说，皖省"滨临河湖之区，本来水涨即淹，岁岁报灾"。③ 而皖西山地及皖南丘陵地带，都是"平陆高原"，只有"雨润水足"，才能获得收成，一旦雨水略少，立即亢旱成灾。因此，安

---

① 《光绪朝东华录》（二），总第 2175 页。
② 《谭嗣同全集》（增订本）下册，第 449 页。
③ 《朱批档》，光绪二十三年十月十八日安徽巡抚邓华熙折。

徽地区自然灾害的一个特点,常常是诸灾杂陈,水旱并作。据不完全统计,80 年中,发生较大水灾 22 次,较大旱灾 3 次,同时发生水旱之灾的 13 次,水、旱、风、虫、疫诸灾并发或同时发生其中 3 种以上灾害的 20 次。

最后我们还想举山东作为一个例子,因为有人曾对整个清代山东的水旱灾害作过颇为认真的统计:"在清代 286 年中,山东曾出现旱灾 233 年次,涝灾 245 年次,黄、运洪灾 127 年次,潮灾 45 年次。除仅有两年无灾外,每年都有不同程度的水旱灾害。按清代建制全省 107 州县统计,共出现旱灾 3555 县次,涝灾 3660 县次,黄、运洪灾 1788 县次,潮灾 118 县次,全部水旱灾害达 9121 县次之多,平均每年被灾 34 县,占全县数的 31.8%。"①这里需要补充说明的只是:愈到晚清,山东的水旱灾害(尤其是水灾)愈益严重,其原因我们将在下面的有关章节中作具体的分析;另外,这里的灾荒数字只涉及水旱二类,还有许多其他种类的灾荒未包括在内。

上述情况足以说明,在中国近代社会,"十年倒有九年荒"这句话,丝毫不是文学上的夸张,而是实际生活的真实写照。

第二节　人祸加深了天灾

自然灾害,顾名思义,是由自然原因造成的,就这个意义上说,是天灾造成了人祸。但是,人生活在一定的自然环境之中,同时也生活在一定的社会条件之下;自然现象同社会现象从来不是互不相关而是相互影响的。恩格斯在批评自然主义的历史观的片面性时说道:"它认为只是自然界作用于人,只是自然条件到处在决定人的历史发展,它忘记了人也反作用于自然界,改变自然界,为自己创造新的生存条件。"②每

---

① 袁长极等:《清代山东水旱自然灾害》,《山东史志资料》1982 年第二辑,第 150 页。

② 恩格斯:《自然辩证法》,《马克思恩格斯选集》第 3 卷,第 551 页。

当人们通过自己的智慧和劳动,改变自然界,有效地克服自然环境若干具体条件的不利影响时,便能减轻或消除自然灾害带来的灾难。反之,由于社会生活中经济、政治制度的桎梏和阶级利益的冲突,妨碍或破坏着人同自然界的斗争时,人们便不得不俯首帖耳地承受大自然的肆虐和蹂躏。遗憾的是,后一种情况,在剥削阶级掌握着统治权力的条件下,是屡见不鲜的。从这个意义上说,人祸又常常加深了天灾。

　　愈是生产力低下、社会经济发展较落后的地方,人类控制和改变自然的能力愈弱,自然条件对人类社会的支配力愈强。近代历史上自然灾害的普遍而频繁,从根本上来说,当然是由于束缚在封建经济上的小农经济生产力水平十分低下的结果。以一家一户为经济单位的小农经济,是极其脆弱的。如毛泽东同志所指出的:在漫长的封建社会,自给自足的自然经济占主要地位。封建统治阶级拥有最大部分的土地,而农民则很少土地,或者完全没有土地。农民常常要将收获的四成、五成、六成、七成甚至八成以上,以地租的形式奉献给地主、贵族和皇室享用。除残酷的地租剥削以外,地主阶级的国家又强迫农民缴纳贡税,并强迫农民从事无偿的劳役,去养活一大群的国家官吏和主要的是为了镇压农民之用的军队。"中国历代的农民,就在这种封建的经济剥削和封建的政治压迫之下,过着贫穷困苦的奴隶式的生活。"[1]历史进入近代之后,封建社会演变成半殖民地半封建社会,但农民的经济地位和生产力水平,却并没有多少变化。在这样的经济条件下,他们不可能有有效的防灾抗灾能力。一遇水旱或其他自然灾害,只好听天由命,束手待毙。胡适在谈到中国人对付灾荒的办法时,不无嘲笑意味地说:"天旱了,只会求雨;河决了,只会拜金龙大王;风浪大了,只会祷告观音菩萨或天后娘娘;荒年了,只好逃荒去;瘟疫来了,只好闭门等死;病上身了,只好求神许愿。"[2]这段话,虽仍有他惯常存在的那种民族自卑心理

---

　　[1]　《中国革命和中国共产党》,《毛泽东选集》第 2 卷,人民出版社 1991 年版,第 624 页。

　　[2]　《胡适论学近著》,第 638 页。

的流露,却也不能不说在一定程度上反映了那个时代的社会现实。当然,对这种现象进行嘲笑未免有失公正,把产生这种状况的原因只是看作观念的落后也过于浅薄。如同其他社会现象一样,归根到底,在这里经济状况也起着决定性的作用。

但仅仅把问题归结为生产力水平的低下,或者放大一点说,全部从经济的角度去分析问题,也还是很不全面的。有必要把视野扩展一点,从社会政治领域考察一下近代灾荒频发的缘由。

事实上,把自然灾害同社会政治相联系的看法,在历史上很早就产生了。这突出地表现在所谓"天象示警"的传统灾荒观念上:一切大的自然灾害的发生,"皆天意事先示变",是老天爷对人们的一种警告或警诫。因为"天人之际,事作乎下,象动乎上",人间社会生活和政治生活的不正常,必然引起"天变"。这种灾荒观念,几乎流传了几千年,一直到清代还在实际生活中起着很大的影响。不过,同样从"天象示警"的观点出发,却可以引出消极的和积极的两种不同的态度来。消极的态度是竭力用"祈禳"来对待天灾,如清王朝规定,"岁遇水旱,则遣官祈祷天神、地神、太岁、社稷。至于(皇帝)亲诣圜丘,即大雩之义。初立天神坛于先农坛之南,以祀云师、雨师、风伯、雷师,立地坻坛于天神坛之西,以祀五岳、五镇、四陵山、四海、四渎,京师名山大川,天下名山大川。"①似乎只要"祈禳"得越虔诚,天灾就可以防止或减少发生了。这自然是一种自欺欺人的办法。积极的态度则要求从灾荒的发生中"反躬责己",修明政治。如1882年(光绪八年),有一位名叫贺尔昌的御史上奏说:"比年以来,吏治废弛,各直省如出一辙,而直隶尤甚。灾异之见,未必不由于此。"②在戊戌变法中惨遭慈禧杀害的"戊戌六君子"之一的刘光第,于1894年(光绪二十年)所上的《甲午条陈》中这样说:"国家十年来,吏治不修,军政大坏。枢府而下,嗜利成风。丧廉耻

---

① 《清朝文献通考》。
② 《光绪朝东华录》(二),总第 1445 页。

者超升,守公方者屏退,谄谀日进,欺蔽日深。国用太奢,民生方蹙。上年虽有明谕申饬,言者不计,牵涉天灾。而上天仁厚,眷我国家,屡用示警。故近年以来,畿辅灾潦频仍,京师城门,水深数尺,天坛及太和门均被水灾。今年二月天变于上,三月地鸣于外城,旋有倭人肇衅之事,此殆非偶然也。"①他要求皇帝"引咎自责,特降罪己之诏","痛戒从前积习之非",并认为只有这样才能使全国同仇敌忾,团结御侮,抵抗日本的侵略,取得甲午战争的胜利。这些话,虽然并没有科学地揭示灾荒发生的原因,但无疑有着揭露时弊的战斗的进步意义。

在我国近代历史上,对灾荒问题谈得最深刻的,要数民主革命的伟大先行者孙中山先生。关于灾荒频发的原因,他着重强调两点:一是人们对生态环境的破坏;另一是封建政治的窳败。关于前一点,他在刚刚从事政治活动之初,就在一封信中写道:"试观吾邑东南一带之山,秃然不毛,本可植果以收利,蓄木以为薪,而无人兴之。农民只知斩伐,而不知种植,此安得其不胜用耶?"②后来,他更明确地指出:"近来的水灾为什么是一年多过一年呢? 古时的水灾为什么是很少呢? 这个原因,就是由于古代有很多森林,现在人民采伐木料过多,采伐之后又不行补种,所以森林便很少。许多山岭都是童山,一遇了大雨,山上没有森林来吸收雨水和阻止雨水,山上的水便马上流到河里去,河水便马上泛涨起来,即成水灾。所以要防水灾,种植森林是很有关系的,多种森林便是防水灾的治本方法。"防止旱灾也是一样,"治本方法也是种植森林。有了森林,天气中的水量便可以调和,便可以常常下雨,旱灾便可减少。"③关于后一点,他很早就认为,"中国人民遭到四种巨大的长久的苦难:饥荒、水患、疫病、生命和财产的毫无保障。这已经是常识中的事了。"这种令人不堪忍受的情况是怎样造成的呢? 他非常鲜明地回答说:"中国所有一切的灾难只有一个原因,那就是普遍的又是有系统的

---

①　《刘光第集》,第 2 页。
②　《孙中山全集》第 1 卷,第 2 页。
③　《孙中山全集》第 9 卷,第 407、408 页。

贪污。这种贪污是产生饥荒、水灾、疫病的主要原因,同时也是武装盗匪常年猖獗的主要原因。""官吏贪污和疫病、粮食缺乏、洪水横流等等自然灾害间的关系,可能不是明显的,但是它很实在,确有因果关系,这些事情决不是中国的自然状况或气候性质的产物,也不是群众懒惰和无知的后果。坚持这说法,绝不过分。这些事情主要是官吏贪污的结果。"[1]

这两个方面,前者主要是社会方面的原因(当然并非同政治绝对无关),孙中山的有关论述,不但在当时是无与伦比的,即使在今天,也并没有完全为所有的人们所真正地了解。尽管我们已日益认识到保护自然环境和生态平衡的极端重要性,但由于对自然界过度的索取而遭到大自然无情惩罚的事例还是屡见不鲜。后者主要是政治方面的原因,在这方面,有无数历史事实足以证明孙中山的说法确实是不刊之论。

还是从黄河说起。晚清时期为什么会出现"河患时警"的现象呢?《清史记事本末》是用以下这段话来回答这个问题的:

> 南河岁费五六百万金,然实用之工程者,什不及一,余悉以供官吏之挥霍。河帅宴客,一席所需,恒毙三四驼,五十余豚,鹅掌猴脑无数。食一豆腐,亦需费数百金,他可知已。骄奢淫逸,一至于此,而于工程方略,无讲求之者。[2]

这大概很可以作为孙中山关于灾荒根源于官吏贪污的生动注脚。实际上河工之弊,真是说不胜说,像一位官员所揭露的:"防弊之法有尽,而舞弊之事无穷"。连道光皇帝在上谕中也承认,对于黄河,基本上是"有防无治"的状况。上谕引用当时的河道总督张井的奏折说:"历年以来,当伏秋大汛,司河各官,率皆仓皇奔走,抢救不遑。及至水落霜清,则以现在可保无虞,不复再求疏刷河身之策。渐至河底日高,

---

[1] 《孙中山全集》第1卷,第89页。
[2] 《咸丰时政》,《清史纪事本末》,卷45。

清水不能畅出,堤身递增,城郭居民尽在河底之下,惟仗岁请金钱,将黄河抬于至高之处。"1825 年 11 月(道光五年十月)的这个上谕问道:朝廷每年花治理黄河的"修防经费数百万金",惟似此年年增培堤堰,河身愈垫愈高,势将何所底止?①

其实,说对黄河"有防无治",还未免是一种过于美化的说法。在那个时候,"治"固然谈不上,"防"也常常因为各种原因而成为具文,每当大汛来临之际,"司河各官"中真正能够"仓皇奔走,抢救不遑"的能有几人?这里,我们可以提供一个颇具典型意义的实例:1887 年 9 月29 日(光绪十三年八月十三日),黄河在河南郑州决口。决口之前,黄河大堤上数万人"号咷望救",在"危在顷刻"的时候,"万夫失色,号呼震天,各卫身家,咸思效命"。但因为管理工料的幕友李竹君"平日克扣侵渔,以致堤薄料缺";急用之时,"无如河干上曾无一束之秸,一撮之土",大家只得"束手待溃,徒唤奈何"! 河决之时,河工、居民对李竹君切齿痛恨,痛打一顿之后,便将他"肢解投河",以泄民愤。河道总督成孚"误工殃民",决口前两天,"工次已报大险",但成孚"藉词避忌",拒不到工,次日,他慢慢吞吞地走了 40 里路,住宿在郑州以南的东张;及至到达决口所在,他不作任何处置,"惟有屏息俯首,听人詈骂"。而向朝廷奏报时,却竭力讳饰。本来是决口,却说成是漫口;本来决口四五百丈,却说成决口三四十丈;本来是"百姓漂没无算",却说成"居民迁徙高阜,并未损伤一人"。② 广大群众的生命财产就这样成了腐败黑暗的封建政治的牺牲品。

几乎谁都知道,那个时候的"河工习气",一方面是"竞尚奢靡";一方面是"粉饰欺蒙",靠这样的管理机构去防止水灾,自然无异于缘木求鱼。但这还毕竟只是防灾不力,比这更有甚者,则是人为地制造水灾。如 1882 年(光绪八年)夏,有人参劾湖北署理江陵县令吴耀斗,当

---

① 《豫河工程考》,《河防》,《河南通志·经政志稿》。
② 《录副档》,光绪十三年九月二十七日翰林院编修李培元、高钊中、蒋艮折。

长江、汉水涨溢之时，竟任意将子贝垸堤开挖，使南岸700余垸，"田庐尽没"。吴耀斗这种"决堤殃民"的罪行，引起群情激愤，清政府也不得不下令彻查。最后，湖北巡抚涂宗瀛以"查无实据"为由，认为"毋庸置疑"，就此不了了之。三年后，又有人奏："广东频遭水患，皆由土豪占筑围坝牟利所致"，因为一些地方土豪，凭借势力，私筑围坝，壅塞水道，水势被阻，便不免泛滥成灾。这也是由于人为的因素而加重了自然灾害的一种表现。对于这种现象，广东督抚查了两年，得到的结论完全与前一例一模一样，还是那四个字："毋庸置疑"。

一旦自然灾害发生，能像下一章将要谈到的林则徐那样同广大群众战斗在抗灾斗争第一线的好官，实在是凤毛麟角。如前面提到的成孚那样束手无策的，是大多数。还有一些则更为恶劣，平日自诩为"民之父母"的地方官，在灾害来临时，早已置自己的"子民"于不顾，慌慌张张地逃之夭夭了。这里也可以随手举一个例子：同治末年，四川发生水灾，酆都（今丰都）知县徐浚镛当江水进城时，"并未救护灾黎"，而是匆匆忙忙地收拾了细软，登上一只大船，一走了之。事后徐浚镛虽得了个革职处分，但到光绪初年，就多方活动，要求平反。像这类事情，真可以说是举不胜举。

至于乘机贪污勒索，大发"赈灾"财的，更是司空见惯了。关于这方面的情况，我们将在后面辟出专门章节来论述，这里只是为了说明人祸怎样加深了天灾，先举出一些例子。

1882年（光绪八年），安徽发生十数年未有的大水灾。"水灾地广，待赈人稠"。直隶候补道周金章，领了赈款银17万两，赴安徽办理赈灾事宜。他只拿出2万余两充赈，其余的统统"发商生息"，填饱私囊。①

1893年（光绪十九年），山东巡抚福润因为将历城等8个濒临黄河的州县灾民安置完毕，要求朝廷奖擢"出力人员"。但这种安置灾民究

---

① 《清德宗实录》，卷168。

竟意味着什么呢？据有人揭露，原利津县知县钱镛，纵容汛官王国柱，"将临海逼近素无业主被潮之地安插灾民，而以离海稍远素有业主淤出可耕之田，大半夺为己有"。灾民迁入被潮之地后，"民未种地，先索税租"，钱镛、王国柱在灾民身上"催科征比"，一共搜刮了"二万余千，尽饱私囊"。他们事先曾领了藩库银二万余两，本来是"为灾民购房买牛之用"的。但他们只拿出一小部分分给灾民，"其余尽以肥己"。为了可以报销，他们"逼令灾民出具甘结，威胁势迫，以少报多，以假混真"。灾民们迁入新区不久，突然有一天"风潮大作，猝不及防，村舍为墟，淹毙人口至千余名之多。甚至有今日赴海而明日遂死者，不死于河而死于海，不死于故土而死于异乡"。这时，利津知县已由吴兆镰接任。吴兆镰不但"佯为不知，坐视不救"，弄得哭声遍野，惨不忍闻；反而强迫老百姓"送万民衣伞"，而且大摆筵宴，替他母亲祝寿。"被灾之民，有舆尸赴公堂号泣者，有忍气吞声而不敢言者，又有阖家全毙而无人控告者"。① 利津如此，其余亦可概见。老百姓遇到这样的灾难，天灾耶？人祸耶？真是有点说不大清了。

甲午战争后，清政府增加了许多苛捐杂税。御史曹志清在谈到地方官吏"敲骨吸髓"、"虎噬狼贪"地大肆搜刮的情形之后，还说了这么一段话："尤可骇者，去秋水灾，哀鸿遍野，皇上轸念民艰，拨款赈济，乃闻滦州、乐亭各州县将赈银扣抵兵差，声言不足仍向民间苛派，灾黎谋食维艰，又加此累，多至转于沟壑，无所控告。"他深有感触地说："是民非困于灾，直困于贪吏之苛敛也。"②

1897 年（光绪二十三年），江苏北部大水成灾，灾民达数十万人之多。但"赈务所活灾黎不过十之一二"，其余的"转徙道殣"，冻馁而亡，弄得"城县村落，十室九空"。为什么出现这种悲惨情景呢？据御史郑思赞分析，"推原其故，不由于办赈之迟，而由于筹赈之缓"。因为灾象

---

① 《光绪朝东华录》（三），总第 3281 页。
② 《光绪朝东华录》（四），总第 3632 页。

已显示，各州县官"但知自顾考成，竟以中稔上报"。等到灾情十分严重后，仍"征收无异往日"。这种情况，不能不使大批灾民日趋死亡。所以郑思赞慨叹说："是沟壑之民不死于天灾而反死于人事。"①

"民非困于灾"而"困于贪吏之苛敛"也好；"沟壑之民不死于天灾而反死于人事"也好，都充分说明了这样一点：在观察、分析、研究自然灾害问题时，决不能同社会问题割裂开来，决不能无视政治的因素。

第三节　灾荒对社会经济和 人民生活的严重影响

在以往的历史文献中，每当讲到自然灾害的严重后果时，总常用"饥民遍野"、"饿莩塞途"等等来加以形容。由于经过了高度的抽象和概括，对这些字眼中间所包含的具体内容，往往不去细想。实际上，在这短短的几个字的背后，融涵着多少血和泪，辛酸和悲哀！只有具体而深入地去研读近代历史上有关灾荒的各种记载和资料，才使我们痛切地了解我们这个灾难深重的民族，经历了中外反动派在政治上奴役欺压的苦难，经历了特权阶级在经济上残酷朘削掠夺的苦难，经历了封建伦理纲常钳制束缚的苦难，此外，还经历了自然灾害带来的水深火热的苦难。这些苦难，是我们永远不应该忘记的，因为这将成为推动我们投身"振兴中华，实现四化"的宏伟事业的强大精神力量。

灾荒对社会生活的严重影响，首先表现在对人民生命的摧残和戕害上。一次大的自然灾害，造成人口的死亡，数字是十分惊人的。这里可以简单地举一些例子，如：

水灾——1906 年（光绪三十二年），湖南大水，"淹毙人不下三万，情状惨酷"。1912 年（民国元年），浙江东南部宁波、温州等地遭洪水狂飙猛袭，仅青田、云和等 5 县即"共计淹毙人口至二十二万有奇"。至

①　《录副档》，光绪二十四年六月初四日郑思赞折。

于当洪水汹涌而至时，侥幸未被浊浪吞没，露宿在屋脊树梢，一面哀戚地注视着水中漂浮的尸体，一面殷切而无望地等待着不知何时才能到来的"赈济"的芸芸灾民，更是不计其数。如1884年的（光绪十年）黄河在山东齐东等县决口，灾民达百万余人。1906年（光绪三十二年）江苏大水灾，"统计各处灾民不下二三百万"，仅聚集在清江一处的灾民，"每日饿毙二三百人"。1917年（民国六年）直隶大水灾。总计"灾民达五百六十一万一千七百五十九名口"，这些灾民"房屋漂没，移居高阜，所食皆草根树叶，所住皆土穴席棚，愁苦万分，不堪言状"。

旱灾——1877年（光绪三年）的著名大旱荒，山西很多村庄，居民不是阖家饿死，就是一户所剩无几，甚至有"尽村无遗者"。有的历史资料概括说："一家十余口，存命仅二三；一处十余家，绝嗣恒八九"。仅太原一个城市，"饿死者两万有余"。至于在千里赤地上，靠剥挖树皮草根、罗捉猫犬鼠雀、最后不得不艰难地吞咽着观音土而苟延残喘的灾民，则更是随处可见。据记载，这一年山西这样的灾民有500余万，河南有500余万，陕西有300余万，甘肃有近100万，直隶缺乏具体数字，只是说"哀鸿遍野"。这些灾民，有的勉强存活了下来，但相当一部分仍因经受不住饥寒的煎熬而陆续死去。到这年冬天，仅河南开封一城"每日拥挤及冻馁僵仆而死者数十人"，山西全省"每日饿毙何止千人"！1902年（光绪二十八年），四川大旱灾，灾区遍90余州县，灾民每州县少则10余万，多者20余万，全省共计"灾民数千万"。1909年（宣统元年），甘肃春夏久旱不雨，连同上两年全年亢旱，出现连续995日"旱魃为虐"的严重灾害，以至于"不独无粮，且更无水"，"牛马自仆，人自相食"。全省饿死多少人虽无确切统计，但有人作诗说是"回看饿莩余，百不存八九"。数量之大，当可想见的了。

风灾——1862年7月26日（同治元年七月初一），"广东省城及近省各属风灾，纵横及千里，伤毙人口数万。"1864年7月13日（同治三年六月初十），一场飓风，使上海黄浦一带"人死万余"，浙江定海"溺死兵民无数"。1874年9月22日（同治十三年八月十二日），香港、澳门发生大风灾,波及广东,"统计省内各处商民之殉此灾者,殆不下一万人云"。1878 年 4 月 11 日(光绪四年三月初九日),广州再次遭暴风侵袭,"倒塌房屋一千余间,覆溺船只数百号,伤毙人口约计不下数千人";一说"房屋倾毁九千余所,大树拔折二百余株,伤毙至万余人";更有称"男女老稚压毙及受伤者几及数万"者。如果作一点对比,也许可以使我们对上述风灾的严重程度有一个更加清晰的认识:《纽约时报》于 1989 年 9 月 19 日发表文章,历数 20 世纪发生的最厉害的大西洋飓风,自 1900 年至 1980 年,共列 19 次,其中损害最严重的分别为 1900 年 9 月 8 日发生在美国得克萨斯州的加尔维斯顿的飓风,1928 年 9 月 12 日至 17 日发生在西印度群岛和佛罗里达的飓风,1963 年 10 月 4 日至 8 日发生在古巴与海地的"弗洛拉"飓风,死亡人数均为 6000 人。稍次的是 1930 年 9 月 3 日发生在多米尼加共和国的飓风,及 1974 年 9 月 19 日至 20 日发生在洪都拉斯的"法伊夫"飓风,死亡人数均为 2000 人。其余的死亡人数均在千人以下。这与前面所说伤毙动辄"万余"、"数万"的情况,真是小巫见大巫了。

疾疫——1849 年(道光二十九年),湖南"全省大疫",仅同善堂等所施棺木就"以数万计",到后来疫死者愈来愈多,棺木无力置备,只得挖坑随地掩埋了事。1910 年(宣统二年),东北三省鼠疫流行,疫毙人数"达五六万口之谱"。

严重的自然灾害,除了造成人口的大量死亡以外,还对社会经济造成巨大的损伤和破坏。其实,人口的大规模伤亡,本身也是对社会生产力的极大摧残,因为人——准确一点说是劳动者,本来就是生产力系统中起主导作用的因素,或者如列宁所说,是"全人类的首要的生产力"。但问题还远远不止于此。较大的水、旱、风、雹或地震等灾害,除了人员伤亡以外,一般都伴有对物质财富的严重破坏,如庐舍漂没、屋宇倾圮、田苗淹浸、禾稼枯槁、牛马倒毙、畜禽凋零等等。这里也可以随手举几个并非最严重的例子:1844 年(道光二十四年)夏,福州发生水灾,仅闽县一地就"被淹田园四万四千四百三十余亩";1846 年 6 月(道光二十六年五月），江苏青浦大水，一次就"漂没数千家"；同年7月（六月）吉林珲春因河水涨溢，该县八千余垧田地中，"水冲无收者六千余垧"，就是说80%的田地被水冲毁，毫无收成；1849年（道光二十九年）春夏之间，浙江连雨40余日，"以致上下数百里之内，江河湖港与田连成一片，水无消退之路"，在这广大区域之内，庄稼颗粒无收自不待言，而且"房屋倾圮，牲畜淹毙"，也"不知凡几"；1851年4月（咸丰元年三月）末，新疆伊犁连降大雪，5月（四月）中，又暴雨倾盆，雨水加消融之雪水，一下子把许多田地冲成深沟，"田亩不能垦复者"达36982亩之多，庄稼冲毁的自然就更多了；至于大旱之年，饥民在剥掘树皮草根以果腹的同时，被迫"争杀牛马以食"，结果在灾情缓解之后，却没有牲畜籽种等基本生产资料可用以恢复生产的情形，则更是普遍存在的。

　　根据《清实录》中历年有关蠲缓被灾地区钱粮的上谕来统计，清王朝宣布因灾蠲缓钱粮的州县，每年少则200余个，多则300余个。应该说明，这个数字是极不完全的，特别是一些经济落后的边远地区，那里的钱粮征收在清政府的全部财政收入中本来就不占什么重要的地位，所以那些地方一向很少报灾（当然并不意味着自然灾害很少），自然也就谈不上蠲缓之事。但即使如此，也已很能说明自然灾害对全国的社会经济带来的影响是何等重大。按照清朝的行政区划，光绪朝以后，"凡府、厅、州、县一千七百有奇"。① 也就是说，清王朝因为自然灾害的原因而不得不减征、缓征或免征钱粮的地区，每年约占全国府、厅、州、县的1/8—1/6。清朝对怎样才算"成灾"是有严格规定的，即只有减产五成以上，直至颗粒无收的，才准予报灾，在这个范围之内，再按灾情的轻重分别确定蠲缓钱粮的数额。那么，这也就意味着在晚清时期，就全国而言，每年通常有1/8—1/6的地区，收成不足一半，严重的甚至减收七成、八成、九成或根本就颗粒无收。

　　每当发生重大的水旱或其他灾害之后，决非一二年之内就可以缓

---

① 《清史稿》，卷54。

过劲来，把社会生产恢复到正常水平的。更何况，近代自然灾害的一个
显著特点，是灾害的继发性非常突出。如直隶省，自 1867 年（同治六
年）至 1874 年（同治十三年），曾连续 8 年发生遍及全省的水灾，其中
后 4 年灾情十分严重，紧接着 1875 年（光绪元年）又发生较大旱灾；
1885 年（光绪十一年）至 1898 年（光绪二十四年），曾连续 14 年发生全
省性水灾，紧接着 1899 年、1900 年（光绪二十五年、二十六年）又发生
两年旱灾。又如两湖地区，自 1906 年（光绪三十二年）至 1915 年（民
国四年），湖北除两年外连续 8 年发生水灾，湖南则连续 10 年发生水
灾、其中一半以上年份的灾情颇为严重。类似的情况各地都有。这样
的连续被灾、旧灾造成的民困未甦，疮痍未复，新的打击又接踵而至，不
但对社会经济的破坏极为严重，而且抗灾防灾的能力每况愈下，使得同
样程度的灾害造成的后果更具灾难性，更使人无力承受。在连续几年
大灾之后，往往十几年、几十年都难以恢复元气。如下一章将要叙述的
鸦片战争期间黄河连续 3 次大决口，造成河南省自祥符（今属开封）到
中牟一带长数百里、宽 60 余里的广阔地带 10 余年间一直成为不毛之
地，"膏腴之地，均被沙压，村庄庐舍，荡然无存"。第四章将要叙述的
光绪初年连续 3 年的大旱荒，使山西省"耗户口累百万而无从稽，旷田
畴及十年而未尽辟"，都说明较大自然灾害对社会经济所带来的消极
影响，是那样长远、持久而难以消除。

灾荒对社会生活影响的再一个方面，是增加了社会的动荡与不安
定，激化了本已相当尖锐的社会矛盾。

清朝封建统治者常喜欢宣扬他们如何"深仁厚泽，沦浃寰区，每遇
大灾，恩发内帑部款，至数十万金而不惜"。[①] 辛亥革命后，窃取了胜利
果实的袁世凯也吹嘘他的政府"实心爱民"，"遇有水旱偏灾，立即发谷
拨款，施放急赈，譬诸拯溺救焚，迫不及待"。[②] 要说这些话完全是无中

---

① 《录副档》，光绪二十四年八月二十七日两江总督刘坤一、江苏巡抚奎俊折。
② 《东方杂志》第 12 卷，第 11 号，第 7 页。

生有的欺骗宣传,倒也未必。去掉自我标榜的成分,应该说,他们对赈灾问题,从主观上还是比较重视的。其原因,并不是如他们自己所说的出于"爱民"之意,"悯恻"之心,而是他们清醒地懂得,大量的饥民、灾民、流民的存在,会增加社会的动荡不安,直接威胁到本已岌岌可危的统治秩序的"稳定"。在统治集团的来往文书中,充斥了这样的语句:"近年生计日艰,莠民所在多有,猝遇岁饥,易被煽惑";"忍饥无方,又恐为乱";"民风素悍,加以饥驱,铤而走险";"设使匪徒藉是生心,灾黎因而附和,贻患何堪设想"?! 这些话,颇能道出问题的实质。在辛亥革命前夕,梁启超从另外一种立场发表了大体相似的议论:"中国亡征万千,而其病已中于膏肓,且其祸已迫于眉睫者,则国民生计之困穷是已。……就个人一方面论之,万事皆可忍受,而独至饥寒迫于肌肤,死期在旦夕,则无复可忍受。所谓铤而走险,急何能择,虽有良善,未有不穷而思滥者也。"①

在近代历史上,即使在"承平"之时,也就是阶级斗争相对缓和的情况下,在局部地区,因为灾荒以及赈灾中的种种弊端而引起小规模群众斗争的事,也是经常发生的。1841 年(道光二十一年)浙江归安县灾民因反对地方官"卖灾"而闹事,就是一个小小的例子:起先,前县令徐起渭于"报灾各区轻重等差,勘详不实;又定价卖灾";后来,接任知县赵汝先又"与乡民约定,完纳条银,再给灾单,及至完成,爽约不给",终于引起了"灾民滋扰"。② 1849 年(道光二十九年),江苏大水灾,各地农村不断发生的"抢大户"、"借荒"等斗争,是又一类型的例子:嘉定"其时乡间抢大户,无日不然";③娄县"乡中富户以怕抢故,纷纷搬入城中。然仅可挈眷,不能运物,运则无有不抢"。④ 所以,左宗棠曾经发表过这样的意见:"办赈须藉兵力"——赈灾的时候,一只手要拿点粮、

---

① 沧江:《论中国国民生计之危机》,《国风报》第一年第 11 期,第 5、6 页。
② 《清宣宗实录》,卷 364。
③ 王汝润:《馥芬居日记》,《清代日记汇钞》,第 184 页。
④ 姚济:《己酉被水纪闻》,《近代史资料》,1963 年第 1 期。

拿点钱，救济灾民；另一只手要拿起刀、拿起枪，以防灾民闹事。他说："向来各省遇有偏灾，地方痞匪往往乘机掠食，或致酿成事端。故荒政救饥，必先治匪也。""匪类藉饥素食，仇视官长，非严办不足蔽辜。韩、郃饥民啸聚，起数颇多，亟宜一面赈抚，一面拿首要各犯，以靖内讧。"①

及至社会矛盾十分尖锐、阶级斗争或民族斗争日趋紧张的时候，自然灾害往往成为诱发大规模群众起事的重要客观条件；受到灾荒的打击而流离失所的数量巨大的灾民，又往往成为现存统治秩序的叛逆力量，源源不绝地加入到战斗行列中去。这在太平天国运动、义和团运动以及辛亥革命运动中，得到了最清楚不过的表现。太平天国的领导者们在历数封建清王朝的罪恶时，就特别强调了"凡有水旱，略不怜恤，坐视其饿莩流离，暴露如莽"这一条。② 一个外国人把"很多地区的庄稼由于天旱缺雨而歉收，人民的心里烦躁不安"看作是义和团兴起的重要原因之一。③ 严复在谈到辛亥革命发生的"远因和近因"时则提到了"近几年来长江流域饥荒频仍"这个因素。④ 不论这些运动在性质上是何等的不同，广大群众勇敢地拿起武器，义无反顾地同中外反动势力展开殊死搏斗，无论如何是值得讴歌的。但我们毕竟不应该忘记，不少人是付出了极为惨痛的代价，在饥寒交迫甚至是家破人亡的困境中被迫走上"造反"之路的。我们赞颂他们的斗争精神，却要诅咒促使他们起来斗争的种种苦难——其中自然也包括自然灾害带来的苦难。

---

① 《左宗棠未刊书牍》，第 132、133 页。
② 《东王杨秀清西王萧朝贵发布奉天讨胡檄布四方谕》，《太平天国文书汇编》，第 105 页。
③ 《清末民初政情内幕》（上），第 422 页。
④ 《清末民初政情内幕》（上），第 782 页。

第 二 章

道光后期的全国灾情(1840—1850)

第一节　鸦片战争爆发后连续三年的黄河大决口

作为中国近代史开端的鸦片战争,它的发生和失败,不论在政治上、经济上还是社会心理上,都产生了极大的震颤。恰恰在这一时期,发生了连续三年的黄河大决口,即 1841 年(道光二十一年)的河南祥符决口,1842 年(道光二十二年)的江苏桃源决口,以及 1843 年(道光二十三年)的河南中牟决口。这三次黄河漫决,受灾地区主要为河南、安徽、江苏等省,波及山东、湖北、江西等地,这些地区大都离鸦片战争的战区不远。因此,严重的自然灾害,不能不给战祸造成的社会震动更增添了几分动荡不安。

在中国历史上,黄河曾孕育了中华文明,也带给了人们数不尽的灾难。到了晚清时期,黄河"愈治愈坏",正如《清史稿》所说,"河患至道光朝而愈亟"。① 鸦片战争期间连续三年的黄河大决口,正是道光朝河

---

① 《清史稿》,卷383。

患的突出表现。

1841年夏，正当英国侵略军肆虐闽、浙之际，黄河于8月2日（六月十六日）在河南祥符县（今属开封）上汛31堡决口。冲出决口的黄水曾包围开封达8个月之久，这在我国灾荒史上也是极为罕见的。赵钧《过来语》记："六月初八日，黄河水盛涨。至十六日，水绕河南省垣，城不倾者只有数版。城内外被水淹毙者，不知凡几。"① 这时的开封城，"形如釜底，堤高于城，河水冲决，势如建瓴"，真是危险已极。② 一份专门奏报此事的折片称："臣于七月二十二日到省，正至急至危之时，即驻宿城关，督率官民日夜防守。目击浪若山排，声如雷吼。城身厚才逾丈，居然迎溜以为堤，而狂澜攻不停时，甚于登陴而御敌。民间惶恐颠连之状，呼号惨怛之音，非独耳目不忍见闻，并非语言所能阐述。所赖官绅士庶不避艰危，凡可御水之柴草砖石，无不购运如流；凡力能做工之弁役兵民，无不驰驱恐后，始能抢修稳固，化险为平。""计自上年六月望后至本年二月初旬，共阅八月之久"，折片说"此次省城被水，实出非常，为二百年来所未有"。③ 此折原件残缺，作者不详，但据奏折内容推断，似为替代文冲任东河河道总督的朱襄所上。

原来的河督文冲，先是被朝廷革去职务，后来又"枷示河干"。堂堂的总督竟被枷号示众，这可以说是极大的羞辱了，但对于文冲来说，却实在是罪有应得。据记载，文冲任河督时，与河南巡抚牛鉴"同在一省"，却"久不相能"，专搞摩擦，且"视河工为儿戏，饮酒作乐，厅官禀报置不问，至有大决"，④ 可见文冲实为这场大灾难的直接责任者。待河决之后，文冲又荒唐地主张暂缓堵筑决口，放弃开封，迁省会于洛阳。文冲的这个错误主张遭到清廷特意派往河南"督办东河大工"的大学士王鼎、通政使慧成等人的抵制，才未实现。如果真按文冲的意见去

---

① 《近代史资料》，总第41号，第133页。
② 《邹鸣鹤传》，《清代七百名人传》中册。
③ 《录副档》，道光二十二年二月二十八日折。
④ 《李星沅日记》上册，第279、280页。

办,千万群众将葬身鱼腹,后果真是不堪设想。所以前往江苏赴按察使之任的李星沅,路过河南时,在日记中也写道:"(文冲)妄请迁省洛阳,听其泛滥,以顺水性,罪不容于死矣! 约伤人口至三四万,费国帑须千百万,一枷示何足蔽辜? 汴人欲得其肉而食之,恶状可想!"①

河南巡抚牛鉴虽然不同意文冲的错误主张,但也并未积极组织抗洪斗争。河决之后,牛鉴见水势直冲开封,只是"长跪请命",祈求上苍保佑。水围开封后,牛鉴一味注意"力卫省城",不及其他。虽上谕曾强调"省城固为紧要,亦不可顾此失彼,著牛鉴多集人夫料物,设法分疏溜水,抢护堤工缺口",但牛鉴等仍以"正河业经断流,护堤决口,势难抢筑"为借口,"专议卫省城",对省城以外的救灾事宜,根本不予置理。结果,省城虽获保全,但河南各属一片汪洋,且"下游各处间被淹浸,又兼江水盛涨,江宁、安徽、江西、湖北等省,均有被灾地方"。②

河决祥符后,大溜直奔开封西北城角,分流为二,汇向东南,又分南北两股,"计经行之处,河南安徽两省共五府二十三州县,被灾轻重不等"。③ 因为河南属江苏、安徽的上游,黄河在河南决口,全黄之水汇集洪泽湖,又四处漫溢,故"三省之荡析离居不堪设想",而且这次漫决正值夏间,夏粮未收,所以灾民更难存活。时任翰林院检讨的曾国藩在家书中说:"河南水灾,豫楚一路,饥民甚多,行旅大有戒心。"④

这时,在鸦片战争中坚持反侵略斗争的林则徐,正好因受到一部分投降势力的排挤,被道光帝"发往伊犁效力赎罪"。王鼎极力请求将林则徐暂留河南协助治河救灾,得到朝廷允准。林则徐在遣戍途中自扬州"折回东河",于9月30日(八月十六日)到达开封。他亲自在祥符六堡河工,往返筹划指挥,得到灾民的热烈欢迎,他们交口称赞:"林公之来也,汴梁百姓无不庆幸,咸知公有经济才,其在河上昼夜勤劳,一切

---

① 《李星沅日记》上册,第280页。
② 《清宣宗实录》,卷369。
③ 《清宣宗实录》,卷359。
④ 《曾国藩全集·家书》(一),第14页。

事宜,在在资其赞画。"① 在东河工次,林则徐赋诗描述此次水灾之惨状:"尺书来讯汴堤秋,叹息滔滔注六州(原注:时豫省之开、归、陈,皖省之凤、颍、泗六属被淹)。鸿雁哀声流野外,鱼龙骄舞到城头。谁输决塞宣房费,况值军储仰屋愁,江海澄清定河日,忧时频倚仲宣楼。"另诗中还有"狂澜横决趋汴城,城中万户皆哭声"之句。这些诗句,既反映了这次水灾的严重程度,也抒发了一位关心民瘼的正直封建官吏的忧时之情。

在鸦片战争正在进行的过程中,清政府在军费支出十分浩繁的情况下,好不容易筹措了500余万两银子,几经周折,一直到第二年的4月3日(二月二十三日),才总算把祥符决口堵合。但仅仅过了4个多月,黄河又在江苏桃源(今属泗阳)县北崔镇汛决口。

1842年,江苏由夏入秋,亢旱甚久。一部分地区由于上年黄水泛滥的积水未消;另一部分地区则因久旱缺雨,所以麦秋"合计通省约收五分有余",歉收本已十分严重。不料到8月22日(七月十七日),黄河突于桃源县北崔镇汛决口190余丈。与此同时,上游徐州府附近之铜山、萧县,亦因"水势涌猛,闸河不能容纳,直过埝顶,致将铜山境内半步店埝工冲刷缺口"。② 所以这一年江苏黄水漫溢,实有二处,正如本年岁末两江总督耆英、江苏巡抚程矞采奏折所云:"本年入夏以来,黄水异涨,桃源县北岸扬工长堤漫溢,萧县地方亦因启放天然闸座等处,以致该二县沿河低洼田地均被淹浸。"③ 只是由于决口处已处黄河下游,距入海口不远,故遭漫水淹浸面积较少。曾国藩在一封家信中估计,"黄河决口百九十余丈,在江南桃源县之北,为患较去年河南不过三分之一"。④

河决桃源之后,清廷将南河河道总督麟庆革职,命吏部左侍郎潘锡

① 《林则徐年谱》(增订本),第366、367页。
② 《录副档》,道光二十三年七月初二日署两江总督璧昌、江苏巡抚孙善宝折。
③ 《录副档》,道光二十二年十二月二十七日耆英、程矞采折。
④ 《曾国藩全集·家书》(一),第31页。

恩接任。潘上疏报告水情说:"黄河自桃北崔镇汛萧家庄北决口,穿运河,坏遥堤,归入六塘河东注。正河自扬工以下断流,去清口约有六七十里之远,回空漕船,阻于宿迁以上。"①一个恰好途经灾区的官僚太常寺少卿李湘棻向朝廷报告说:"臣行至宿迁县,知桃源县北厅扬工下萧家庄漫成口岸。路遇被水灾民询称'今岁异涨陡发,实历年所未有'。臣缘堤而行,察看北岸水痕,大半高及堤顶,全仗子堰拦御,情形危险至极。源南岸王工晤河臣麟庆,据称:'漫溢口门已有百余丈,水头横冲中河,向东北由六塘河、海州一带归海。彼处旧有河形,大溜趋赴,势若建瓴,当不致十分泛滥。惟运河淤垫,急宜挑浚'。"②

　　1842 年的桃源决口,虽较上年祥符决口为轻,但仍然带给当地人民以极大的灾难。程矞采在奏折中报告灾情称:"窃照桃源、萧县二县,本年或因扬工漫溢,或因开放闸河水势过大,以致田亩庐舍均被浸没,居民迁徙,栖食两无。""在田秋粮尽被淹浸,驿路亦被淹没。"③户部尚书敬征、工部尚书廖鸿荃会奏此次黄水漫溢造成的损失,计桃源县境内有"秋禾多被淹没,庐舍亦间有冲塌,情形较重,成灾九分"者共 17图,有"因黄水汇归六塘等河,并无堤埝捍御,禾稼亦被淹损,情形次重,成灾七分"者共 11图。沭阳县境内有"始因缺雨,继遭黄水漾漫,秋禾无获"者共 9镇 12保。清河(今清江市)、安东(今涟水)、海城等县,"亦因先旱,复被淹浸,秋禾间有损伤,以致收成歉薄"。④又据淮安府知府曹联桂报告,桃源县应需赈抚的户口 10516 户,其中大口 17492口、小口 9188口。从这些数字看,这次黄河决口所造成的灾区面积,并不很小,受灾人口也有相当数量;再加上春夏之旱,苏南的苏州、松江二府属又因秋雨连绵,"秋禾被水歉收",以致形成了江苏全省性的灾祲。这一年,正是鸦片战争失败,清政府被迫在南京与英国签订第一个丧权

① 《清史稿》,卷 383。
② 《录副档》,道光二十二年。
③ 《录副档》,程矞采折。
④ 《录副档》,道光二十二年十月十五日敬征、廖鸿荃折。

辱国的不平等条约的一年,当地人民既目睹了民族的屈辱,又身受着天灾的侵袭,在这种双重打击之下,物质生活和精神心理都受到何等严重的摧残,也就可想而知了。

继上两年黄河漫决之后,1843 年 7 月末,黄河又在河南中牟县下汛 9 堡漫口,造成连续三年黄水年年决口的严重状况。

这一年夏秋之间,河南省大雨连朝,淫霖不绝。黄水盛涨,大溜涌进,于 7 月末"将中牟下汛八堡新埽,先后全行蛰塌"。正当防河官兵集料抢补的时候,不料大溜"忽下卸至九堡无工之处,正值风雨大作,鼓溜南击,浪高堤顶数尺,人力难施,堤身顿时过水,全溜南趋,口门塌宽一百余丈"。① 由于这一带土性沙松,又正"值大汛河水盛涨之际",所以口门不断扩大,数日后"刷宽至二百余丈"。至 9 月 8 日(闰七月十五日)的上谕中,则称"现在口门塌宽至三百六十余丈","下游州县"被灾程度,"较之上次祥符漫口,情形更为宽广"。②

事件发生后,清政府始则将河道总督慧成革职留任,接着又正式"革任",并像对待前任河督文冲一样,"枷号河干,以示惩儆"。河督一职,派原库伦办事大臣钟祥接任,并命礼部尚书麟魁、工部尚书廖鸿荃"督办河工"。但工程进展缓慢,第二年整整一年,"黄流未复故道",被淹田地未能涸复,河南、安徽、江苏"三省灾黎,流离失所"。直至 1845 年 2 月 2 日(道光二十四年十二月二十六日),中牟决口始告合龙。

这种情况,自然要给沿河人民带来更大的苦难。在被水灾区,衣食无着、流离失所甚至家破人亡的,比比皆是。

就河南本省而言,河南巡抚鄂顺安于 12 月 3 日(十月十二日)奏称:"豫省本年夏秋大雨频仍,兼之黄河及各处支河屡次盛涨泛溢,滨河及低洼各州县村庄均被淹渍,并有雨中带雹及飞蝗停落之处。"③大面积的水灾,再加上局部地区的雹灾和蝗灾,势孤力单、脆弱无力的小

---

① 《清宣宗实录》,卷 394。
② 《录副档》,道光二十三年。
③ 《录副档》,鄂顺安折。

农经济,还能有什么抗拒能力? 据鄂顺安后来的两次奏报,中牟漫口后,共有 16 个州县"地亩被淹"。其中"被灾最重"的有中牟、祥符、通许 3 县及阳武(今属原阳)的一部分;"被灾次重"的有陈留(今属开封)、杞县、淮宁(今淮阳)、西华、沈丘、太康、扶沟等 7 县;"被灾较轻"的有尉氏、项城、鹿邑、睢州(今睢县)等 4 州县。另有郑州等 10 州县虽被水较轻,考城(今属兰考)等 23 州县虽只是局部地区有"被水、被雹、被蝗"之处,也都造成了歉收。而在那些重灾区和次重灾区,不少地方是颗粒无收的。

安徽的灾情,同河南几乎是不相上下。中牟决口后,清政府就在上谕中指出:"皖省自上次河决祥符,所有被灾州县,元气至今未复。本年漫水,建瓴直下,太和、阜阳、颍上以及滨淮各州县地方,或房屋塌卸,或田亩淹没,情形较前更重。"在另一个上谕中又说:"河南中牟浸水,皖省地处下游,被淹必广。现据查明,顶冲之太和县,通境被灾;分注之亳州(今亳县)及滨淮十余州县,洼地淹入水中。"①一直到寒露以后,水未消退,不少地区秋收完全落空。这一年,安徽全省因灾蠲缓额赋之地区达 37 州县。

这一年开始时,江苏遇到了像上年一样的严重春旱,二麦"收成大为减色"。江苏是鸦片战争中受战祸最烈的地区之一,又连年遭水,"情形尤为困苦"。但到了秋后,又阴雨连绵,加之上游"黄水来源不绝",结果不少地方"山水、坝水下注,湖河漫溢,低洼田亩被淹"。也有些地方,"或因雨泽愆期,禾棉不能畅发,继被暴风大雾,均多摧折受伤"。② 据统计,沭阳及上年黄河决口之桃源县,不少田地都"成灾八分"(即只有二分收成),其余上元(今属南京)等 53 州县,虽"勘不成灾",但均"收成减色"。

鸦片战争爆发后连续三年的黄河大决口,造成的危害可以说是灾

① 《清宣宗实录》,卷 395、卷 396。
② 《录副档》,道光二十三年十月二十三日璧昌、孙宝善折。

难性的,因为它不仅在当时给人民带来了巨大的痛苦,而且所伤的元气,在很长的时间里都未能恢复。一直到10年之后,即1851年2月20日(咸丰元年正月二十日),朝廷根据陕西布政使王懿德的奏疏,还发布了这样一道谕旨:"王懿德奏,由京启程,行至河南,见祥符至中牟一带,地宽六十余里,长逾数倍,地皆不毛,居民无养生之路等语。河南自道光二十一年及二十三年,两次黄河漫溢,膏腴之地,均被沙压,村庄庐舍,荡然无存,迄今已及十年。何以被灾穷民,仍在沙窝搭棚栖止,形容枯槁,凋敝如前?"①上谕中这个"何以"问得很好,但封建统治阶级自己恐怕永远也无法作出正确的回答。无情的黄水,把"膏腴之地"变成"地皆不毛",但时隔10年,老百姓仍"凋敝如前",这难道仅仅是老天爷的原因吗?

第二节　道光二十六年、二十七年的秦豫大旱

进入近代社会的最初5年,全国自然灾害的形势主要以洪涝为主。除了上一节所说黄河连续三年决口外,其他地区也不断发生较大的水灾。如位于长江沿岸的湖北省,自1840年至1844年,几乎没有一年不受到严重水灾的侵袭。1840年,该省于夏季大雨兼旬,山水陡发,长江、汉水同时并涨,漫溢成灾,"各州县被水民人,纷纷逃往他省"。湖广总督周天爵在这年秋天的一个奏折中曾报告说:"查得江夏等州县逃户,已回者共九千八百三十五户,未回者共五千八百五十八户。"②江夏属今武汉市,这些地方的灾民尚且纷纷逃荒,穷乡僻壤之地就更毋论了。有材料表明,这一年的湖北外逃灾民,不仅流入邻近省份,且有远及两广、贵州者。1841年,湖北又因夏秋间"江、汉二水叠次异涨,加以山水频发,被淹三十余州县,贫黎待哺孔殷"。③ 当武汉官绅发动捐输

---

① 《清文宗实录》,卷26。
② 《清宣宗实录》,卷339。
③ 《录副档》,道光二十四年五月十二日湖广总督裕泰、湖北巡抚赵炳言折。

赈济后,饥民闻风而至,聚积在省城的不下 10 余万人,大口每日可领制钱 12 文,小口领 6 文,以勉强维持残生。"迨冬春之间,雨雪交加,冻馁物故者日以数百人计。"①1842 年,因江水盛涨,荆江大堤上渔埠工段,于 7 月 4 日(五月二十六日)漫溃一口,江水冲开荆州郡城,城内被水,居民纷纷爬上屋顶树梢,当时淹毙马 113 匹,城垣坐陷膨裂 29 处,房屋被水倒塌 1026 间。一直到 7 月 11 日(六月初四日),城内的积水才渐行消退。此外,沿江的一些民堤也多有溃决。1843 年,湖北 13 州县低洼田地被淹,也有少数高阜之区稍形受旱。到 1844 年(道光二十四年),长江于 8 月(七月)间又在荆州府漫溢,口门刷宽至 150 余丈之多,不仅荆州郡城城圮灌水,而且西邻的松滋、枝江也"大水入城"。全省 27 州县被水受灾,其中最严重的为江陵、公安、石首、监利、松滋 5 县,这些地区"被淹田地涸复较迟,耕耘失时,兼系频年被水之区,民力拮据,来春播种无资"。②

在这 5 年里,直隶省于 1843 年、1844 年有两次较大的水灾。头一年因南运河在东光、故城一带决口,永定河在北 6 工汛决口,共 35 州县受轻重不等之水害,第二年因永定河南 7 工 5 号堤身蛰塌 10 余丈,加之连日大雨,使 45 厅、州、县低洼田地被淹。奉天(今辽宁省)则自1841—1844 年连续 4 年大水成灾。此外,遭受较大水灾的尚有:福建(1842 年、1844 年),广东(1842 年、1843 年),浙江(1841 年),山西(1842 年、1843 年),陕西(1841 年、1842 年、1843 年),江西(1842 年、1844 年),四川(1843 年)等省。在这期间,只有部分省区的局部地区发生较严重的旱灾。另外,1842 年 6 月 11 日(五月初三日),新疆巴里坤宜禾县发生 7 级地震,造成死伤百余人,坍屋 5400 余间的重大损失。

到 1845 年(道光二十五年),全国灾情就呈现出水旱杂陈的形势。接着是发生了连续两年的以旱为主的灾荒,特别突出的便是秦豫大

---

① 《录副档》,道光二十二年七月二十四日御史徐嘉瑞折。

② 《录副档》,道光二十四年十一月二十七日裕泰、赵炳言折。

旱灾。

1846 年(道光二十六年),陕西发生严重旱荒,尤以关中地区为甚。西安、同州、凤翔等府所属各县,自开春起就一直无雨,夏秋时虽有微雨,然墒不及寸,四野枯焦。麦秋和大秋都收成歉薄,冬麦也未能下种,据记载:"粮价腾涨,百姓纷纷逃荒。次年春,情景更惨。关中东部饥民流徙道途,死者不可胜数,卖儿鬻女以至弃婴者比比皆是。"①此时,正值林则徐遣戍新疆后被释回,在此任陕西巡抚。在这一时期他所写的信札中,对陕西灾情有十分具体的描述。如 10 月 17 日(八月二十八日)致陈德培信中云:"夏秋雨泽稀少,秋收歉薄,已无补救之方。而种麦届期,最不可误,屡经设坛祈祷,始获两次甘霖。二麦尚可播种,然仍未见深透,盼泽犹殷。"12 月 1 日(十月十三日)致杨以增函称:"且目睹天时之旱,麦不能种,种不能生,蒿目焦心,只有添疾而不能减。"1847 年 2 月 3 日(十二月二十九日)致陈德培函称:"关中秋冬大旱,秋收既甚荒歉,冬麦又未种齐,人心惶惶,市粮昂贵,虽经设法调剂,并奏请缓征,而棘手多端,殊难言罄。向谓此间为海内第一完善之地,讵命穷者至此,遂遇灾荒!"②林则徐是封建统治阶级中难得的关心民瘼的封疆大吏,为了减轻自然灾害的消极影响,他曾采取了不少救荒措施。除上引材料中所说的"奏请缓征"外,还实行"平粜";由官府收养那些"穷极之民以及老幼废疾",仅西安省城即收养三四千人;劝令"有力之户量出钱米,各济各村";针对老百姓"争杀牛以食"的现象,采取"官为收牛,偿其值,劝富民质牛予以息"的办法以保护生产力。③ 但一来林则徐此时已是 60 余岁的老病之躯,二来他个人的力量也难以挽回封建政治的腐败现象,所以旱灾造成的祸害仍然极为严重。当时陕西朝邑(今属大荔)的一位 78 岁的老举人李元春在给护理陕西巡抚杨以增的上书中谈及他家乡的灾情说:"朝邑之灾,比他处为甚。麦多未种,种

---

① 《旧民主主义革命时期陕西大事记述》,第 8 页。
② 《林则徐书简》(增订本),第 253、257、268 页。
③ 《林则徐年谱》(增订本),第 456、457 页。

亦未出。""现在饥民流徙满路,或有缢树、赴水、投崖而死者。其未徙之家,有阖门坐待饿杀者;有煮食干瓜皮、辣菜叶而卒无以延生者。其中鬻妻鬻子女弃婴儿者,殆不可胜数。"①

除陕西外,直隶、山东、浙江、河南都先旱后涝。直隶的旱情,至8月(六月)间始行解除。当时在京师任翰林院侍讲学士的曾国藩在6月10日(五月十七日)的家书中说:"京师今年久旱,屡次求雨,尚未优渥,皇上焦思。"②由于自春至夏雨泽稀少,夏麦收成大减。山东也"因二麦被旱,兼被风沙,收获无多"。③ 浙江也是一直到8月(六月)未降透雨,连西湖都干涸了,有的地方还加上虫灾,早稻被虫咬死,"甚有通段不留一株者"。河南安阳、临漳、武安、涉县(上三县今属河北省)、汲县、新乡、辉县、获嘉、延津、修武、武陟、温县、原武(今属原阳)、阳武等县因受旱荒,二麦无收。这一年遭旱灾侵袭的,还有安徽的安庆、池州等府州属,山西保德、垣曲等10厅、州、县,湖南长沙东南各县。

1847年(道光二十七年),全国发生旱灾的地区和范围较上年又有了更大的扩展,形成了陕西、山西、河南、安徽、山东连为一片的大旱荒区。

陕西受上年大旱影响,本年夏收仍属荒歉。3月中旬(正月下旬),林则徐在致蒲城知县沈功枚的信中,谈及上年旱灾对本年夏收之影响:"上冬荒歉之象,西(指西安府)、同(指同州府)、凤(指凤翔府)以同州为甚,而同属又以朝(指朝邑)、韩(指韩城)、蒲(指蒲城)为甚。通邑已种之麦,不过二三,即使春初得有透雨,亦不过补种杂粮,丰字早已无望,若再如此亢旱,并歉字亦不足以蔽之矣。目前满地扬尘,无处可以挥锄秉耒,自食其力者,安得不刮及树皮!"④他在夏初所上的一个奏折中也说:"陕西省西安、同州、凤翔、乾州等府州属,上年秋冬,亢旱日

---

① 李元春:《上护院杨至堂大人言救荒书》,《桐阁文钞》,卷6。
② 《曾国藩全集·家书》(一),第133页。
③ 《录副档》,山东巡抚崇恩折。
④ 《林则徐书简》(增订本),第272页。

久,二麦播种失时。嗣于腊内得有雪泽,又被大风刮散,存积无多,地土仍形干燥。迨本年二月中旬,始获透雨,农功得有转机,实深庆幸。但该管州属,皆系平原地土,一年之计,专靠麦收,上冬种麦本稀,及至春雨普沾,已在清明时节,只可播种秋粮,直至八九月间,方能有收。是今岁青黄不接,较往年为日更长。"①

与陕西毗连的山西、河南,旱情也极为严重。山西因亢旱而致夏麦歉收的,包括临汾、洪洞、襄陵、太平(上二县今均属襄汾)、翼城、曲沃、浮山、乡宁、永济、临晋、猗氏(上二县今合为临猗)、荣河、万泉(上二县今合为万荣)、虞乡、解州(今属运城)、安邑(今属夏县)、夏县、平陆、芮城、绛州(今属新绛)、闻喜、稷山、垣曲、河津、赵城(今属洪洞)25 州县。河南的旱灾,则较山西更甚。9 月 5 日(七月二十六日),清廷根据"豫省缺雨"情况,发布上谕说:"因思河南两次大工之后,元气未复,民鲜盖存,当此苦旱异常,小民颠沛情形,不忍设想。"4 天后,又谕:"本年河南省开封等府属雨泽稀少,二麦歉收。……昨又据鄂顺安奏到,该省亢旱异常,报灾几及通省。"②从谕旨反映,河南旱情一直处于不断发展的趋势。8 月 8 日(六月二十八日)的上谕,提到被旱州县还只是 17 个,11 月 6 日(九月二十九日)的上谕增为 41 州县,到 12 月 9 日(十一月初二日)的上谕中,旱灾范围已扩展至 64 州县。有的地方,如南乐县,竟发生"人相食"的惨事。③

与河南旱灾并称的还有山东的旱灾。曾国藩在 11 月 22 日(十月十五日)的一封家信中写道:"近日河南大旱,山东盗贼蜂起,行旅为之不安。"④曾国藩的《年谱》在这一年中也记载:"是岁山东、河南亢旱,盗贼蜂起,两省大吏,交部严议。"⑤这里所谓的"盗贼",自然主要是指

① 《林则徐集·奏稿》(下),第 959 页。
② 《清宣宗实录》,卷 444,第 445 页。"河南两次大工",即指上节黄河两次在河南境决口后的治河工程。
③ 《中国历代天灾人祸表》(下),第 1625 页。
④ 《曾国藩全集·家书》(一),第 160 页。
⑤ 《曾国藩全集·年谱》第一册,第 8 页。

那些因受旱荒而饥寒交迫又敢于冲击封建统治秩序的贫苦农民。对于他们来说,如果不铤而走险,便只有饿死道途。《莘县志》中就有这样的记载:"二十七年,岁大饥,道殣相望。"①这一年,山东全省被旱再加上被虫、被风的灾区一共达66个州县。

因为豫鲁大旱,清朝政府原本打算在江苏、安徽两省购买粮食,运往灾区救急。不料安徽及江、浙的部分州县,同样遭到长期干旱的侵袭。安徽巡抚王植向清廷奏称:"本年安徽省亢旱日久,江北尤甚。收成歉薄,粮价增昂,势难接济邻省。"②在这种情势下,清政府只得将在皖购粮的计划取消。

江、浙两省在这一年是水旱兼具,但旱灾是主要的。段光清在《镜湖自撰年谱》中记浙江建德的灾情说:"六月,天旱,民间惶恐。以去年旱荒,若今年又旱,则生机将绝也。"③乡间一些青年想迎神求雨,按当地的旧俗,只要"求雨抬神入城",业主就要向佃户减收地租,因此遭到业主们的反对;但后来旱情愈来愈严重,最后业主们也不得不同意乡民"求雨入城"了。

发生严重干旱的还有湖南中部地区。这一年,湖南省的南北两端及东半部大水成灾,但以长沙为中心的湘东中部,包括长沙、平江、新化、浏阳、湘乡、桂阳,则干旱缺雨。"平江春无水灌秧,苗尽枯死。浏阳、湘乡且蝗螣害稼。"④此外,湘西的乾州厅入秋后遭虫、旱灾害,据记载:"乾州苗民屯田,因水冲沙压,荒废甚多。入秋又遭虫旱,收成歉薄。而汉、苗地主催征勒索租谷,变本加厉,从而激起广大苗族农民的不满。"⑤

在以旱灾为主的这两三年时间里,1845年台湾先后发生的强烈地

① 《太平军北伐资料选编》,第602页。
② 《清宣宗实录》,卷447。
③ 《镜湖自撰年谱》,第28页。
④ 《湖南自然灾害年表》,第87页。
⑤ 《湖南省志》第一卷,第15页。

震和猛烈台风,也是一个不能不加记述的突出事件。

1845 年 2 月(正月),台湾彰化县猝发强烈地震,损失严重。据统计,震塌房屋 4200 余户,被压罹难的人口 380 余名,受伤者不计其数。据《中国地震目录》判断,此次地震震级 7 级,烈度 9 度。到 7 月中(六月初旬),台湾府境大雨连宵,同时发生强大台风,"台湾等县海口,淹毙居民三千余人。"①清政府立即命令台湾镇总兵武攀凤、福建台湾道熊一本勘察灾情。12 月 24 日(十一月二十六日),武、熊奏报勘查情形说:"台邑(今台南市)境内,惟附近海口之文贤、永凝、新化、永康、武定等五里被灾较重,房屋倒塌者七百二十六户,难民一千八百六十三名口;其次长兴、仁德、效忠、安定、善化、归仁、保西等七里,房屋倒塌者四百二十八户,难民一千零十三名口;此外,离海较远之新昌、广储、大穆降、崇德、永丰、新丰、依仁、仁和等八里,房屋倒塌者一百零二户,难民五百四十名口。总计被灾一千二百五十六户,难民三千四百一十六名口。……鹿耳门海口一带淹毙淘海民人三百四十二命,遭风商船十一只,淹毙水手四十命……陆地倒塌房屋压毙一百零三命。……安平□□□□港被风击碎吕宋国②夷船一只,查验难夷二十六名。……凤山(今高雄)境内……惟海边荒埔地面,穷民搭盖草寮栖止,淘摸海物为生,忽于夜间风雨交作,海水沸腾,草寮被风吹去,人民之逃避不及者,被水淹毙,统计数十里内捡获海岸遗尸二百三十二具。……查验中路之埤头、南仔坑、半屏、阿公店、大湖等处,惟阿公店地势高平旷衍,民房倒塌一百九十四间,难民五百八十四名口。……嘉邑境内……近海之下湖、蚶子寮、黛仔挖、新港、全尾墩、蝦仔寮、下茔仔、泊仔寮、竹笛寮等九庄,地势较低,当风雨淘涌之时,海水沸腾,汪洋莫测,俄顷之间,九庄悉为巨浸,其民人之沦入大洋者无从稽核,捞获海边及内港一带遗尸二千三百八十四具。……查该九庄被淹八百七十五户,逃走得生难民

---

① 《清宣宗实录》,卷 421。
② 清代通常以"大吕宋"指西班牙,"小吕宋"指菲律宾,此外"吕宋国"何指,待考。

一千□□□□七名口。其距海较远之青蚶寮、新庄□□□□□仔脚、万兴庄、水尾新庄、茜口湖、乌麻园、沙岽后庄、援仔脚、三姓寮、大尖山、伟曾寮、宜梧等十五庄,被灾七十九户,难民一百三十一名口。……另有击碎商船逃生水手一百六十七名。……该县城垣倾圮百余丈,衙署、仓库、监狱、兵房各有损坏处所。……又据安平协副将转据该营游击、守备等报称,本年六月初七日午后,大雨倾盆陡降,东南台风猛烈异常,加以内山溪流冲出,海潮涨溢,平地一片汪洋。至卯刻,风雨稍间,潮流始渐退。查验三营校场,演武厅倒为平地,各衙署、营居、军局、炮台、军装等项无不损坏……各战哨□□□被冲刮漂没。……内营载差哨船暨大小商渔船只,击碎损坏甚多。"①

一场飓风竟造成如此惨重的损失,这在近代灾荒史上也是颇为少见的。

第三节　道光末年的东南各省大水灾

紧接着秦豫大旱荒之后,在道光朝的最后三年里,东南各省连续发生了特大水灾。

1848 年(道光二十八年),全国的自然灾害形势,除台湾的彰化、嘉义一带于 12 月 3 日(十一月初八日)发生强烈地震,造成压死 2000 余人、压塌房舍 20000 余间的重大损失;广西贵县发生严重蝗灾,"禾苗菽麦嚼食一空";以及直隶、山西、甘肃等部分州县有水、旱、雹灾外,主要灾情则为"东南六省之水"。这里所说的"东南六省",系指苏、皖、豫、浙、鄂、赣,实际上还应加上全年遭水之湘,夏旱秋涝之鲁,共八省。

八省水灾,尤以江苏为重。这年夏间,连降暴雨,黄河、长江上游盛涨,加之海潮汹涌,高达丈余,海水内灌,苏南地区遍地皆水。张集馨《道咸宦海见闻录》描写南京附近情形说:"接南中家信,金陵、仪征一

---

① 《录副档》,道光二十五年十一月二十六日武攀凤、熊一本折,原件残缺。

带,居民皆架木栖止,余家天安桥宅亦复水深数尺。哀鸿遍野,百姓其鱼。"①位于苏北、皖北交界处的洪泽湖,因承接滔滔下泻的黄水,湖内水位迅速升高。江南河道总督潘锡恩深恐湖水横决,不得已将车逻等坝启放,以便宣泄湖水。但水位仍以每日二三寸的速度增高,于是又启放昭关坝、义河水坝。这样一来,洪泽湖的水势虽然渐消,与洪泽湖相连而处于下游的高宝湖②却"积涨更甚",最终导致了里运河等的河堤溃溢。由于迭次放水及河堤漫溢,下游州县多被浸灌,造成百姓流离、灾民遍野的凄惨景象。江苏巡抚陆建瀛在一个奏折中说:"起放各坝,被水淹灌各州县,民情困苦。"在另一奏折中又说:"高、宝一带被水,贫民南下,先经臣督饬地方官查办劝捐留养事宜,一面咨会浙江,如有越境觅食者,即分别截回妥办。……计留养已将万口。"③翌年4月(四月初)接任江苏巡抚的傅绳勋在到任后也上疏说:"上年江海湖河并涨,各坝齐开,江、淮、扬、常等属,被灾地方较广,商贩稀少,粮价日增。"④有材料说,江苏灾民逃荒到浙江的,共有"男妇一万余名口"。据统计,江苏全省本年遭受水灾的地区包括65个厅、州、县及9卫。

江苏西邻的安徽、南邻的浙江,也都被水成灾。安徽巡抚王植向朝廷报告称:"安徽省本年滨临江淮各州县,被灾较宽,民情困苦。"⑤这年年底,清廷发布的谕旨中亦有"本年安徽省江淮异涨,圩堤漫缺成灾"之句。⑥据上谕宣布,这年安徽因受水灾而蠲免田赋的地区包括巢县、怀远等40州县。浙江因受水灾、风灾而缓征田粮的地区包括仁和(今属杭州)、富阳等31县、卫。但实际上,尚有一些受灾严重的地区,并未包括在内。如上述的31县、卫中,并无温州,而温州的水灾却极重。赵

---

① 《道咸宦海见闻录》,第106页。
② 高宝湖为高邮湖与宝应湖之合称。
③ 《清宣宗实录》,卷458。又《录副档》,陆建瀛片。
④ 《录副档》,傅绳勋片。
⑤ 《录副档》,王植片。
⑥ 《清宣宗实录》,卷462。

钓《过来语》对温州的灾情有这样一段生动的描写:"(七月)十六日潮鸣,十七日风起,十八日大风雨。是日……之水,山水出,潮水入,近江村落,被灾为甚。低洼处水与墙平,漂溺不计其数。据仙港孙君汝标说:平阳坑、镇江垟、了吞、下涂四处更甚。又据鲍文浩自郡归说:永邑(指永嘉)近江地方,尸浮如萍。某村有一家,少长八人,共系于屋梁,坐以待毙。后其屋随风水漂搁高楼,竟得无恙。又据涵彩自郡东门归说:十八日朝夕两潮,同时接长,风雨之大,殊为少见。"①

湖南、湖北的灾情,较上述数省,实在是有过之而无不及。湖南前几年虽也有局部地区遭水,但主要是旱荒,这一年却突然全省遭洪涝之灾,弄得"所在饥馑"。据《湖南省志》记载:"道光廿八年六月,滨湖地区大水。武陵(今属常德市)西堤溃决,漂没民庐无数。龙阳(今汉寿)、沅江、安乡等县,田地房屋也多被冲毁,各垸收成无着,灾民乏食,人心动荡。"②事实上,这一年从夏间到入秋以后,一直大雨不止,滨湖的围垸多发生溃决,各地新谷登场,"尽生芽蘖",有的芽须长到 3 寸来长。谷价昂贵,省城长沙一斗米要 1000 文。嗷嗷待哺的灾民,聚集于长沙的竟达几十万人。"哀鸿遍野,饿莩满城,惨不忍睹。至全省淹没田庐人畜,不胜计,各种农副产品荡然无存。湘阴一带水深齐屋脊,至次年犹未退,受灾至烈。"③至于湖北的情形,曾国藩在一封家信中称之为"大水奇灾"。《清史稿》曾把湖北本年的洪水列入罕见的"灾异"记录之中,说:"松滋、安陆、随州(今随县)大水;黄州大水至清源门;保康大水,田庐多损。"④在清政府发布的一份邸报中,曾谈到武昌城外,"江潮几与城平"。地方官只能在城楼上向灾民散发干粮,"淹没田庐,不知凡几"。湖广总督裕泰因"本年湖北省灾区宽广",请求朝廷从邻省拨一些银款作赈灾之用,但当时东南各省"半皆被水成灾",自顾不暇,

---

① 《近代史资料》,总第 41 号,第 146 页。
② 《湖南省志》第一卷,第 16 页。
③ 《湖南自然灾害年表》,第 87 页。
④ 《灾异》(一),《清史稿》,卷 40。

哪里还有余款支援别人？清廷只得要求湖北省的地方大吏,自行设法,劝喻"绅耆富室","急公赴义"。上谕说:"湖北附近省份,如安徽、江苏亦各报成灾,所存库款,均经请留备用。惟念该省此次被灾至三十余州县之多,当此亿万灾黎,嗷嗷待哺,倘查办稍缓,或措置失当,必致转徙流离。……当此满目逃亡,呼吸之间,所全不止千百,即各省绅耆富室,痛痒相关,必有急公赴义者,惟在大吏谆谆劝喻,启发至诚,藉举众擎,隐弭灾浸。"①这个上谕在大谈了一通赈灾的重要性之后,口风一转,把责任一股脑儿全推到地方官绅的身上,实际上完全采取了袖手旁观的态度。

此外,这一年江西夏秋大水,全省 20 州县遭淹,其中尤以南昌等 13 县被淹较重。河南被水地区,则达 50 州县之多。山东临清等 11 州县夏季亢旱,兼遭风灾,但到秋后,全省大部分地区又发生水灾,部分地区兼有蝗、雹灾害,被水、被蝗、被雹地区遍及 57 州县。

继 1848 年的东南 8 省大水之后,第二年又发生了三江(江苏、浙江、江西)、两湖(湖北、湖南)、安徽大水灾。《清史纪事本末》云:"夏四月,江苏、浙江、安徽、湖广大雨五旬,余水骤涨,田尽没。水之大,为百年所未有。"②曾国藩在 9 月 1 日(七月十五日)的一封家书中说:"如今年三江两湖之大水灾,几于鸿嗷半天下。"③清政府的上谕中也多次提到江、浙、皖、鄂等省"皆因雨多水涨,各属漫淹较广,灾民荡析离居,嗷嗷待哺","被灾之区,均极宽广";江西、湖南等地,"亦多偏灾"。在这些省份中,仍以江苏省被灾最重。

1849 年(道光二十九年)的春夏之交,江苏地区即因雨泽过多,禾稼受损。到 5 月下旬(闰四月初旬)以后,大雨滂沱,连宵达旦,江河湖水盛涨,低洼田地的积水无从宣泄。仲夏以后,仍然是阴雨连绵,昼夜不止,结果是"二麦歉收,秧苗浸损"。而且"旧涨未消,新水复溢",江

---

① 《清宣宗实录》,卷 459。
② 《清史纪事本末》,卷 40,《道光世局》。
③ 《曾国藩全集·家书》(一),第 194 页。

苏南部的苏州府、松江府、常州府、镇江府、太仓州所属各州县境内，"一望汪洋，田河莫辨"。低洼地区积水丈余，浅水平畴之地，水深也有五六尺或二三尺不等，不但庄稼尽在水中，许多房屋也被淹没。苏北的扬州府、淮安府等地，也因为连绵骤雨，兼之江潮盛涨，水势有涨无消，圩堤冲破，田庐漂没。江宁省城里进行科举考试的贡院，水深三四尺，以至原定 10 月（八月）举行的乡试，不得不延期举行；连两江总督衙署里也有一二尺积水，南京城里的居民纷纷避居钟山之上。据逃荒百姓反映，这一年的大水，不但超过了上年，甚至超过了 1823 年（道光三年）的特大洪灾。江苏巡抚傅绳勋在一个奏折中详细描述此次灾情称："本年自闰四月初旬起至五月止，两月之中，雨多晴少，纵有一日微阳，不敌连朝倾注。平地水深数尺，低区不止丈余，一片汪洋，仅见柳梢屋角。二麦既败于垂成，禾苗更伤于未种，民力多方宣泄，无计不施，而水势有涨无消，工本徒费，涸复无期，秋成失望。一灾并伤二稔，民情困苦异常。苏、松、常、镇、太等属三十四厅、州、县，无处不灾，而且情形极重。其江阴等属又因江潮泛涨，圩堤处处冲坍，居民猝不及防，间有毙伤人口，哭声遍野，惨不忍闻。露宿篷栖，不计其数。江宁省城已在巨浸之中，苏州水亦进城，间段被淹，实为从来未有之事。小民当此田庐全失、栖食俱无之际，强者乘机抢夺，弱者乞食流离，在所不免。"①在一些私人笔记中，对这一年江苏各地的灾荒情形也有十分具体的反映。如沈梓《避寇日记》说 5 月（四月）间大雨连降近一个月，"江苏平地成巨浸"。王永年《紫蓣馆诗钞》说由于遍地大水，南京城中糖坊桥竟"水深三尺"。赵钧《过来语》称苏州自 6 月 7 日（闰四月十七日）到 7 月 9 日（五月二十日），33 天之内，"无日不雨，大雨如注"。柯悟迟《漏网喁鱼集》记常熟情形，最为详尽："春，雨多晴少。四月廿六日甲子，夜微雨起，滂沱不已。至闰四月初五，水涨三尺，渐退，时正刈麦，淋漓不已。十八日复甚于前，又退。后或而蒙蒙，或而如注，麦经芽烂。间有日色，

①　《录副档》，傅绳勋折。

阳光曦微。至五月十三,昼夜倾盆,水骤深六七尺,远近圩岸悉破。极目汪洋,庐舍坍没,迁徙无从,浮柩乘风而逐者,不知千万。高区挪措翻稻,幸有低区未莳之秧。六月初,交大暑,而木棉经淹,仅存一息,补种豆外杂粮。米价腾贵,布客绝迹。"[①]由于灾情严重,一些无衣无食、挣扎在死亡线上的饥民,自发起来开展"吃大户"、"借荒"等斗争,遭到封建统治阶级的残酷镇压。

浙江省自春夏以来,雨多天寒,春蚕已苦歉收。不料自6月6日(闰四月十六日)以后,连雨40余日,"或霡雨终朝,或滂沱竟夜",结果是"上下数百里之内,江河湖港与田连为一片,水无消退之路。房屋倾圮,牲畜淹毙,不知凡几"。[②] 一些老人也都称从来没有经历过如此严重之灾,受灾人口比道光三年的洪灾还要成倍增加。在一些私人笔记中,有的描写是"水势滔天,桥梁俱没";有的说是"水内灌及阶,陆地荡舟";也有的则说:"平时舟行河中,今日船摇宅上,农室倾坍,市店闭歇,尸浮累累,哀鸿嗷嗷。"由于雨水过多,省城杭州贡院里号舍墙屋,塌圮严重,浙江本年的文闱乡试,也不得不延期到11月(九月)举行。与江苏的情形一样,浙江的灾民为了求得生存下去的权利,曾自发结群而起,向"富户"强行"乞米",开展"吃大户"等斗争。封建统治者下令"格杀勿论",或将为首者拘捕,"至责数千,钉椿大堂下,缚跪烈日中,半日即毙"。一些幸免于葬身鱼腹的灾民,最后还是不免被吃人的封建法制夺去了生命。据浙江巡抚吴文镕所列清单,本年浙江全省受灾田亩共达99191顷14亩。

江西于春夏之交,即雨泽过多。7月(五月)后,又连降大雨,低乡田庐圩堤,或遭淹没,或被冲缺。加之江水倒灌,鄱阳湖顶阻,使得沿江沿湖田庐普遍被淹。百姓趋避高处,露宿阜野,衣不蔽体,食不果腹,生计十分艰难。据统计,全省遭受水灾者21县,其中尤以德化(今属九

---

① 柯悟迟:《漏网喁鱼集》,第11、12页。
② 《录副档》,浙江巡抚吴文镕折。

江市)、德安、瑞昌、湖口、彭泽5县最重。

号称"两湖"地区的鄂、湘二省,灾情同样十分严重。湖北自春至夏,阴雨过多,以致江湖并涨,低洼田地都被漫淹。到7月上中旬(五月中下旬),更是"大雨倾盆,势如河泻,连宵达旦,无或少息"。近20天中竟无半天晴日。结果是各路山水齐发,上游四川、湖南、河南、陕西之水一齐汇归长江、汉水,下游江苏、安徽等地则河湖涨溢,顶阻不纳。于是滔滔洪水,在湖北境内到处泛滥,"汪洋一片,河湖不分"。省城武昌积水深至三四尺到丈余不等,西、南、北三面城门,都已堵闭,只有城东靠着山峦,地居高阜,城门还可以依时启闭,以便行人出入。城墙因浸淹日久,也有不少地方倒塌破坏。城内街市房屋,十之七八被淹,连各处衙署及贡院等也不能免。汉阳府城的情形与此大略相同。而商业重镇汉口,受灾程度更为严重,据记载,"铺户民居及盐店盐行,均在水中。盐务亦因水大,难以起载,小贩不前,销数甚形短绌。城内外被水居民,有移住船上者,有迁居高阜者,其贫穷小民,多住城上,露宿棚栖,甚为困苦。"①其余蒲圻、兴国(今阳新)、大冶、通山、钟祥、京山、云梦、应城、公安、石首、监利、松滋等30余州县,也都遭洪水冲淹。当地的地方官吏惊呼,像这样严重的洪涝灾害,"实为从来未有之事"。据估计,仅汉口一处,聚集待赈的灾民"大小男妇不下二十余万口之多","省城内外就食灾黎,亦有一万数千余人。"②

湖南这一年的水灾,在当地地方史上被称为"己酉大荒"。自4月(三月)起,连续阴雨,整个夏间淫霖不绝,使得湘江、资江、沅江、澧江及洞庭湖大水涨发,堤垸田庐多有被淹。在遭灾州县中,尤以洞庭湖周边的武陵、龙阳、沅江、益阳、湘阴、澧州(今澧县)、安乡、华容及岳州卫为重。武陵因上游诸水骤发,朗江宣泄不及,将东、西护城长堤及63村障冲溃,田禾悉被淹没,房屋大半倒塌,人口不是淹死,就是饿死,有记

① 《录副档》,道光二十九年六月初一日湖广总督裕泰、护理湖北巡抚唐树义折。
② 《录副档》,道光二十九年九月十八日裕泰、唐树义折。在后来的奏折中,曾具体说明麇集汉口的"就食灾民"共230580余人。

— 43 —

载说这里"户口多灭"。龙阳县 102 处村障被冲,益阳县 88 处官民堤垸被冲,沅江县 91 垸先后冲溃,华容县 53 垸、48 都地亩被冲淹,安乡县 97 处官民堤垸被冲,澧州 86 处堤埂冲溃,湘阴县 69 处官民垸围被冲溃,临湘县 82 处垸围被冲溃。这些地方,都是"频年被淹积歉之区",百姓平时就素无积蓄,再遇上如此巨灾,"糊口无资,栖身无所",艰难困苦之状,也就可以想见了。即使比上述重灾区稍轻的地方,自然灾害造成的苦难,也是触目惊心的。据记载,永顺县连续阴雨,"自三月至于六月,大水入城,西关桥圮"。安福县"三月至五月阴雨,岁饥。民食草根树皮,饿莩载道"。"湘潭城乡散居饥民数万人"。"醴陵饥民络绎逃徙,四五千人为一队,觅食无着,遍地乏谷,终至倒地气绝。武冈人人皆是菜色,饥民或匿山中,见有负米者即邀夺之"。"石门食盐亦随米俱尽,至次年犹多饿毙者。沅陵饥死者枕藉成列,村舍或空无一人。"①被灾饥民,不是逃荒乞食,就是鬻妻卖子。据湖南巡抚赵炳言报告,省城长沙先后给赈或资送各地的流集灾民共大小男妇 211890 余名口。至于人口价钱,则十分便宜,有的官僚地主,竟有拿一粉团换一妇女的,也有以 400 大钱买一妇一女一子的。由于水潦积郁,加上饿莩遍地,造成瘟疫流行,给挣扎在死亡线上的人民以新的打击。请看对于这次瘟疫的这样一段描写:"全省大疫,至明年四月乃止,死者无算。方疫之作也,死者或相枕藉,同善堂及各好善之家,施棺以数万计。夜行不以烛者,多触横街死人,以致倾跌。盖其时饥者元气已尽,又加以疫,人人自分必死。尝见有扶杖提筐,咨且于道,忽焉掷筐倒地而死者;有方解裈遗矢,蹲而死者;有叩门呼乞,倏焉无声而死者。人命至此,天惨地愁矣!"②

安徽的灾情,远较上年为重。自春季起,就雨水过多,入夏后,阴雨兼旬,江潮有涨无消,终于在全省造成大面积的洪涝灾害。据安徽巡抚

---

① 《湖南通志》,卷 244,第 5140 页。《湖南自然灾害年表》,第 88 页。
② 《湖南通志》,卷 244,第 5140 页。

王植禀报，怀宁县的水势比上年还要大至 3 尺有余，"被淹积水愈深，平坂田庐、城厢街道间多积水，情形加重"。桐城县"田庐尽在水中"，城厢、衙署、监狱、仓廒均有积水，不少房屋、城墙倒塌。太湖县平地水深丈余，水离檐脊只二三尺上下，"田庐概被冲淹"。宿松县的水势也较上年大至一尺六七寸，沿河一带房屋倒塌，田地冲压，居民纷纷迁避高阜。望江县"城乡市镇一片汪洋"。贵池县城内水深四五尺不等，"衙署、民房均被淹"。东流（今属东至）县连稍高的地亩也都被漫淹，沿江滨湖的洼平田地，积水就更深了。芜湖县"县城四门，平地水深数尺"。繁昌县"滨江沿河市镇房舍半没水中，城内水深四五尺不等"。当涂县"郡城五门虽经筑坝堵御，而外水高于城内，平地水深六七尺不等，水过城门，漫入城厢"。城内县署、学院衙署水与屋檐相平，房舍全行倒坍。各灾民"稍有银钱者，俱觅船避往山乡，困苦者济渡城上，捐给席片馍饼，暂且栖身"。庐江县城内平地也是水深六七尺，"衙署、监狱、仓廒、库房俱被淹没、坍卸"。建平（今郎溪）县"东南二乡沿河一带及西乡圩田，尽在水中"。① 此外，铜陵、无为、和州（今和县）、含山等，灾情与上述州县大略相同；潜山、歙县、休宁、祁门、绩溪、宣城、南陵、泾县、太平、青阳、石棣（今石台）、建德（今属东至）、巢县、凤阳、五河等州县，也或因山洪下注，或因湖河水涨，分别有轻重不等的田地被淹、房屋被冲等灾情；黟县、旌德、合肥、舒城、定远、寿州（今寿县）、凤台、怀远、颍上、霍邱、泗州（今泗县）、滁州（今滁县）、全椒、来安、广德等州县，亦皆"田地被水"。

　　这一年，除东南各省外，发生水灾的还有云南的昆明一带、贵州北部的遵义等府、四川的剑州（今剑阁）等县、广东南雄等 7 州县、京师及直隶武清等 35 州县、奉天锦州地方、黑龙江的齐齐哈尔等城、山西太原等地、陕西三原等州县。从受灾地区来说，基本上是一次全国性的水灾了。

---

　　① 《录副档》，道光二十九年六月十二王植折。

　　道光朝的最后一年，即 1850 年，江、浙、皖、湘、鄂等省仍有较大之水灾；但就全局而论，这一年的灾情已较上年为轻。江苏自 9 月 19 日（八月十四日）起，烈风暴雨两昼夜，洪泽湖沿堤石工蛰塌千余丈，湖水汹涌横决，巨浪如山，"见之令人心悸"。全省受灾地区达 61 厅、州、县。浙江于 7 月上旬（五月底、六月初），狂风暴雨，潮势汹涌，一下子将海塘石工冲缺 60 余丈，以后续又刷宽，口门达百丈之多。海潮内灌，周围地区水深至 3 丈有奇。至 9 月（八月）中旬，又接连两昼夜大雨倾盆，"连绵如注，无一息之停"。加之西北风猛烈异常，连巡抚衙门里的百年老树也被吹折。此次灾情，较海塘决口更为严重。据统计，这一年浙江受灾地区达 50 州县。安徽于 7 月上旬（五月下旬）连日大雨，7 月 11 日（六月初三日）蛟水骤发，霍山、望江等县田地房屋被冲没，并有淹毙人口之事。湖北于 6 月下旬（五月中旬）后，暴雨不绝，江、汉、湖、河同时并涨，低洼田地多被漫淹。7 月 12 日（六月初四）及 8 月 22 日（七月十五日），长江在江陵县境两次决口，口门刷宽 170 余丈，"口门内外冲成深潭"，使周围地区积潦成灾。湖南洞庭湖周围 10 余州县，再度被水，各地冲溃堤垸甚多。

　　这时正值太平天国农民战争爆发的前夕。不久以后，洪秀全、杨秀清等领导的太平军，在冲出广西之后，就以雷霆万钧之势，纵横驰骋在前面提到的湘、鄂、赣、皖、江、浙的广大土地上。太平军在这些地区所以能得到迅速的发展壮大，不能不说与这些地区连续遭受 3 年大水灾，社会上存在着数以千万计的无衣无食的灾民，有着密不可分的关系。

第 三 章

水旱蝗疫交乘的咸丰、同治朝灾荒
（1851—1874）

第一节　咸丰、同治年间频发的水旱灾害

晚清的咸丰、同治两朝，在中国近代历史上，是一个充满了尖锐的冲突、复杂的矛盾和急剧的动荡的时期。从 1851 年（咸丰元年）起，太平天国农民战争就像狂飙一样，席卷神州大地，对封建统治秩序进行了无情的扫荡。拿起武器的贫苦农民，在长达 10 余年的时间里，纵横 18 省，攻占 600 余城，并在长江下游的广袤土地上建立了与清朝封建政权相对峙的另一个政权。封建统治阶级动员了自己全部的军事的、政治的和经济的力量，才好不容易地在 1864 年 7 月（同治三年六月）把这场伟大的农民运动镇压下去。但太平军的余部、捻军以及受太平天国运动影响而风起云涌的少数民族起事，仍继续坚持斗争，有的一直到同治末年才被平息。在这期间，还穿插了由外国侵略者发动的第二次鸦片战争，英法联军不但肆无忌惮地在我国的土地上烧杀抢掠，而且还一度占领了京师；沙俄也趁火打劫，通过武力威胁的手段强占了我国北方

的大片领土。处于内外交困下的封建统治者,竭尽全力维护封建王朝的生存,再也无力兼顾抗灾防灾的活动,这就大大削弱了当时社会本来就十分低下的防御自然灾害的能力。更何况殖民主义者发动的侵略战争和封建统治者组织的镇压农民起义的反革命战争,有意无意地随时制造或扩大着新的灾荒,这就不能不使这一时期的自然灾害状况呈现出更加严重的形势,并形成了某些鲜明的特点。

在这 20 多年时间里,各类灾荒的频发程度甚高。为了给读者一个总体的印象,我们将一些主要省份的灾荒状况,分别按咸丰朝和同治朝各列一简表于本节后。

这两张图表所反映的灾害面貌自然是十分粗略的,因为灾区的大小和灾情的轻重没有能够得到具体的表述。不过,我们在制作图表时,已经预先把仅仅发生在一隅之地的局部偏灾略而不计了,所以,用来说明这一时期各类灾害的频繁,还是一目了然的。

至于这一时期灾害的严重程度,我们需要举出一些典型的事实。

咸丰皇帝即位的头一年,即 1851 年,黄河于 9 月 15 日(八月二十日)在江苏丰县北岸大决口,口门始宽近 50 丈,后来又继续塌宽至 180 余丈。[①] 在这以前的半个多月,运河在甘泉(今属扬州)县境已告溃溢。这样,苏北地区便成为一片汪洋。江南道监察御史吴若准在奏折中说:"此次江北连遭水厄,地方较广,非寻常偏灾可比。臣复闻通、泰场灶被淹,伤人奚止数万,灾民纷纷四散。"[②]这里所说的"通、泰场灶",是指南至通州(今南通)、北至盐城的 18 个盐场,这些盐场"灶田庐舍,多被淹浸,墩场坍塌,卤灰漂淌",损失极重。连这里都伤人超过数万,其余地方就更可想见了。特别是丰北决口附近的丰、沛二县,"浸成泽国",有的地方水深达三四丈。据当时任内阁学士的胜保说,"丰北淹没生民千万","沿河饥民,人皆相食。"[③]漫溢出来的黄水,直趋山东微

---

① 有些材料说"三四百丈"或"数百丈"。
② 《录副档》,咸丰元年闰八月二十八日吴若准折。
③ 《忆昭楼时事汇编》,《太平天国史料丛编简辑》第 5 册,第 284、286 页。

山等湖,窜入运河,以致靠近微山湖、昭阳湖、独山湖、南旺湖及运河附近的济宁、鱼台、峄县(今枣庄市)、滕县、金乡、嘉祥等州县,运道和民田都被浸淹。据山东巡抚陈庆偕奏报,"自济宁以南至峄县境内,河湖一片,汪洋三百余里。"①其中,最重的是鱼台,"水及城堤";其次是济宁和滕县;再次是峄县、金乡、嘉祥等县。在这些地区,被淹的村庄,多的四五百村,少的也有一二百村,"淹毙人口不计其数。其田庐之漂没,生民之荡析,更不知凡几矣。"

河决丰北后,拖了很久未能堵合。清朝政府虽发帑巨万,以治河工,但一直劳而无功,到第二年,"黄河将竣而复决"。所以,苏北、鲁南一带,仍是遍地积潦。直至1853年3月(咸丰三年二月),丰工始行合龙。在这长达一年半的时间里,当地群众真正生活在水深火热之中。有一个叫曹蓝田的人,在1853年初目睹沿途情景,写道:"(正月)二十六日,至清江浦,饥民夹道,愁苦之声,颠连之状,惨不忍言。越日渡河,行经邳县(今邳州)、桃源、宿迁等处,沿途饿莩,市井街巷多弃尸。询之土人,皆云前年河决丰北,去年塞而复决,死者过多,故收葬者少。"②就在同一时间,刑部左侍郎罗惇衍上过这样一个奏折:"丰工决口后,小民流离失所,江苏之清河(今清江市)、宿迁、邳州,山东之滕县、鱼台、嘉祥等处,所在民多饿莩,尸骸遍野。请饬两河总督、江苏巡抚,分饬地方官督同绅士耆老,广置义冢殓理。"③丰工合拢后,这些地区的积水,数年未能涸复。一直到下节将要叙及的铜瓦厢决口发生,黄河改道后,遭受丰工决口影响的地区才逐渐恢复生产。

到咸丰中期的1856年,发生了包括苏、浙、皖、鄂、湘、豫、鲁、陕8省的大旱灾。这一年的旱灾,灾区广,灾情重,不少地方"为数十年所未有"。

江苏头年一冬无雪,本年"自春徂夏,雨泽稀少";尤其是6月(五

---

① 《录副档》,咸丰元年九月初六日陈庆偕折。
② 《癸丑会试纪行》,《太平天国史料丛编简辑》第2册,第319页。
③ 《罗惇衍传》,《清代七百名人传》上册。

月）以后，一直亢晴无雨，偶有阵雨，也"入土不濡"；入秋以后，"亢旱尤甚"。湖荡全都干涸，田地龟裂，禾稼枯萎。一直到9月（八月）初旬后，方得透雨。此时不仅秋稻收成无着，补种杂粮也已节令过迟。据地方官奏报，"苏属本年自夏徂秋被旱情形，为数十年所未有"。在一些私人笔记中，有的说是"大旱百余日"，"运河尽涸"；有的说是"是年之苦亢旱，春间无大雨，黄梅又不雨，河水尽竭"；有的说"时久旱，河港皆涸，城中恃井以汲。至是井亦竭，渴者至漉泥汁饮之，人心惶惧"。至于饥民生活，更是惨不可言：有的地方"斗粟值金一两"；有的地方"民食罄竭，采野蔬石粉糊口，道殣相望"；更有的地方，竟发生"人相食"的悲惨事实。这里，我们只引一段记载苏北旱荒情形的材料："自五月至七月不雨，江北奇旱。下河诸湖荡素称泽国，至是皆涸，风吹尘起，人循河行以为路。乡民苦无水饮，就岸脚微润处掘尺许小穴，名井汪，待泉浸出，以瓢勺盛之，恒浑浊有磺气，妇子争汲，视若琼浆玉液。田中禾尽槁，飞蝗蔽日，翅嘎嘎有声。间补种荞、菽，亢不能生，即生亦为蝗所害。斗米须钱七百，麦值与之齐，凡民家不馐粥而偶得一饭，邻女羡且忌。"[1]当时，清朝政府军与太平天国、捻军农民军之间正在进行激烈战斗，"兵乱兼大旱，几至饿莩盈野"。

浙江的灾情虽较江苏稍轻，实亦相差无几。由于亢旱日久，河水干涸，地土燥裂，苏杭之间舟楫不通，杭州的西湖滴水无存，干坼见底。全省收成，较好之处也只有三四分，严重的地方颗粒无收。浙江巡抚何桂清在一封私人信札中，称这次旱灾是"七十年来未有之事"。[2] 据何桂清年终报告，全省受灾地区包括杭、嘉、湖、宁、绍、台、金、衢、严、处10府的68个州、县、卫。

安徽这一年的旱情，据称也是"为耆民所仅见"。尤其是皖北地区，"入春以来，本属雨泽愆期，禾苗未能遍插。自夏徂秋，骄阳酷暑，

---

① 臧穀：《劫余小记》，《太平天国资料》，第87页。
② 《何桂清等书札》，第41、42页。

未沛甘霖,井涸地干,半多断汲"。结果是"田禾全行枯槁",轻灾区收成约在五分以上,重灾区则千里赤地,收成无着。广大灾民"或吞糠咽秕以延命,或草根树皮以充饥,鹄面鸠形,奄奄垂绝,流离颠沛情形,虽使绘流民之图有不能曲尽其状者。"①有一首诗是描写在这年的大旱之后,翌年全椒米珠薪桂、饿莩遍野的情景的,在一定程度上颇能反映皖北旱荒的一般面貌:"咸丰春逢丁巳年,全椒斗米钱三千。村村饿莩相枕藉,十家九空无炊烟。""遍野饥民实可伤,少壮相率逃遐方,衰翁老妪行不得,鹄面鸠形倒路旁。"②全省8府5州,大部分地区都受到旱灾的侵袭。

湖南的洞庭湖周围地区,本是连年被涝的"水潦之乡",这一年也转遭旱歉,粮价昂贵。湖北的武昌、汉阳、黄州、郧阳、荆州、荆门各属,从5月(四月)至10月(九月)未下透雨,"遍地田禾多经黄萎"。河南省的大部分地区,也旱蝗成灾,饥民纷纷渡河北上,由山东入直隶,逃荒谋生,"南阳一带饥民竟有食树皮者"。山东上一年"黄水为灾",到这年春季,还有不少地方遍地积水,但入夏以后,连日亢旱,全省因旱、蝗、水、风而受灾的区域达85州县。陕西的安康等地,也"大旱、大饥",灾情颇重。

这里列举的两次水、旱灾荒,或者历时较久,或者灾区较广,情形较为突出。但在一个局部地区、在稍短的时间内,造成严重灾害的,为数还很多。现将咸丰、同治年间的一些重大自然灾害,除前已论述及下面另有专节说明者外,择要列举如下:

1851年——台湾澎湖列岛于4月5日至7日(三月初四至初六日)连刮飓风,形成"咸雨",厅属受灾较重地区居70%。新疆伊犁地区4月(三月)末连降大雪,5月(四月)中暴雨倾盆,加之积雪消融,山水暴发,损毁田地37000亩。湖北夏间大雨,江、汉、湖、河同时并涨,20

---

① 《录副档》,咸丰六年八月十七日安徽巡抚福济折。
② 金醍:《米贵谣》,同治续修《全椒县志》(钞本),卷9,《艺文志》。

余州县田地被淹。直隶于夏间连降暴雨,29 州县被水成灾。浙江 9 月(八月)间海塘坍圯,近海州县多为潮水浸淹。

1852 年——浙江大旱,西湖水涸。陕西兴安府大水,府治安康水冲入城,多人被溺丧生。福州部分州县大雨成灾,平和县百余人遭淹罹难。

1853 年——京师及直隶地区大水成灾,永定河、北运河、子牙河、卫河先后漫溢,80 余州县被淹。7 月(六月)间,福建省福州、福宁、汀州、泉州等府阴雨成灾,淹毙人口近千名。

1854 年——江西广昌县大水淹城,"淹毙男妇以万计,官厅民舍,仅存十之一二"。①

1855 年——湖北应城、孝感、黄陂等处阴雨两月,河湖并涨,田野间"一片汪洋,非船莫渡"。江苏南旱北涝,受灾 63 厅、州、县。

1856 年——直隶北涝南旱,永定河漫溢。7 月(六月)间,松花江水漫溢,吉林三姓(今黑龙江省依兰县)、打牲乌拉(今吉林市)等地被淹。

1857 年——9 月上、中旬(七月中、下旬),因连朝大雨,浙江海塘猝被冲塌,部分地区遭数十年未有之水灾。福建龙溪等县暴雨成灾,648 人死亡。

1859 年——浙江先涝后旱,全省 68 州县受灾田地达 40000 余顷。

1860 年——浙江春间大雨连月,夏秋间钱塘江两岸海塘大坏,田庐漂没无算。

1861 年——江西、湖南、湖北大水成灾。浙江温、台沿海州县夏间旱情严重;海宁等地既亢旱日久,又遭海潮冲淹。吉林大雨,三姓、宁古塔(今黑龙江省宁安县)等地冲没田宅,淹毙人口。

1862 年——3、4 月(二、三月)间,新疆塔尔巴哈台(今塔城)地区大风雪,冻死牲畜万余头。6 月 7 日(五月十一日),台湾嘉义等地发生

---

① 《灾异》(一),《清史稿》,卷 40。

地震,数千人遭难。7月26日(七月初一日),广州及广东滨海地区猝遇风灾,"纵横及千里,伤毙人口数万"。①

1863年——安徽发生严重水、旱灾害,"皖南食人肉,每斤卖百二十文"。②

1864年——河南先旱后涝,黄河于中牟上汛13堡地方溃塌大堤。

1865年——6月(五月)间,"江浙水灾,居民淹毙十余万"。③

1866年——山东春旱夏涝,秋禾被水,饥民数十万。湖北秋旱严重,10月初(八月下旬),又突遭暴雨,汉水上游发水,直灌下游2000余里,"沿江郡邑水没雉墙"。江苏、安徽也大水成灾。

1867年——陕甘大饥,发生"人相食"之惨象。

1868年——黄河于河南省境上南厅荣泽汛10堡决口。河南全省40余州县遭受水灾;安徽也多处被水,颍州府地方尽成泽国;山东受黄河决口影响,运河、徒骇河漫口。甘肃华池等县秋间大雨45日,百姓纷纷逃荒。

1869年——本年江、浙、两湖、安徽、江西等省,雨水过多,江湖盛涨,普遍遭受水灾,不少田庐被淹。

1870年——湖北、湖南及奉天部分地区,大水成灾。9月(八月)间,湖南衡阳大火,延烧3000余家。

1871年——是年夏,河南沁水、汜河先后水涨漫溢,全省75厅、州、县被水。9月中(八月初),黄河于山东郓城侯家林地方决口,黄水窜入南旺湖,倒漾入运河,沿河州县多遭水淹。

1872年——新疆"见十数年未见之雨,闻数十年未闻之雷"。④

1873年——奉天大水,灾民达54万余人之多。江、浙夏季大旱,田禾枯槁,河井皆涸;秋间,飓风连刮4昼夜,毁屋伤人。黄河于山东境

---

① 《清史纪事本末》,卷50,《同治中兴》。
② 《曾国藩全集·家书》(二),第977页。
③ 《清史纪事本末》,卷50,《同治中兴》。
④ 罗正钧:《左宗棠年谱》,第232页。

（附表一）

咸丰朝主要省区灾荒简况

年份\地区	直隶	山东	江苏	浙江	安徽	江西	湖南	湖北	河南	山西	陕西	甘肃	新疆	四川	云南	贵州	广西	广东	福建(含台湾)	奉天	吉林
1851（咸丰元年）	水	水	水	水,旱,风	水	水	水	水,震	水,雹		水,震	水,雹,风,旱	雪,水		旱				风	水	水
1852（咸丰二年）	水,风,雹,震	水,震	水,震	旱	水,旱,风		旱,水,震	水,旱,风,震	水,雹	旱	水	水,旱,风,雹,霜,震			旱		蝗		水		
1853（咸丰三年）	水	水,震	水,旱,疫,震	水,旱,震	水	水,旱	水,旱,虫,震	水,风,震	水,旱		水,风	水,旱,雹,霜	震			水	蝗	水	水		
1854（咸丰四年）	水,旱,蝗,雹	水,旱,虫,风,雹,霜	水,旱,雹,震	水,旱,风,疫	水,旱	水	水,雹,震		水	雹	水,雹			震		水	蝗	水	水		
1855（咸丰五年）	水,旱,蝗	水	旱,水,震	水,旱,风	水,旱	水,旱	水,旱,雹	水,旱,震	水,旱,蝗,雹	水,旱,蝗	水,旱,霜	水,旱,霜		震	旱					震	
1856（咸丰六年）	旱,蝗	旱,水,风	旱	旱,蝗	旱,蝗	水,旱	旱	旱,水,震	水,旱,蝗	水,蝗	旱,蝗	水,旱,雹,霜					水		水	水,震	水
1857（咸丰七年）	水,旱,雹	水,旱,虫,雹,霜	水,旱,蝗	水	水,旱,蝗,风	水,旱	水,旱,蝗	水,旱,雹,蝗	水,旱,蝗	蝗,雹	水,旱,蝗	水,旱,雹			雪,水,雹	水,雹,震	震	水	水		
1858（咸丰八年）	旱,蝗,水,雹	水,旱,风,雹	水,旱,风	水,旱,风	水,旱	水	水,虫	水,旱	水,旱	水,雹	蝗,雹,震		水,旱		疫	水,雹,震	震		水,疫	水	水,旱
1859（咸丰九年）	水,旱,虫,风,雹	水,旱,虫,风,雹	水,旱,虫	水,旱,虫,雹	水		水		水,旱	水,雹	疫	水,旱,霜,雹	旱					水		水	
1860（咸丰十年）	水,旱,雹	水,旱,风,虫,疫	水,疫,震	水,疫	水	水	水,震	水,雹	水,旱	水	旱,蝗	水,旱,雹	旱						水,疫		
1861（咸丰十一年）	水,旱,虫,雹	旱,风,雹,水,疫	水,旱,雪,雹	旱,水,雪	水,疫	水	水	水	水,旱,虫	水	旱,蝗	水,旱,雹,霜			水,疫,震		震	水		震	水,霜

（附表二）

同治朝主要省区灾荒简况

灾情地区 年份	直隶	山东	江苏	浙江	安徽	江西	湖南	湖北	河南	山西	陕西	甘肃	新疆	四川	云南	贵州	广西	广东	福建（含台湾）	奉天	吉林
1862（同治元年）	水、旱、蝗、震	水、旱、风、雹	水、旱、疫	水、旱、疫	水、旱、蝗、疫	水、旱、震	水、旱、虫	水、旱、风、虫、震	水、旱、蝗、疫	震	蝗、疫	雹	风、雪		震、疫	旱、疫		风	震		
1863（同治二年）	水、旱、雹	旱、风、雹	疫	旱、疫	水、旱	水、旱、震	水、旱、疫	水、旱、虫	水、旱、雹	水	雹、疫	水、风、霜						水			水
1864（同治三年）	水、旱、雹	水、旱、虫	水、旱、震、疫	水、旱、风、疫	水、旱	水、旱	水、旱、风、虫	水、旱、雹、震	水、旱									水	风、疫	水	
1865（同治四年）	水、旱、雹		水	水、旱	水、旱	水、旱	水、旱、风、雹、虫	水、震	水、旱	水							旱	旱			
1866（同治五年）	水、旱、雹	旱、水、虫、雹	水、旱	水、旱、风、雹、震	水、旱	水、旱	水、旱	水、旱	水、旱	水	旱	水					旱、疫				
1867（同治六年）	旱、水、震	水、旱、风、虫	水、旱	水、旱、风、雹、虫、震	水、旱、风、虫	水、旱	水	水、旱、震	水、旱	水	水、雹	疫		水					风、震		
1868（同治七年）	水	水、旱、虫、雹	水、旱	水、旱、风、雹、虫	水、旱、风、震	水	水、旱	水	水	水	水	水		水、震						水	水
1869（同治八年）	旱、水	旱、水、风、雹	水、旱	水、旱、风、雹	水、旱、风、虫	水	水、旱	水	水、旱	水				水、旱			旱				
1870（同治九年）	旱、水	水、旱、虫	水、旱	水、旱、风、虫	水、旱、风、虫	水、旱	水、火	水、旱	水、旱	水、旱、雹	旱、雹			水、旱				水		水	旱
1871（同治十年）	水	水	水、旱		水、旱、风、虫	水、旱	水	水、旱、震	水	水、旱			水	水				水		水	
1872（同治十一年）	水、旱、蝗、雹	水、旱、风、雹	水、旱	水、旱、风、雹	水、旱、风、虫	水、旱	水	水、旱	水、旱	水、旱	旱、雹			水		旱	旱	水、旱		水	旱
1873（同治十二年）	水	旱、水、虫	震、风、水	旱、水、风	水、旱、风、虫	水、旱	水、旱	水、旱	水、旱、蝗	水、旱	水			水、蝗					水、风	水	
1874（同治十三年）	水	水、旱、风、雹	水、旱	旱、水、风、疫	水、旱、风、虫	水、旱	水、旱	水、旱	水、旱	水、旱、雹	水、风、雹							风	风	水	

漫决,豫、鲁被灾。长江于湖北境多次漫溃,江水冲入公安县城。

1874 年——福建、台湾及澎湖列岛多次为台风侵袭,摧毁城垣、民房,沉失轮船,伤毙人口。9 月 22 日(八月十二日),香港、澳门发生特大风灾,波及广东,全省因灾罹难者达万人。

以上,我们提供了一个咸丰、同治年间水旱及其他灾荒的综合面貌。在这期间,还有一些需要集中论述的专门灾害,将在以下各节分别加以说明。

第二节　铜瓦厢决口与黄河大改道

在中国大地上,有一段被称为"废黄河"或"淤黄河"的旧河道,自河南省兰考县北铜瓦厢向东,经江苏省徐州、淮阴等市县直达黄海。这段河道早已干涸,虽仍有部分地段留有残迹,但大部已垦为农田。不过,在 1855 年(咸丰五年)以前,滔滔不绝的黄水却正是通过这里流入大海的。

自古以来,黄河素以"善淤、善决、善徙"而闻名于世。就拿黄河改道来说,历史上有记载的较大的改道就有 26 次,平均百余年一次;至于小的改道,那就难以数计了。1855 年的铜瓦厢决口,造成了离现在最近的一次黄河大改道,成为近代黄灾史上的一个重大事件。

铜瓦厢位于河南兰阳(今属兰考)县黄河北岸。1855 年春夏间,由于雨水偏多,黄河水势盛涨,铜瓦厢 3 堡的堤工就频频告危。7 月 31 日(六月十八日)以后,水势越来越大,强劲的南风,刮得黄水巨浪掀腾,终于在 8 月 1 日(六月十九日)漫溢过水。次日冲开缺口,口门宽达 70 余丈。这次决口,与前几年的丰北决口就大不一样了,因为丰北距海较近,所淹之地较少,铜瓦厢处于上游①,此处决口,黄水漫淹之地

---

① 这里所说的"上游"是相对而言。黄河的上、中、下游,有严格的界说,一般以内蒙古自治区托克托县河口镇以上为上游,河口至河南省孟津为中游,孟津以下为下游。

自然要宽广得多。9月6日（七月二十五日）的上谕曾详细叙述铜瓦厢决口后黄河改道的具体情形：“（东河河道总督）李钧奏查明漫水经由处所一折。据称，黄流先向西北斜注，淹及封丘、祥符二县村庄，复折转东北，漫注兰仪、考城及直隶长垣①等村落。复分三股，一股由赵王河走山东曹州府迤南下注，两股由直隶东明（今属山东省）县南北二门分注，经山东濮州（今属范县）、范县，至张秋镇，汇流穿运，总归大清河入海等语。黄流泛溢，经行三省地方，小民荡析离居。”②

铜瓦厢决口后，封建统治阶级就如何解决黄河改道问题，展开了一场争论。一种意见主张抢堵决口，迫使黄水回复淮徐故道。另一种意见主张“因势利导”，沿着漫水走向，“设法疏消”，使黄水通过山东境内入海。这时，清政府全副精力正在对付太平天国和捻军的起义，几年之内，仅军饷已耗银 3000 万两左右，哪里还拿得出钱来兴筑河工？最后，清政府决定采取后一种意见，在上谕中说：“历届大工堵合，必需帑项数百万两之多，现值军务未平，饷糈不继，一时断难兴筑。若能因势利导，设法疏消，使横流有所归宿，通畅入海，不至旁趋无定，则附近民田庐舍，尚可保卫，所有兰阳漫口，即可暂行缓堵。”③其实，这里所说的，最带有实质性的一句话就是铜瓦厢决口“暂行缓堵”（实际是不再堵筑），至于“因势利导，设法疏消”云云，不过是任黄水四处横行、对人民被淹的灾难不问不闻的一种冠冕堂皇的遁词。结果，黄水泛滥之处，周围居民只能自发地“先就河涯筑有小埝，随湾就曲，紧逼黄流”，以后逐步加高堤岸，逐渐形成今日黄河自河南通过山东境内，于利津、垦利两县间流入渤海的基本流向。

清朝政府对黄河改道采取的这种无为而治的方针，不能不使人民的生命财产遭到极为严重的损失。有材料说，铜瓦厢“漫决之初，大溜

---

① 兰仪为兰阳与仪封厅之合称，现与考城合并为兰考县。长垣今属河南省。
② 《清文宗实录》，卷 173。
③ 《清文宗实录》，卷 173。

浩瀚奔腾,水面横宽数十里至百余里不等"。① 不难想象,横宽几十里甚至百余里的滚滚洪流,如脱缰的野马一般四处乱窜,咆哮汹涌,水过之处,将有多少无辜的生命葬身鱼腹? 又有多少的屋宇财产付之东流? 至于田地被淹、禾稼被毁,就更不待言了。

具体灾情,就河南来说,由于铜瓦厢地处豫东,临近河南与山东的交界处,因此黄水所淹区域,主要只是兰仪、祥符、陈留、杞县等数县,这些地方"水势汪洋","灾黎遍野"。但从兰仪以下河南至江苏的黄河旧河道,由于河水旁趋,正河断流,"下游已成涸辙",数百里"徒步可行",造成严重的干旱缺水状态。而此次黄河改道受害最烈的地区,则为直隶的南部与山东的西部。据记载,"东河兰阳汛黄水漫溢,延及直隶开州(今属河南省濮阳县)、东明、长垣各州县。"②其中尤以东明县水患最重。黄水将东明县城四面环绕,整个东明城处于黄水包围之中,"以城为堤,情形吃重"。这种危急的情况延续了两年之久,未能缓解,因为铜瓦厢决口一直未堵,所以黄水来源也就始终不绝。当地群众曾在极困难的条件下,设法在县城东南方向修筑一条大坝,并开挖一条引河,以便拦阻黄水;"乃黄流势猛,旋筑旋冲,垣墙日久被水,渐形坍塌。"所以到1857年6月13日(咸丰七年五月二十二日),直隶总督谭廷襄还向朝廷紧急奏报说:"兹据该县禀报,城西北隅因南面西面各有大溜一股,齐至其下会合,紧抱城角,折向东,乃回溜漩涡日夜摩荡,外面城砖蛰陷九十余丈,仅存土垣。此外,坐蛰、坍卸、裂缝之处,虽经随时保护,惟瞬届伏汛,恐难抵御。"③

山东的情况就更为严重。佚名《山东军兴纪略》记载此事说:"夏六月,甚雨兼旬,黄河滈瀑,风涛斗号,遂溃兰仪之铜瓦厢大堤。河决而北,山东郓、钜、濮、范诸县成泽国,全黄入大清河以达于海。于是不特

---

① 《录副档》,咸丰六年七月十七日礼部尚书瑞麟、盛京将军庆琪折。
② 《桂良传》,《清史列传》,卷45。
③ 《录副档》,谭廷襄折。

沿边曹、单、金、鱼、邹、滕、峄变居黄南,凡大清河东北数十州县皆在黄南矣。"①9月12日(八月初二日)的上谕也说:"本年豫省兰阳汛黄水漫溢,直注东省,穿过运河,漫入大清河归海、荷泽、濮州以下,寿张、东阿以上,尽被淹没。他如东平等十数州县,亦均被波及,遍野哀鸿。"②据山东巡抚崇恩报告,这一年因受黄水漫淹而成灾 10 分(即颗粒无收)的有荷泽县邓庄等 266 个村庄,濮州李家楼等 1211 个村庄,范县宋名口等 344 个村庄;成灾 9 分的有荷泽县大傅庄等 226 个村庄,濮州姜家堤口等 139 个村庄,范县张康楼等 140 个村庄,阳谷县张博士集等 492 个村庄,寿张(今属阳谷)县何家庄等 391 个村庄;成灾 8 分的有荷泽县桑庄等 278 个村庄,城武(今成武)县王家庄等 211 个村庄,定陶县黄德村等 80 个村庄,巨野县刘家庄等 90 个村庄,郓城县邱东等 449 个村庄,濮州高家庄等 101 个村庄,范县张常庄等 34 个村庄,寿张县阎家堤等 264 个村庄,肥城县刘家庄等 105 个村庄,东阿县枣园村等 32 个村庄,东平州(今东平县)陈辛庄等 160 个村庄,平阴县盆王庄等 93 个村庄,齐东县郭家庄等 226 个村庄,临邑县杨家庄等 54 个村庄;成灾 7 分的有荷泽县唐庄等 272 个村庄,城武县前宋家湾等 165 个村庄,定陶县折桂村等 38 个村庄,巨野县庞家庄等 81 个村庄,范县朱堌堆等 63 个村庄,肥城县栾湾庄等 36 个村庄,东阿县山口村等 39 个村庄,东平州赵老庄等 84 个村庄,平阴县宋子顺庄等 71 个村庄,齐东县王家寨等 31 个村庄,禹城县小洼等 63 个村庄,临邑县高家庄等 58 个村庄;成灾 6 分的有荷泽县傅家庄等 143 个村庄,城武县刘家桥等 263 个村庄,家陶县牛王庄等 32 个村庄,巨野县大李家庄等 48 个村庄,范县高常庄等 8 个村庄,阳谷县东灼李等 168 个村庄,东平州关王庙等 16 个村庄,平阴县吉家庄等 14 个村庄,齐东县东赵家庄等 50 个村庄,禹城县不干

---

① 《捻军》(四),第 424 页。
② 《清文宗实录》,卷 174。

等32个村庄。① 从这些数字中,也就能充分地看出这次灾荒带给广大人民群众何等巨大的苦难了。

此次铜瓦厢决口造成的黄河大改道,为当时正与清政府进行艰苦的武装斗争的捻军,创造了进一步发展的条件和机会。据《中兴别记》说:原先,山东兖州府的邹县、滕县、峄县,济宁州的金乡、鱼台县,曹州府的曹县、单县,都在黄河以北,捻军常常是活动到黄河边上,就退了回去,因为无法飞越到北岸去,所以清朝官兵把黄河倚为天险。黄河改道之后,上述这些地方都移到了黄河以南,于是,捻军在这些地区就可以长驱直入,任意往来,捻军的势力也就更加迅速地发展起来。

这次黄河改道,对于山东省的影响特别强烈。这种影响不仅表现在当年的严重水患上,更重要的是表现在以后水灾次数的急剧增加。过去,山东受黄河泛滥之害,都是从外省特别是河南省波及而致,自铜瓦厢决口后,山东的黄河洪灾则以省内决口居绝对多数。据统计,从铜瓦厢决口到1912年清王朝覆亡的56年中,山东省因黄河决口成灾的竟有52年之多,其中38年是决于省内的。"在决口成灾的52年中,共决口263次,平均每年决口4.7次,相当于改道前的16倍,决口之频繁确是惊人"。在52个成灾年头里,共出现3个特大洪年,14个大洪年,22个洪年及13个小洪年,"共成灾966县次,平均每年17.3县被灾,为改道前的7倍。"②黄河改道确实给山东人民带来了无穷的灾难。

第三节　咸丰年间的严重蝗灾

在中国近代历史上,蝗灾一直是各种自然灾害中较为常见,也颇具破坏性的一种。而在晚清时期,咸丰朝是发生蝗灾最集中也是最严重

---

① 《录副档》,咸丰六年三月初七日崇恩折。
② 袁长极等:《清代山东水旱自然灾害》,《山东史志资料》,1982年第2辑,第168、170页。

的一个阶段，所以我们在本章中有必要辟出专节来加以叙述。

晚清时期，人们对蝗虫尚无科学的认识。有的人认为蝗虫是"鱼虾遗子"所化生，大抵孳生在水灾之后；有的人认为是一种不知名的小虫所变，"因旱而生"；更有人把蝗虫视作"神虫"。一旦蝗灾发生，封建统治者或者到刘猛将军庙拈香祈祷，请求"神虫"嘴下留情，不要吞噬庄稼；或者以邻为壑，设法把蝗虫驱赶出自己的辖区了事；好一点的，则"示民捕捉，计斤给钱"，用"设局收买"的办法鼓励人们灭蝗。清朝还有一种制度，即一旦发现蝗灾，即要调集军队，前去助民"捕蝗"。这种制度不能说没有起过一点积极的作用，但在许多情况下，特别是到晚清政治腐败的现象愈来愈严重之后，也常常反而给老百姓增添了麻烦。有些军队到达灾区后，即向当地多方需索，不但要好吃好喝招待，而且要送一笔可观的贿赂；否则，这些军队便以"捕蝗"为名，把地里尚未被蝗虫吃尽的庄稼故意踩得稀烂。所以，一旦发现蝗灾，老百姓竟宁肯隐匿不报，因为他们知道，这些封建军队实在比蝗虫更可怕，与其引来兵灾，不如忍受蝗害。

咸丰初，首先是广西省连续3年发生蝗灾。1852年11月前后（九十月间），广西浔州、梧州两府所属的武宣、平南、桂平、容县及郁林州所属的兴业（今属玉林）、北流等县，都有飞蝗入境。此外，据岑溪县禀报，11月上旬（九月下旬）"有飞蝗沿边经过，并未入境"。贵县县令报告，10月20日、21日等日，县属石陇墟等处，"有飞蝗入境，随即扑灭"。藤县县令报告，1853年1月10日、11日（十二月初二日、初三日），该县的蚺蛇洲、大黎、安城等地，忽然有大群蝗虫丛集，经组织人力扑捕，再加阴雨严寒，冻死不少，"查勘业已净尽，菜蔬杂粮均无损伤"。柳州府也禀报，该府所属的马平（今柳江）、雒容（今属鹿寨）、来宾等县，秋冬间都"间有蝗虫发生，均随起随捕，立时扑灭"。① 所有这些地方官的报告，都竭力掩饰蝗虫造成的灾害程度，不是说飞蝗"并未

---

① 《录副档》，咸丰三年正月二十七日广西巡抚劳崇光片。

入境",就是说入境后"立时扑灭",或者庄稼"均无损伤"。实际情况却并非如此。有一个名叫严正基的人,在第二年写的《论粤西贼情兵事始末》中说:"柳、庆上年旱蝗过重,一二不逞之徒倡乱,饥民随从抢夺,比比而然。"①柳指柳州府,庆指庆远府,文中指出这些地方"旱蝗过重",因此到处都是饥民,他们为了活命,在一些人的倡导下,不得不铤而走险,起来斗争。

1853年,广西的蝗灾更形严重。4、5月(三月)间,象州、武宣、桂平、贵县、来宾等地,就有蝗蝻萌生,并有飞蝗停集。进入夏季后,蝗虫飞集的地区又扩大到雒容、平南、岑溪、修仁(今属荔浦)、柳城、罗城、宜山、天河(今属罗城)、迁江、宾州(今宾阳)、横州(今横县)、永淳(今属横县)、永福、灵川、临桂等地。据广西巡抚劳崇光报告,一直到10月初(八月末),象州、武宣、贵县、平南的蝗虫捕捉"尚未净尽"。不过他依然使用讳饰灾情的故技,不是说"飞蝗多停落于高岭草地之间,因田间水深苗短,蝗不能集,是以无损伤",就是说"禾稻虽有伤损,尚不甚多"。② 但事实恐不尽然。有记载说,灵山县这一年"飞蝗蔽天,田禾俱尽"。③ 灵山既然"田禾俱尽",蝗虫存活有半年之久的象州等地,怎么倒反而会庄稼毫无损伤呢?

1854年,蝗灾在广西继续蔓延。据7月28日(七月初四日)的上谕说,这一年广西的"被蝗灾区"包括永福、永宁(今属永福)、荔浦、修仁、象州、融县(今融水苗族自治县)、柳城、来宾、宜山、武缘(今属武鸣)、迁江、桂平、平南、贵县、武宣、宣化(今属南宁市)、横州、崇善(今属崇左)、养利(今属大新)、左州(今属崇左)、永康(今属扶绥)、宁明22州县,以及万承、龙英、都结、结安、结纶、全茗、茗盈、镇远、下石、上

---

① 《太平天国史料丛编简辑》第2册,第5页。
② 《录副档》,咸丰三年七月十八日、八月二十九日劳崇光片。
③ 《太平天国时期广西农民起义资料》上册,第18页。

龙、凭祥、江州、罗白、罗阳 14 土州县。① 与此同时，北方的直隶境内，唐山、滦州（今滦县）、固安、武清也发生了蝗灾，武清还因此而造成了饥馑的年景。

1855 年，直隶连续第二年发生蝗灾，不过这一年的受灾地区，从上年的津东、津北转移到了津南和津西，主要集中在静海和新乐一带。同时，从这一年起，江苏又发生了连续 3 年的蝗虫灾害。本年江苏总的灾情，呈南旱北涝之势。在苏南地区，伴随着严重的亢旱，一些地方还有较大的蝗灾。如无锡就发生了"大旱蝗"，城中崇安寺里有一棵多年大桑树，桑叶全被蝗虫食尽，枝干都被折仆，庄稼就更不用说了。结果这一地区形成了"米珠薪桂，民不聊生"的状况。②

1856 年是直隶连续 3 年和江苏连续 2 年发生蝗灾的年头。实际上，这一年也是中国近代历史上蝗害最广的一年，受灾地区除上两省外，还包括浙江、安徽、湖北、湖南、河南、山西、山东、陕西等省。山东道监察御史方濬颐在一个奏折中说："今年入夏以来，雨泽愆期，旱蝗甚广，不独畿辅为然。以臣所闻，山东、河南两省，除被黄水泛滥之区，其余各府，如山东之济、兖、沂、青、泰、武，河南之开、归、彰、怀、卫等属，旱蝗尤甚。江苏、浙江则数百里亢旱，禾稼收成不过十分之二三。湖北黄州、襄阳一带，闻亦间生蝗蝻。至安徽一省，江北之庐、凤、颍、滁、六、泗各属，到处亢旱，遍野飞蝗。是东南灾歉竟有六省之多。"③本章第一节中，我们已对本年东南数省的旱荒情况作了描述，这里再着重将蝗灾情形作一点具体的说明。

直隶的大部地区，都受到飞蝗的袭击。直隶总督桂良 9 月 9 日（八月十一日）的奏折中说："自五月以后，省北一带节次大雨，山水陡发，各河道亦同时盛涨，而省南州县得雨稀少，又形亢旱，并有蝻孽萌生及

---

① 《清文宗实录》，卷 135。所谓"土州县"，较正规之州县辖区要小，文中所列之 14 土州县，均位于桂西南之太平府境内。

② 《纪无锡县城失守克复本末》，《太平天国》（五），第 246 页。

③ 《录副档》，咸丰六年八月二十九日方濬颐折。

飞蝗过境之处。……现据保定、文安、宝坻、宁河、遵化、新城、雄县、平乡、曲周、鸡泽、肥乡、广平、磁州（今磁县）、邯郸、成安、永年、沙河、大名、元城（今属大名）、开州等州县先后禀报，均已扑捕尽净，其余各属亦将次捕尽。"①9月26日（八月二十八日）又奏："先后据大名府属之大名、元城、开州、南乐、清丰（上二县今均属河南省）、东明、长垣，广平府属之永年、邯郸、成安、肥乡、广平、鸡泽、磁州，并保定、河间、天津、冀县（今冀州）等府州属之束鹿、东光、南皮、枣强等二十州县具报，螟蟊萌生，旋即扑灭净尽，田禾无伤。嗣于七月杪有飞蝗自西南而来，经过省垣。随又委员分路确查，即据保定、天津、正定三府所属之唐县、祁州（今安国）、高阳、安州（今属安新）、庆云（今属山东省）、获鹿、元氏、晋县（今晋州）、无极并冀州、赵州等十一州县禀报，飞蝗经过，并无停落。惟永平府属之昌黎，保定府属之清苑、安肃（今徐水）、定兴、新城、容城、完县、蠡县、雄县，河间府属之阜城，天津府属之天津、青县、静海、沧州，正定府属之正定、阜平、栾城、灵寿，顺德府属之邢台、沙河、平乡、内丘，广平府属之曲周、清河，遵化州并所属之玉田，冀州属之衡水，定州属之曲阳等二十八州县具报，飞蝗停落，均已搜捕净尽。勘明早禾多已成熟收割，其晚禾谷豆间有残食，不过一隅中之一隅，与收成大局并无妨碍。惟集众扑打，践踏稍重之区，由该州县议请减免差徭，以示体恤。"②此外，热河（今属承德）地方于9月25日（八月二十七日）至10月6日（九月初八日）之间，也不断有一群群飞蝗自西南往东北方向飞过，其中栾平、丰宁、赤峰（今属内蒙古自治区）等县，有一部分蝗虫入境停落。

在前面所引的桂良的奏报中，反复强调的无非是"飞蝗经过，并无停落"；或虽有停落，但"旋即扑灭净尽，田禾无伤"。这几乎是当时封建官吏在发生蝗害后通常都会采取的一种讳饰手法。其实，封建朝廷

---

① 《录副档》，咸丰六年八月十一日桂良折。
② 《录副档》，咸丰六年八月二十八日桂良折。

也并非不清楚这一点。这年秋天，顺天府属文安县 10 余村庄"蝗蝻甚多，伤害禾稼"，而署文安县知县樊作栋还是照老办法，报告说是"蝻子萌生，扑灭净尽"，"飞蝗过境，并未停落"。不料咸丰皇帝忽然认起真来，指出这完全是欺骗，"实属玩视民瘼"，下令将樊作栋等人"交部严加议处"。这其实是杀鸡给猴看，是给那些匿灾不报的封疆大吏一个留有面子的间接警告。在此以前，咸丰皇帝还在 9 月 16 日（八月十八日）的谕旨中强调他亲睹飞蝗在京师漫天飞翔的情景："昨日亲见飞蝗成阵，蔽空往来，现在节逾白露，禾稼渐次登场，尚有未经收获之处，京畿一带农田被灾，谅必不少。"①

　　江苏的蝗害，本年要比上年严重得多。据署江苏巡抚赵德辙奏报，该省蝗虫丛集前后有两次，一次是 8 月 16 日（七月十六日），"大江南北递报飞蝗过境"；另一次是 9 月 4 日（八月初六日），"苏省飞蝗亦蔽天而至"。实际远不止此。佚名《平贼纪略》说，7 月 27 日（六月二十六日），无锡、金匮（今属无锡）就有"飞蝗自西北来境"，飞来时，就像一大片云彩一样，把太阳都遮住了。一停下来，"食禾如疾风扫叶，顷刻而尽"。蝗虫密密麻麻地停在"败屋危墙"上时，这些墙屋"则摇摇欲坠"。"农夫始畏若神，执香跪求。继而鸣锣驱逐，间有不食禾而食树叶、芦苇者，因之乡民皆迎供猛将军神祷之。旋为官示民捕捉，计重给钱，网而焚之，稍杀其势。然高田禾槁，低田蝗食，民欲生而不得矣。"②在其他一些记载中，有的说，苏北地区自 6 月（五月）至 10 月（九月）不雨，"飞蝗蔽天"；有的说镇江 9 月 14 日（八月十六日）"蝗飞漫天"，次日又"蝗飞障天"；有的说金坛"飞蝗蔽天，啮草木皆尽"；有的说常熟 8 月（七月）间"有蝗虫驾海来南，落花地尚不开口，所食野草竹叶。来势满天遍野，如阵云障雾，遮天蔽日"。到 9 月（八月）初，蝗虫愈来愈多，振翅而飞，像飘着漫天猛雪一般，连日色都为之暗淡无光了。蝗虫落地

①　《清文宗实录》，卷 206。
②　《太平天国史料丛编简辑》第 1 册，第 237—238 页。

栖息,堆起来竟有尺把来厚。"禾稻刚秀,非头即根咬断,即千百亩,亦可顷刻而尽。"有的说嘉定 9 月 3 日(八月初五日)"蝗虫蔽天",自西北往东南飞去,次日城里还有不少;还有的记南京一带"蝗虫为灾,每过境时,日月为之蔽光"。从以上这些生动而具体的记载中,我们看到了一幅何等可怕的蝗虫肆虐的图画。

浙江的蝗灾,虽不如江苏之甚,但有的地方,也有"飞蝗蔽天",从江苏方向飞来,并且"一日数至"。老百姓大感惶恐,"皆鸣锣敲物以扑之"。安徽北部地区,也"因蝗蝻四起,低洼圩田复被蝗食殆尽"。湖北东部的武昌府、汉阳府、黄州府及北部的襄阳府所属地方,"均有飞蝗蠢动",光化的蝗灾尤重。河南被蝗地区,计有宁陵、通许、虞城、洧川(今属长葛)、尉氏、睢州、杞县、鹿邑、考城、祥符、鄢陵、陈留、柘城、固始、商城、许州(今许昌)等 16 州县,河南巡抚英桂在奏报这些地方的灾情时,也是强调"飞蝗过境,或蝗子生发,有过而不留者,有一经停落及甫经萌动即时扑灭者;间有蔓延较广,即用重金收买,自二三千斤至五六千斤不等。声明田禾微有损伤,不过一隅中之一隅,不致成灾"。①不过另外有材料则称,河南由于旱蝗,灾民四处逃荒,有些地方的饥民,竟有食树皮以苟延残喘的。此外,山西的交城、文水、平陆、芮城等地,山东的泰安、兖州、沂州、济宁、济南、东昌等地,陕西的渭南等地,也都有"蝗螟为灾"。有的地方"蝗灾以后,野无青草",以致连牲口也都瘦饿而死,老百姓更是"饥馑荐臻",谋生乏术了。

1857 年,全国性的蝗灾从上年的峰巅开始回落,但这只是指灾害程度而言,受灾面积却仍同上年大致相仿。直隶地区已是连续遭灾的第 4 年。据《清史稿》记载,这年直隶的"昌平、唐山、望都、乐亭、平乡蝗;平谷蝻生,春无麦;青县蝻子生;抚宁、曲阳、元氏、清苑、无极大旱蝗;邢台有小蝗,名曰蠕,食五谷茎俱尽"。② 据署直隶总督谭廷襄奏,

---

① 《录副档》,咸丰六年八月二十八日英桂片。
② 《灾异》(一),《清史稿》,卷 40。

一直到 7 月 8 日(闰五月十七日)上折之日,"直隶各属"的蝗虫"尚未一律净尽",而且成安、元城、邯郸等地还继续有蝗虫飞入境内。江苏的蝗灾仍是各省中最严重的。这年春天,蝗蝻就开始萌生,农民虽挖掘蝻子,但无法遍掘,天稍暖,蝗蝻就到处丛生。到 6 月(五月)间,蝗虫就从"小而无翼"的跳蝻成长为"生翼而飞"的飞蝗,"各州县皆然"。等到蝗虫漫山遍野时,已经建立了政权的太平天国农民军"即出示捕收,每斤七八文。于是老稚藉有生计。然愈捕愈多,愈后愈大。又出示设局收买,每斤十五六文"。即使采取了这样一些措施,蝗虫也并不能很快扑灭,有的地方"蝗虫积地有尺许厚"。据记载,9 月 18 日(八月初一日)那一天,常熟一带"有蝗虫,即遮天蔽日,较旧秋来势,更胜十倍。间落地,豆荚草根,一饮而尽,稻亦有伤"。① 安徽的潜山县,官庄一带的蝗虫堆在地上有尺把来厚,龙山一带厚五六寸。陕西巡抚曾望颜于夏秋间两次向朝廷奏报"飞蝗入境",宝鸡县秋天的庄稼和树叶全被蝗虫吃尽,华阴也发生蝗灾。河南正阳等地的蝗灾也颇重,据说 8 月(六月)间曾一度"飞蝗蔽天,日色昏黄";原籍河南光州的安徽布政使李孟群在奏折中谈到他家乡的情形时说:"秋间蝗灾较早,一食无余,民间之苦异常,有数十里无炊烟者。"②湖南遭蝗灾的计有长沙、醴陵、湘潭、湘乡、攸县、安化、龙阳、武陵、平江、安福(今临澧)、新化、清泉(今属衡阳)、衡阳、常宁 10 余州县,尽管每个州县都曾挖掘蝗卵块"百数十万不等",但有的地方蝗虫聚集时,仍然"其数无万,晚稻俱残"。湖北蝗灾情形,据《清史稿》载:"秋,咸宁、汉阳、宜昌、归州(今秭归)、松滋、江陵、枝江、宜都、黄安(今红安)、蕲水(今浠水)、黄冈、随州蝗;应山蝗,落地厚尺许,未伤禾;钟祥飞蝗蔽天,亘数十里;潜江蝗。"③这里有一个现象需要说明一下:文中说,应山的蝗虫,落地有尺许之厚,但并未啮食禾稼,这种现象有没有可能呢? 在一定的条件下,是可能的。因为蝗虫

---

① 《漏网喁鱼集》,第 30、31 页。
② 《录副档》,咸丰七年十二月二十一日李孟群折。
③ 《灾异》(一),《清史稿》,卷 40。

身体里有一个气囊，它要迁飞的时候，常要将气囊鼓足气，才有气力飞得远，飞时还可以减轻体重，增加浮力。但气囊鼓足气后，会把消化管压缩，此时下落，如体内养料尚未消耗尽，蝗虫就不感到饿，也就不食庄稼。如对消化管的压力已减小，体内所贮养料又已耗完，蝗虫就会大嚼一顿，如蝗虫甚多，一忽儿就可把庄稼吃得精光。应山的蝗虫，如属于前一种情况，那也还是合乎情理的。当然也不排斥封建统治者利用这点作为讳灾的一个理由。此外，山西、山东的部分州县，也有蝗蝻为害，有的地方也相当严重，如《牟平县志》载："飞蝗蔽野，食禾稼几尽，灾祲频仍。"

从 1857 年以后，蝗灾就逐渐减少。1858 年只有直隶、陕西、湖北的局部地区发现蝗虫。此后直至咸丰朝结束，只有 1861 年在陕西省的岐山等地有蝗灾发生。在中国近代历史上蝗灾最集中、最普遍的一段时期就这样过去了。

第四节　咸、同之交的瘟疫大流行

在本章所涉及的这一历史时期里，由于剥削者和被剥削者、压迫者和被压迫者之间所进行的那一场血与火相交织的殊死搏斗，曾经在很多地方造成了尸横遍野、血流成河的悲惨景象。这就为疫病的流行提供了一个客观条件。特别是在咸、同之交，瘟疫曾经在不少地区到处传染蔓延，成为威胁人民生命的一大灾难，这显然不是一种偶然的社会现象。

早在 1853 年，正当太平军攻克南京，清政府组织江南、江北两个大营，在江苏战场进行激烈战斗的时候，南京一带就因为死尸过多，不及掩埋，恰又遇上"天大旱，赤地千里"，以致造成"疫气流行"的状况。南京城里的太平军和南京城外的清军，"均多死者"。翌年，浙江一些地方又发生较严重的瘟疫。《过来语》记温州一带 4 月（三月）间情形说："现在疫气到处传染，大荒之岁，加以疾病，死丧累累。饿莩处处有之，亦日日有之。据行乞一妇人言,死者无人殡,任犬噬食,朝见全尸,夕止半体,可哀孰甚!"又说:"上半年瘟疫流行,近海村落为甚。钱桥、梅头二村,各失丁二千;上戴一村百七十丁,失去一百;鲍田、海安,失皆不少。"①还有材料说,乐清县从 2 月(正月)到 7 月(六月),百姓一方面因上年大水灾,饥馑乏食;另一方面又加上疾疫流行,结果是"死亡相继"。1858 年,福建建昌、宁化等地也发生大瘟疫,据正在福建率师与太平军作战的曾国藩向朝廷报告说,这些地方疾疫流行的程度"为从来所未见"。曾国藩还具体描述了湘军各部因为传染疫病而大量减员的情况,如肖启江所部就有 1300 余人得病,吴国佐所部得病的也不下 800 余人,刘长佑的新城防军因传染时疫而"死去大半",以致不得不回湖南去重募新军。另外,云南的江川县也"疠疫大作",病死饿死的,每天从城上抛向野外,"不计其数"。不过,以上所说的都还只是发生在个别省份的局部地区。

到 1860 年,瘟疫流行的地区就同时扩展到数省。最严重的是浙江。这年初春,浙江阴雨连绵;夏秋间,又发生海潮冲坍海塘之事,萧山、宁波等地,海潮汹涌而至时,浪高 2 丈有余,"海水淹死人无数,房屋皆坍"。与此同时,嘉兴、湖州两府又发生大瘟疫,有的地方"每十家中必有死者二",甚至一个小镇"死者日必四五十人,棺木贵不可言"。《避寇日记》在 10 月(九月)间记一个名叫新塍的小镇的情形:"是时新塍亦瘟疫流行,死者无数"。"自此月初六雨后,天涔涔雨,阴惨之气逼人。瘟疫大作,死者日以五六十人,而染病者都是寒疾之状,多则二日,少则一周时许,亦有半日即死者。直至廿三、廿四雨止,疫稍稀。"②江苏疫病流行的地区主要在苏南。如无锡在 7 月下旬至 10 月上旬(六、七、八月)的 3 个来月中,"疫气盛行,死亡相藉"。常熟 6、7 月(五月)间"时疫又兴,死亡相继";8、9 月(七月)间,"有因疠气所蒸,十死其二

---

① 《近代史资料》,总第 41 号,第 159、160 页。
② 《太平天国史料丛编简辑》第 4 册,第 46、47 页。

三，其余惧而他行者"。吴县一带，秋冬之间"大瘟疫，死者甚多"。这一年，太平军经与清军激战，占领了苏州，据说，当地的百姓，或战死，或因水灾被淹死，或因灾乏食冻饿而死，再加上因染疾而死，"人民几去其半"。山东部分州县，时疫流行也极为严重。如《峄县志》中对这一年该地怎样因瘟疫而造成人口大量死亡的情形，有如下一段极为形象的描写："是时连岁荒歉，飞蝗蔽天。仲夏后瘟疫大作，有病一二日即死者，亦有病一二时即死者，甚至方食矢箸遽仆案下，言笑未终而气脉已绝。以故沿街臭秽塞鼻刺心，出户者触之而蹶，送殡者遭之而僵。城固不足三里，而一日殒没者至百余人。"①

翌年，山东一些地方仍有疾疫流行。如《莱阳县志》记该县夏间因疠疫居民"死亡殆半"；《续滕县志》记该县"疫大作，损口不胜计"。同时发生瘟疫的还有安徽、云南二省。安徽部分州县，春夏间阴雨成灾，长江水较平时涨高一丈有余，麦收大歉。6月（五月）后，一些地区又出现了严重的疾疫。据黄崇惺的《凤山笔记》所说，徽州的老百姓，在战乱中死亡的只占"十之二三"，而清军占领徽州以后，"以疾疫亡之六七"。而疾疫的流行，又同战争、水灾、饥荒有直接的因果关系。按该书的描述，在太平军与清军作战过程中，即有一些人战死；加之水灾造成的饥荒，乡民没有粮食，"往往掘野菜和土而食"，有的地方"有至于食人者，于是饥饿而毙者亦不可胜计"。② 在战乱和饥荒的情况下，很多死尸无人掩埋，秽气郁积，病毒四散，传染病便自然要不可遏止地蔓延开来。安庆的情形较徽州更为严重，据称染疫而亡的"十有八九"。瘟疫不仅流行于社会上，而且侵袭到兵营中，据左宗棠致刘长佑的信中说，他的军队在婺源（今属江西省）作战后，"士卒患疾者逾半，物故者亦近千人"。③ 云南的腾越（今腾冲）地区，既有大水，又有大疫，百姓苦不堪言。

---

① 《捻军》（三），第 398 页。
② 《近代史资料》，1963 年第 1 期，第 140 页。
③ 《左宗棠年谱》，第 79 页。

1862 年是瘟疫流行最广的一年，遭灾地区包括直隶、山东、河南、安徽、江苏、浙江、陕西、云南、贵州等省。《津门见闻录》有一段文字，是讲这一年瘟疫流行经过的："五月之初，疫自奉天至大沽、于家堡流行。天津以二十五日至六月初六日、二十日间为最甚，至六月十三日、十四日稍息。后闻此疫遍于天下，盖自津而南也。我乡百余家，死者四十余人。"①按照这个记载，疫病是从东北传入京、津，再由京津地区传往南方各省的。这个说法是否完全符合实际情况，尚待证实，但这一年在全国的大片土地上发生了流传极广的传染病，则显然是确凿无疑的。

拿京津地区来说，《翁同龢日记》中曾谈到，8 月（七月）间，"涿州以南微伤旱，时疫传染，村落多哭声"。"闻天津、通县（今通州）时疫盛行，浸及都下，大约转筋痧居多"。②朱克敬《瞑庵杂识》也有"都中之疫疠行"的记载。有材料说，天津海河北岸有一位和尚，能治疫病，每天前去求治的有上万人之多，从这里也可见染疾人之众了。

有一些省份，局部地区疫病虽颇严重，但流行地区不广，影响尚较小。如山东文登县，秋间"疠疫大作，民多死亡"；陕西华州（今华县）"大疫"；河南正阳县自 4 月（三月）到 8 月（七月）"瘟疫大行，被传染者大半，死伤颇多"；云南永昌府"瘟疫大行，尸骸遍地"；贵州天柱县"发大瘟，十死八九"。浙江疾疫流行区稍广，包括北部的嘉兴、东部的绍兴及西部的处州府，都有瘟疫发生，有的上吐下泻，"不及一昼夜即死"，"死者累累"。有的地方太平军中也"疮痍及瘟疫大发，死无算"。

苏、皖二省，疫情就要严重得多了。江苏这一年是南旱北涝。苏南地区由于入夏后亢旱无雨，不少田地开耕的只有十之二三，百姓本来就生计艰难。不料夏秋之间，又普遍地流行起瘟疫来，而且来势极凶，传染甚广。最严重的是上海，流行一种名叫"子午痧"或"吊脚痧"的时疫，有的说"朝发夕死"，也有的说"无方可治，不过周时"，十分厉害。

---

① 《第二次鸦片战争》（一），第 594 页。
② 《翁同龢日记》第 1 册，第 152、156 页。

每天要死几十人。后来又蔓延到松江、苏州、太仓、常熟一带。《小沧桑记》谈松江的情形说:"加以疫疬盛行,日有十数家,市楼为之一空。"又说:"自七八月以来,城中时疫之外,兼以痢疾,十死八九。十室之中,仅一二家得免,甚至有一家连丧三四口者。"①苏州、太仓、吴江等地的情形也大致相仿。常熟则"无家不病,病必数人",而且数人中必有一二人因无法救治而亡的,弄得"素衣盈途"。南京一带,也是疾疫盛行。正在围困天京的湘军,就曾因为染疾的很多而大大削弱了战斗力。据称,湘军"苦疬疫",军士相互传染,"死者山积"。曾国藩在向朝廷的奏报中说湘军染疫生病的超过一万。几年以后,曾国藩在《金陵湘军陆师昭忠祠记》中还回忆起当时的情景说:"我军薄雨花台,未几疾疫大行,兄病而弟染,朝笑而夕僵,十幕而五不常爨。"还说:一个人死了,几个人去送葬,等到送葬回来,送葬队伍中倒有一半人在途中就疫发而殁了。瘟疫的猖獗,于此可见一斑。

安徽因上年有较大水灾,秋收不足 5 分,所以这一年春荒就颇为严重。3、4月(二、三月)间,皖南百姓就有"人食人肉"的现象。入夏以后,又发生了蔓延极广的瘟疫。在安徽镇压太平天国运动的湘军,"疾殁者十之二三,患病者十之三四",能够出队打仗的不及 4 成。仅宁国(府治在今宣城)一地,两月之间,兵民因染疫而死的就达两三万人。当时的悲惨景象,在下面一段文字中有很形象的刻画:"行路者面带病容,十居八九。城内外五六里,臭腐不可堪忍。沿路尚有尸骸,有旋埋而掩埋之人旋毙者。城河三里许,漂尸蛆生,或附船唇而上。城中之井及近城河水,臭浊至不可食,食之者辄病。"②一直到"秋风已深,而疫病未息",不少地方到处是尸骸狼藉,无人收埋,生了病也无人侍药。连曾国藩也不得不惊呼,这是"宇宙之大劫,行军之奇苦"。

1863 年和 1864 年,瘟疫流行的范围较 1862 年已渐趋缩减,但每

---

① 《太平天国》(六),第 507、513 页。
② 《太平天国史料丛编简辑》第 6 册,第 220 页。

年仍有 4 个省份。1863 年发生疾疫的有江苏、浙江、湖南、陕西。其中，上海因时疫流行而死亡的超过 20000 人。浙江一些地区流行"吐泻霍乱之病"，即使小村镇也"每日辄毙数十人"；左宗棠指挥蒋益澧部清军进攻富阳，全军"仅万余人，皆病疫"。陕西"自夏徂秋，疫疠大作，死亡甚多，至有全家无一生者"，百姓"半死刀兵，半死疫疠，通省皆然"。湖南的嘉禾、永绥（今花垣）等地，疫情也颇为严重。1864 年发生疾疫的有江苏、浙江、福建、贵州，其中尤以浙江、贵州为重。浙江的湖州府，7 月（六月）间"每日死者动以百计"；贵州的遵义，夏秋间"疫大作，有全家病卧者，有相继抱病者，有一家全行病故者，有一家存二三人者，四乡尤甚"。秋收时，农民一边下地收谷，一边因"染瘴扑地，十死五六"，弄得庄稼熟在地里而无人敢去收割。清江厅也"以瘟疫盛，遍死流离，疫病盈庭，尸埋满地"。

自此以后直至同治朝结束，虽然在个别年头和个别地区还有疫病发生，但已大体属于正常的情况，与前数年那种集中的、大面积的疾疫盛行，在性质上有所不同了。

第五节　同治年间连续九年的永定河漫决

"可怜无定河边骨，犹是春闺梦里人。"这是自号"三教布衣"的唐朝诗人陈陶在《陇西行》一诗中脍炙人口的名句。诗中提到的无定河，就是现在北京附近的永定河。

永定河是"畿辅五大河"之一。①"旧名卢沟，上流曰桑干"。卢沟的"卢"是黑的意思，所以又名"黑水河"。"水徙靡定，又谓之无定河。康熙三十七年，赐名永定。"②1871 年 2 月（同治九年十二月），直隶总督李鸿章在奏疏中曾谈到永定河地位之重要："永定河南北两岸，绵亘

① 　其余四河为南运河、北运河、大清河、子牙河。
② 　《光绪顺天府志》，第 1230 页。

四百余里,为宛平、涿州、良乡、固安、永清、东安、霸州、武清等沿河八州县管辖地面"。"永定河为畿南保障,水利民生,关系尤巨"。① 但是,康熙皇帝虽然把这条河的名字从"无定"改成了"永定",河患却并不因此而消失,仍然是连年漫决,使这条横贯畿辅的大河,成为威胁京畿的重要祸害。1823 年(道光三年),河臣张文浩曾上奏说:"永定河水性悍急,一遇大雨,动辄拍岸,步步生险。土性纯沙,所筑之堤不能坚固,每遇大溜顶冲,随即坍溃。防守之难,甚于黄河"。"永定河绵长四百余里,两岸皆沙,无从取土,不能处处做堤,俱成险工。而出山之水,湍激异常,变迁无定,动辄挖根漫顶,如水浸盐,遇极盛涨时,堤防断不足恃。"②《永定河志》也说它"有小黄河之目,水性激,挟沙与黄河同"。

上一章已经谈到,晚清时期,永定河平均接近两年漫决一次。其中,同治年间曾经创造了连续 9 年决口 11 次的历史记录,③给永定河两岸的人民带来了巨大的灾难。

连续 9 年的永定河决口是从同治六年即 1867 年开始的。这一年,京师和直隶地区自春至夏,"雨泽愆期,久形亢旱",眼看一场旱灾就要形成。不料 7 月(六月)下旬以后,一连几天连降大雨,山水涨发,永定河水"陡涨数丈,兼之风雨猛骤,水面抬高",以致宛平(今北京市卢沟桥镇)县境的北 3 工 5 号堤身漫坍 30 余丈。同时,其他各河也一齐盛涨,直隶南部的开州、东明、长垣一带又受黄水泛滥的影响,结果这一年"畿辅大饥",仅天津一地每天靠粥厂施食勉强度日的饥民就达万余人。特别是通县(今通州)、三河、武清、宝坻、香河、宁河、霸县(今霸州)、保定、固安、永清、东安(今安次)、宛平、房山、雄县、天津、青县、静海、沧州、丰润等 19 州县,灾情极重,不少村庄成灾 6、7、8、9、10 分不等。

1868 年,永定河两度漫溢。第一次在 4 月 5 日(三月十三日)。经

---

① 《光绪顺天府志》,第 1418 页。
② 《光绪顺天府志》,第 1583 页。
③ 最后一次为光绪元年,即 1875 年。

过情况是:本年 2、3 月(正、二月)间,连阴细雨,永定河大堤土性沙松,雨水渗透后,软散不坚;加上天气日暖,上下游冰凌同时化解,结果全河水势汹涌,各工段纷纷报险。4 月 3 日(三月十一日),固安县境 4 工 17 号冲刷堤身七八丈宽,守堤兵夫竭力抢堵。两天后,突然北风大作,河水咆哮奔腾,猛涨三四尺有余,漫上埝顶,一涌而过,冲开决口,口门宽达 20 余丈。第二次在 8 月 25 日(七月初八日)。当时,已连续下雨 10 天左右,河水大涨,深处达 2 丈 4 尺有余,许多地段水与堤平,险情迭出。据称,水势之大,"实为四十年来未有之奇"。24 日(初七日)深夜,"水势续涨,北风大作,骇浪腾空,越过埝顶",至 25 日凌晨 4 时,水又陡涨二三尺,终于"大溜一涌而过,口门刷坍十余丈"。以后口门继续塌宽,洪水四处浸淹。与此同时,滹沱河也因水势盛涨,漫溢横流,脱离故道,改道北徙。由于永定、滹沱两河漫决,使直隶广大地区遍遭水害,漫及地区包括霸州、固安、永清、束鹿、深县(今深州)、安平、饶阳、肃宁、河间、献县、任丘、保定、雄县、文安、大城等地。

1869 年,直隶灾情呈旱涝相迭之势。自春入夏,全省亢旱缺雨,朝廷为此特"降旨祈祷";永年县群众因春旱严重,"讹言久旱不雨系教堂十字架之故",在武生魏长庆带领下,锯毁教堂十字架,砸毁家具等物,造成教案。但 5 月(四月)后,部分地区即有雨雹发生。进入 6 月(五月),又阴雨连绵,终于在 6 月 30 日(五月二十一日)发生永定河北下 4 汛堤岸漫决之事。这次漫口,经伏、秋二汛,一直未能合龙。最后,清政府专拨银 40000 两,纠集人力,多备物料,直至 12 月(十一月)间始告堵合。与此同时,永定河以南的滹沱河,也因水涨漫溢,灾情与上年不相上下。据直隶总督曾国藩奏报,"不特文安一邑变为洪湖,即大城、雄县、任丘、饶阳、安平等属,亦皆淹没田庐,浸占驿路。小民荡析离居,栖托无所。"①这一年,直隶遭受水灾的地区达 58 州县。但直隶西南部地区,旱象一直未曾解除,尤以"南三府"即南部的大名、顺德、广平 3

---

① 《曾文正公全集·奏稿》第 2 册,卷 4。

处为最严重。

1870 年，直隶的灾情仍同上年一样，既有旱荒，又有水患。年初，春旱即甚严重。3 月（二月）间，直隶总督曾国藩就奏报说："去岁天时亢旱，年谷不登。自冬徂春，雨雪过于稀少，麦收又已失望。嗷嗷千里，流民塞途。"①4 月 30 日（三月三十日），曾国藩在给他弟弟的信中又说："近十日来，亢旱如故。此间麦秋全坏，无可救药，焦灼之至。"此后的一两个月中，他在致家人及友人的书函中多次有这样的笔墨："天气亢旱狂风，人心惶惶，余焦灼异常"；"久旱不雨，官民惶惶"；"此间情形，自三月以后，久无雨泽，二麦业已失收，秋禾不能播种。竟日狂风卷土，昏霾燥热，通省官民，惶惶无策。"②但到 7 月（六月）间，永定河又在永清县境的南 5 工漫决，半月之内，决口并有逐步扩展之势，致使曾国藩在家书中发出"今又闻永定河决口之信，弥深焦灼，自到直隶，无日不在忧恐之中"的惊叹！③再加上滹沱河连续第三年泛滥成灾，使这一年直隶全省遭受水、旱、雹、虫灾害的州县达 60 个之多。

1871 年，直隶发生特大水灾，其严重程度，有的说是"为数十年来所未有"，有的甚至说"乃数百年来罕见之灾"。灾害的起因，是由于夏秋间阴雨不绝，引起各河漫溢。不仅永定河在 7 月（六月）间于良乡县境的南 2 工 6 号漫口，8 月（七月）间又在南岸石堤 5 号复决，使良乡、涿县一带遍遭淹浸；而且草仓河、拒马河、海河、南运河、北运河也先后漫溢，"横流泛滥"，使一些村庄全遭淹没，田庐禾稼多被冲毁。顺天、保定、天津、河间等府"几成泽国"，从保定到京师，旱路早已不通，只有用舟楫才能往来。一直到第二年，"田庐没于水中者"还是"所在多有"。同治皇帝为此专门降旨，于 9 月 20 日（八月初六日）亲自"拈香祈祷"。这自然丝毫无济于事，灾荒还是愈来愈发展。据统计，这一年

---

① 《曾文正公全集·奏稿》第 2 册，卷 4。

② 《曾国藩全集·家书》（二），第 1364、1367、1368 页。《曾国藩未刊信稿》，第 286 页。

③ 《曾国藩全集·家书》（二），第 1373 页。

直隶被水灾区广达 87 州县。翌年 9 月 19 日的《申报》对这次大水灾有这样的记载："去年夏秋之际，阴雨连绵，数月不止，河水盛涨，奔堤决口，地之被水者长几千里，广亦八百余里。天津境内之房屋为水冲倒者，不可胜计，百姓之露处于野者，不下七八万人焉。若总直隶一省而计之，则损坏之房产等物所值奚止千百万，而民人之颠沛流离无栖止者，又奚止为万人哉！"①

1872 年，继上年的大水灾之后，京师和直隶地区又发生严重水灾。上引《申报》的报道，在追叙了前一年的大水情景之后，接着写道："今年夏秋之间，雨又大作，较之去年为尤甚。永定河堤为水冲塌，运河亦冲破河埂，水泛滥平地之中，漫淹数十州县，民人皆束手待毙，涕泣呼天而已。夫去年之灾固甚重也，而今年则倍蓰焉。"说本年的灾情比上年加倍的严重，这带有当时报纸消息中常有的夸张成分；但也不可否认，这一年的水灾确实给人民群众造成了又一次巨大的苦难。据记载，7月（六月）中旬，京师连下了 3 日 3 夜的暴雨，仅一天的雨量，就使京城街道上积水 7 寸之深，各处道路无不被淹，"房屋之倒塌者，不计其数"。天津郊外一片汪洋，而各处川渎的水势还是有涨无已；从天津往京城的道路，大半都被水淹，有的地方积潦有 2 尺多深。永定河、滹沱河两岸，漫溢出来的河水任意流淌，把许多村庄都浸淹在浊浪之中。礼部尚书兼顺天府尹万青藜在奏折中说："讵料六月下旬以后，大雨连绵，山水下注，河流漫溢，平地水深丈余及数尺不等。所有西路之宛平、涿州、良乡、房山，南路之文安、大城、保定、霸州、固安、永清、东安，东路之宝坻、武清、蓟州（今蓟县）、香河、三河、通州等十七州县陆续禀报，秋禾被水。""各该州县非滨临大河，即接近诸山，此次山水、河水汹涌异常，经过村庄，不但禾稼全被冲淹，即房屋亦多冲刷倾圮，且有人口淹没之处。至洼下地方，积水汇归，为害尤甚。"②但据清廷所发谕旨，本

---

① 《申报》1872 年 9 月 19 日。
② 《清代海河滦河洪涝档案史料》，第 469 页。

年被水成灾地区共 30 州县,只较上年遭灾州县的 1/3 略多一点。

1873 年是永定河连续第 7 年漫决,也是直隶地区连续第 3 个大水灾年。7 月(六月)以前,直隶地区天时尚可,麦收可达中稔,秋禾亦已播种。不料 7 月以后,一气下了个把月的连朝大雨,"西北口外及直晋豫诸山之水奔腾汇注,各河同时异涨,处处出槽,漫溢平地。"连年漫决的永定河,河水不断暴涨,卢沟桥以下连底水深达一丈七八尺。8 月 3 日(闰六月十一日)以后,仍是昼夜大雨倾盆不止,永定河水又陡涨 2 尺有余,终于在 8 月 7 日(闰六月十五日),上年决口刚合拢不久的永定河,又在固安县境的南 4 工 9 号漫口,口门宽 50 余丈。水由固安、霸州一带顺流东下,不少村庄的田地房舍多被冲没。除永定河外,温榆河、蓟运河、拒马河、大清河、潴龙河、滹沱河、漳河、卫河等也先后被冲决,顺天府属及新城、雄县、安州、蠡县、高阳、安平、饶阳、河间、献县、任丘、保定、霸州、元城、大名、吴桥、交河、青县、静海等地"冲荡颇甚",受灾极重。通州境内的潮白河也在平家疃决口,造成通州、香河、三河、平谷、蓟州、宝坻 6 州县"田庐淹没,运道亦被阻滞"的严重局面。9 月 24 日(八月初三日),《申报》报道直隶灾情说:"昨接天津来信云,今登高楼远望,西边及西南各处,眼界所及,惟水是见。津门为各水趋海之区,直隶一省之水皆归焉,若运河一带,则山东江南之水,亦有流入者。其他则永定、滹沱、子牙、淀湖,以及各小河之水,亦均由此以入海。各河若有决口未堵,是以各水皆溢,原田不见,租界左右各处较低者,沉浸水中,郡城内外,沿河诸店面皆被水,城内街衢,多已成河。又阅保定府所来函云,彼处所有河堤,久已决圮,水惟顺性而流,四面田园,均有变为沧海之叹。各客之往来者,正如泛海,各处遥望,地皆难觅,均渺茫似重洋也。此保定天津诸客所目睹,他处虽无确耗,亦可推而知也。"①据接替曾国藩任直隶总督的李鸿章向朝廷报告,本年直隶各地受灾情形为:通州、三河、武清、蓟州、香河、宁河、霸州、保定、文安、大城、固安、永清、

――――――――――――

① 《申报》1873 年 9 月 24 日。

东安、顺义、怀柔、雄县、高阳、安州、河间、献县、任丘、交河、景州(今景县)、东光、天津、青县、静海、沧州、定州(今定县)等 29 州县,共有成灾 8 分之村庄 451 个,成灾 7 分之村庄 1227 个,成灾 6 分之村庄 1073 个,成灾 5 分之村庄 882 个。另有一些村庄虽勘不成灾,但也收成歉薄。

1874 年是同治朝的最后一年,这一年交伏以后,又是大雨连霄,使永定河于 7 月中(六月初)漫口数处,潮白河也在平家疃上年决口以北处漫决 200 余丈,虽然灾情较前 3 年为轻,但顺天府属的"东八县、北五县半成泽国",①收成大为减色,有的地方"并有颗粒无收之处"。

1875 年已是光绪元年。由于这一年是永定河连续第 9 年决口,所以在本节中也要作一交代。本年京师和直隶地区本是旱年,但伏汛期间,却有连旬之阴雨天气,使永定河在良乡、涿州境内的南 2 工发生漫决。这次永定河决口,在局部地区造成水潦,但却并未改变全省的干旱面貌。这一点,我们在下一章的开头还要讲到。

以京师为中心的顺天府和直隶地区,在全国具有特殊的政治地位,在这里发生的自然灾害,对于当时的政治和社会生活的影响,远远超出了其他地区。我们对永定河连续 9 年漫决给予了特别的注意,其原因也正在于此。

---

① 顺天府共辖 24 州县,"东八县"为通州、蓟州、三河、香河、宝坻、宁河、武清、东安;"北五县"为密云、顺义、怀柔、昌平、平谷,大部分为今北京市所属地方或相邻地区。

第 四 章

"丁戊奇荒"前后(1875—1890)

第一节 光绪初元的旱灾

1874 年,年仅 19 岁的同治皇帝病逝,载湉继位,定 1875 年为光绪元年。光绪朝的头两年,直隶、山西、陕西、甘肃、河南等省发生干旱,成为中国近代历史上最严重的特大旱荒——"丁戊奇荒"的前奏。

1875 年,京师及直隶地区虽然有上一章已经论及的永定河连续第 9 年漫决,局部地区遭受水淹之事,但从全局来看,却是一个干旱的年头。《清史纪事本末》载:"夏四月,京师大旱"。5 月 11 日(四月初七日)的上谕也说:"京师入春以来,雨泽稀少,节逾立夏,农田待泽孔殷。"①6 月 25 日(五月二十二日)的《申报》刊登了这样一条消息:"张家口、古北口等地,天气亢旱,麦收大坏。又闻北省各处并时有蝗虫之灾等语。"一直到第二年的 3 月 10 日(二月十五日),《申报》还载文说:"去冬直隶全省雨水较少,田多龟坼,每遇微风轻飔,即尘埃四起,几至

---

① 《清德宗实录》,卷 7。

眊目,故出门殊乏味耳。津郡四周五百里内,麦尽枯槁无收,或有势将萎败者。现时正当播种新麦,而又以干旱不能从事,未免增悬耜之嗟也。"因为亢旱严重,一些封建官僚纷纷提出各种对策和建议。如兵部右侍郎、直毓庆宫授读夏同善就提出:"畿辅旱,请凿井灌田苏之。"国子监司业宝廷也因"畿辅旱,日色赤,市言讹贼,建议内严防范,外示镇定,以安人心"。清流派健将、当时任日讲起居注官的张佩纶,则更抓住"晋、豫饥,畿辅旱"的困难形势,"引祖宗成训",提出"诚祈"、"集议"、"恤民"、"省刑"四条政见,要求朝廷"上下交儆"。① 足见京师之旱,已引起朝野相当的震动。

除直隶外,山西、陕西、河南、甘肃也有很严重的旱灾。谭嗣同在他所作的《刘云田传》中写道:"光绪初元,山西、陕西、河南大饥,赤地方数千里。句荫不生,童木立槁,沟渎之殣,水邑莫前,殂夕横辙,过车有声,札疠踵兴,行旅相戒。"②这一段话,并非过分的夸张,因为在其他一些资料中可以得到具体的印证。如前面所引的《清史稿》几个列传的记载中,夏同善曾经因这年"晋、豫饥",建议挪移海防关税经费作为赈恤之资;宝廷也因为晋、豫旱荒而要求皇帝下罪己诏,广开言路,并督责臣工振刷吏治;清流派的另一员干将、当时任侍读学士的黄体芳,以晋、豫饥荒为由,提出"筹急赈、整吏治、清庶狱"的主张,一时颇受社会舆论的赞誉。至于甘肃,因"各郡大旱",聚集于秦州(今天水市)的饥民竟达数十万之众。③ 所以,薛福成在 1876 年代李鸿章起草的一封信中,作了这样的描画:"客岁南北荐饥,晋、豫尤甚。灾区之广,饥民之多,实二百年来所仅见。而劝赈之檄,遝于十省,南洋诸岛国及东西两洋,亦皆闻风筹款,集腋成裘,以效输将而全睦谊。"④事实上,薛福成也

---

① 《夏同善传》,《清史稿》,卷 441;《宗室宝廷传》、《张佩纶传》,《清史稿》,卷 444。
② 《谭嗣同全集》(增订本)上册,第 19 页。
③ 《陶模传》,《清代七百名人传》中册。
④ 《代李伯相复沈太史(谷城)书》,《庸盦文别集》,卷 3,第 92 页。

好，李鸿章也好，他们显然都不曾预料到，被他们称作是"实二百年来所仅见"的光绪元年之旱，还只是一场连续数年之久的骇人听闻的特大旱灾的小小的序幕。

1876 年，不论在旱区的范围和旱情的严重程度上，都较上年有了进一步的发展。

直隶地区，这一年呈先旱后涝之势。入春以来，一直雨泽稀少，至 7、8 月（六月）间旱情发展到巅峰，麦秋总计仅得半收。直隶总督李鸿章在一封书信中说："直、东久旱，麦既无收，秋禾未种。饥民遍野，赈抚无赀。"①再加上又有蝗虫肆虐，在早已枯萎的黍麦根荄上，密密麻麻的蝗虫啮嚼吞食，"飞鸿遍泽，日夕嗷嗷"，把本已奄无生机的庄稼残株"搜罗殆尽"。不料夏秋之间，又连绵阴雨，西北方向的山水奔腾下注，使大清河、滹沱河、潴龙河、南运河、漳河、卫河同时涨漫，各处的支河民堤也多被冲决，大片土地为洪水所淹。据统计，直隶这一年遭受水、旱、风、雹灾害的地区达 63 州县。直隶的南邻河南省，情况与直隶大体相仿。自春至夏，同样是"雨泽愆期，麦收歉薄，秋禾受伤，旱象日见"。据《郭嵩焘日记》记载，日记主人曾接到东河河道总督曾国荃的信，告诉他"河南旱势更甚于直隶"。② 特别是黄河以北的彰德、怀庆、卫辉 3 府，旱情更为严重。但入秋以后，原先干旱得最厉害的彰德、卫辉以及光州等地，又淫霖不绝，阴雨连绵，不少田地被淹，禾稼受损。不过全省的大部地区，"雨泽仍稀"，依然是以旱为主。通省合计，收成约在一半左右，"乏食贫民所在多有"，仅开封一地，靠赈灾粥厂就食的灾民即达"七万有奇"。

山东、安徽、陕西、江苏北部及山西、奉天的部分地区，则是全年皆旱。山东从开春直至仲秋，一直未下透雨，所以《山东通志》称这一年全省都是"大旱，民饥"（只有章丘等小部地区有一段时间"得雨过大"，

---

① 《李鸿章致潘鼎新书札》，第 98 页。
② 《郭嵩焘日记》第 3 卷，第 40 页。

略遭水害）。《字林西报》刊登记者 6 月 6 日（五月十五日）所写的通讯,谈自天津至德州沿途目击情形:"自天津起程,由运粮河舟行五百里而至德州,觉沿路农民俱嫌旱干太甚。幸一月之前得有雨泽,故高粱棉花其本得高二寸许。除此五百里至百里外,所有麦田竟颗粒无收,一望郊原遍是黄土,惟数弓小圃,藉人力滋培者,得有青葱之色耳。土人见有从远方来者,俱询以别府景象,而不知到处皆然也。陇畔草根树皮掘食殆尽,食物等项价目早晚不同,各地方俱畏有逃荒等事,闻德州之南已有数次,德州之东三里内,穷苦灾黎,成群向殷户求乞,只图一饱,并不吵闹。"①6 月 3 日（五月十二日）的《申报》还载有这样一段消息:"西历 5 月 29 日烟台来信,据云天时亢旱,但见油然之云,并无沛然之雨,麦已不能有秋。本年通省收成而论不到三分,杂粮一切价已昂贵,莱州府属闻有闹荒者聚集数千人。"由于灾情严重,有些地方出现了"道殣相望"的惨象。②

　　灾区往下延伸,苏北、皖北也有极严重的旱灾。数年后,两江总督沈葆桢、江苏巡抚吴元炳向朝廷奏报时追叙本年苏北旱情说:"光绪二年,江北各属被旱,海州（今连云港市）、沭阳歉收甚广。"③由于旱灾严重,大批饥民纷纷南渡,加上鲁、皖流民,也麇集江南,造成很大社会问题。有材料说:"淮、徐、海、沭大饥,官赈勿给,而民气刚劲,饥则掠人食,旅行者往往失踪,相戒裹足。"④1877 年 1 月 11 日（十一月二十七日）的上谕也说:"本年江北旱灾较重,饥民四出,兼以山东、安徽灾黎纷纷渡江,前赴苏常就食,业经沈葆桢等筹款抚恤,惟饥民为数较多,江南岁仅中稔,户鲜盖存,诚恐赈费不敷,亟应豫为筹划。"⑤据江苏巡抚吴元炳奏报,从 11 月中（十月初）开始,苏北的饥民纷纷过江,流亡到

①　1876 年 6 月 13 日《申报》转载。
②　《山东旅京同乡莱阳事变实地调查报告书》,《山东近代史资料》第 2 分册,第 6 页。
③　《录副档》,光绪五年闰三月二十一日沈葆桢等折。
④　《李金镛传》,《清朝碑传全集》补编,卷 19。
⑤　《清德宗实录》,卷 43。

苏州一带,"十百成群,殆无虚日"。苏南的地方官员和士绅在各地设厂留养,计苏州共留养 16500 余口,苏、松、太各属分养 8000 余口,常州收养 3100 余口,江阴收养 4600 余口,镇江收养 3000 余口,扬州收养 41900 余口。此外,尚有"随时分起遣回就地给赈者"9400 余口。总计各处共收养遭灾流民约 9 万人。皖北的旱情略同于苏北。12 月 4 日(十月十九日)的上谕说:"安徽巡抚裕禄奏,皖北庐、凤、颍、滁、泗等属被旱成灾。"①数日后,《京报》刊载裕禄的奏稿原文,其中说:"本年皖北之庐、凤、颍、滁、泗等府属,自入夏后亢旱日久,禾苗未能一律栽插。嗣夏至间得雨泽,赶紧补种,又复连日烈日,类多黄萎。……现据勘复,低洼处所尚属有秋,地势稍高者则大半歉薄,若冈田竟有颗粒无收者。就通境高低牵算,收成约有五分有余。"②这一年,安徽全省遭受旱灾的地区达 48 个州县。

陕西这一年也是大旱,夏秋歉收,冬麦多未下种,即使有少数地方播种了冬麦,也大多苗色萎黄,因缺水而不能正常长发。山西太原等府,因夏间亢旱,秋禾收成歉薄,特别是汾州府属的介休、平遥等县,旱情尤重,几至颗粒不收。此外,奉天的义州(今义县)地方,也因亢旱缺雨,庄稼大受损伤,补种的晚禾又被严霜冰冻,造成"灾黎遍野,日不聊生"的凄惨景象。据统计,仅这一地就有饥户共108927 户,可见灾情之严重。

在谈及 1876 年的自然灾害时,我们着重叙述了北至辽宁、西至陕西、南至苏皖、东至大海的数千平方公里土地的大旱区的灾情,因为这对了解下一节将要专门论述的"丁戊奇荒"有着直接的关系。但如果要全面反映这一年全国的灾害面貌,我们不能不提到发生在南部中国特别是江西、福建和台湾的大水灾。

江西从 6 月初(五月中旬)起,丰城、进贤、临川(今抚州市)、万安、

---

① 《清德宗实录》,卷 41。
② 《申报》1877 年 1 月 18 日。

吉水、清江、新淦(今新干)、峡江等地就大雨淋漓,河水增加丈余,沿河的田禾房舍都被浸淹,圩堤也纷纷溃决。6月11日(五月二十日),一场瓢泼大雨倾盆而下,南丰"城外平地水深二丈数尺,波涛汹涌,冲坍城墙二十余丈,城内尽为泽国,官署民房,倒塌甚多,沿河房屋坍塌十分之六,人口损伤不少"。① 这场暴雨之后,省城南昌又连续几昼夜下了滂沱大雨,加之抚州、建昌、吉安、临江等府境的河水都汇集到赣江,省河宣泄不及,到6月15日、16日(五月二十四日、二十五日)水势涨到1丈4尺有余,城厢内外低洼处所积水达二三丈不等,低处的房舍全都淹没在水中。6月27日(闰五月初六日)的《申报》报道说:"五月二十有二日,南昌大水,一由西河赣州、吉安、临江、瑞州诸水入之,一由剑江、抚州、建昌(今永修)诸水入之。须臾之间,众流毕会,骤涨至五六尺高,漫过城外大街,灌入壕沟,沿壕坡堤随即冲陷,其势汹汹,坏及居民屋宇。自抚州门外将军渡至德胜门绵亘二十余里,遍为泽国。复由壕沟透至琉璃、澹台两门,被患者以章江门为最甚,盖其地势低下,又当水冲,水齐屋檐,多遭淹没。"8月12日(六月二十三日)《申报》又载:"本月初六日,赣河、瑞河之水,复汹涌而至。……俱由西河溢入,初七日遂淹城外马头各铺。……初八日沿城壕沟灌满,凡低处屋宇又经浸入。初九日淹没中沙河蓼洲上圆觉寺,浮桥头下并接官亭一带,凡近河外街之行口店面,均在水中。于是惠民、广润、章江、琉璃、澹台五门外,皆为泽国。"此外,吉安城外的街市一概冲没,该县樟树镇附近的一个村庄,八九十户人家,绝大部分被洪水吞没,只有二三户幸免于难。广昌的大水"不但漫过城墙,即城外最高处,房屋尽皆淹没",该县的甘竹镇全被浊浪冲去,"所存者仅数户而已"。

与江西毗连的福建,入春以后就雨水淋漓,"迄无连日晴霁"。6月7日(五月十六日)起,又连续暴雨4日,昼夜不息。闽江上游之水奔腾下注,又遇到海潮顶涌,水势更骤。据福建巡抚丁日昌奏报:福州"城

---

① 《申报》1876年8月28日。

外西、南、东三路,深至七八尺、丈余不等;城内西、南、东三路,水深六七尺至八九尺;即最高之北门,亦有积水一二尺。水深之处,弥漫无涯,所有庙宇、营房、塘汛、闽县、侯官二县衙署、监狱、城乡民居、田园、道路、桥梁,均被淹浸。被难居民,或攀树登墙,或爬蹲屋上,号呼之声不绝于耳"。① 据乡里父老谈,福建在 1834 年(道光十四年)和 1844 年(道光二十四年)曾有两次大水灾,而这一年的洪水,较上两次更高 3 尺有余。老百姓不但财产遭到巨大损失,生命也有很大牺牲,一些人被倒塌的房屋压毙,更多的人则为洪水吞噬,葬身鱼腹。7 月 1 日的《申报》报道说:"福州近因水灾,其大桥小桥一带,现闻捞得尸身五六千具。有谓此五六千中福州本地人不过二百光景,余皆上流被灾之人也。然则既见者已有此数,未见者正不知几许矣,是得不谓之奇灾乎!"

与此同时,台湾在 5 月至 8 月(四月至六月)间,也连遭飓风、暴雨的袭击。台湾郡城(今台南市)从 7 月 29 日(六月初九日)起,暴雨连下 9 日 9 夜,城墙倒塌,城内积水,商船击沉,人口淹毙。其余各地也大水成灾。再加上飓风肆虐,仅 6 月 13 日(五月二十二日)一夜台风,就造成颇为惨重的损失,丁日昌在《台北遭风情形片》中报告说:"一时木拔瓦飞,噶玛兰(今宜兰县)衙署、监狱等项俱有塌损,民房吹倒三四百间,压毙男女三名。苏澳泊近海口,又值南风当冲,以致营盘、库局一起倒成平地,幕丁受伤者十数人,营勇压毙三名,民间草房倒坏八十余间,仅剩瓦屋三十余间而已。"②

从上面的叙述可以看出,光绪朝的开首两年,全国自然灾害的形势是颇为严峻的。但是,在接踵而至的岁月里,将要面临的是更加严峻的局面。

---

① 《闽省水灾办理拯恤情形疏》,《丁禹生政书》(下),第 576 页。
② 《丁禹生政书》(下),第 643 页。

第二节 惨绝人寰的"丁戊奇荒"

按照干支纪年,1877年(光绪三年)是丁丑年,1878年(光绪四年)为戊寅年。这两年,以山西、河南为中心,旁及直隶、陕西、甘肃全省及山东、江苏、安徽、四川之部分地区,形成一个面积辽阔的大旱荒区。由于灾情的严重程度超过中国近代历史上任何一次旱灾,再加上这些地区大部分已经亢旱两年,所以是灾上加灾,造成赤地千里、饿莩遍野的触目惊心的悲惨景象,史称"丁戊奇荒"。

1877年春间,山西滴雨未下,加上上年一冬无雪,故春荒即很严重,一些贫民只能"挖食草根树皮",勉强度日。由春至夏,虽偶有微雨,但从未深透,麦收无望。农民们只得改种荞麦杂粮,以冀略作补救。"无如自夏徂秋,天干地燥,烈日如焚,补种之苗出土仍复黄萎,收成触望。"①这样一来,不但粮食无处可购,连树皮草根也无处可挖了。6月30日(五月二十日)的《申报》载文称:"据山西公车到京述及,去年荒于旱,至今尚无透雨,境内之民大苦。荐饥至剥榆树皮为食,或将树皮晾干磨粉,掺以杂面及高粱等,作饼食之。树皮且尽,又取小石子磨粉,和面为食。"在此之前一个月,前任山西巡抚鲍源深就向朝廷上疏奏报灾情说:"以目前荒状而论,太原、汾州、平阳、霍、隰为最甚,蒲、解、绛稍次之。……原冀春雨依时,可接麦熟,讵意亢旱日久,官民捐赈,力均不支,到处灾黎,哀鸿遍野。始则卖儿鬻女以延活,继则挖草根树皮以度岁。树皮既尽,亢久野草亦不复生,甚至研石成粉,和土为丸,饥饿至此,何以成活。是以道旁倒毙,无日无之,惨目伤心,兴言欲涕。"②现任巡抚曾国荃则称:"各属亢旱太甚,大麦业已无望,节序已过,不能补种;秋禾其业经播种者,近亦日就枯槁。至于民间因饥就毙情形,不忍

---

① 《荒政记》,《山西通志》,卷82。
② 《光绪朝东华录》(一),总第409页。

殚述。树皮革根之可食者,莫不饭茹殆尽。且多掘观音白泥以充饥者,苟延一息之残喘,不数日间,泥性发胀,腹破肠摧,同归于尽。隰州(今隰县)及附近各县约计,每村庄三百人中,饿死者近六七十人。村村如此,数目大略相同。甚至有一家种地千亩而不得一餐者。询之父老,咸谓为二百余年未有之灾。"①王锡纶《怡青堂文集》中有这样一段令人不忍卒读的描写:"光绪丁丑,山西无处不旱,平、蒲、解、绛、霍、隰,赤地千里;太、汾、泽、潞、沁、辽次之。盂、寿以雹,省北以霜,其薄有收者大同、宁武、平定、忻、代、保德数处而已。……被灾极重者八十余区,饥口入册者不下四五百万。……而饿死者十五六,有尽村无遗者。小孩弃于道,或父母亲提而掷之沟中者;死者窃而食之,或肢割以取肉,或大脔如宰猪羊者;或悬饿死之人于富室之门,或竟割其首掷之内以索诈者;层见叠出,骇人听闻。"②据统计,全省受灾地区包括太原、阳曲、榆次、太谷、祁县、徐沟(今属清徐)、交城、文水、临汾、襄陵、洪洞、浮山、太平、岳阳(今安泽)、曲沃、翼城、汾西、乡宁、吉州(今吉县)、长治、长子、屯留、襄垣、潞城、黎城、壶关、汾阳、平遥、介休、孝义、临县、石楼、永宁(今离石)、宁乡(今中阳)、怀仁、山阴、应州(今应县)、朔州(今朔县)、右玉、平鲁、凤台(今晋城)、阳城、陵川、沁水、永济、临晋、猗氏、荥河、万泉、虞乡、辽州(今左权)、榆社、沁州(今沁县)、平定州(今平定县)、盂县、忻州(今忻县)、武乡、沁源、代州(今代县)、解州(今属运城)、崞县(今原平)、安邑、夏县、平陆、芮城、绛州、稷山、河津、闻喜、绛县、垣曲、霍州(今霍县)、赵城(今属洪洞)、灵石、隰州、大宁、蒲县、永和、和林格尔厅(今内蒙古自治区和林格尔县)、清水河、萨拉齐厅(今内蒙古土默特右旗)、托克托城厅(今内蒙古托古托县)82厅、州、县。

这样大面积和长时间的干旱,给人民带来的影响自然是灾难性的。灾害发生后,清政府专门派工部侍郎阎敬铭前往山西,考察灾情,稽查

① 《曾忠襄公奏议》,卷5。
② 《中国近代农业史资料》第1辑,第741页。

赈务。阎敬铭报告视察情形说:"臣敬铭奉命周历灾区,往来二三千里,目之所见皆系鹄面鸠形,耳之所闻无非男啼女哭。冬令北风怒号,林谷冰冻,一日再食,尚不能以御寒,彻旦久饥,更复何以度活? 甚至枯骸塞途,绕车而过,残喘呼救,望地而僵。统计一省之内,每日饿毙何止千人! 目睹惨状,夙夜忧惶,寝不成眠、食不甘味者已累月。"①一个专记此次大灾的碑文这样写:"光绪三年,岁次丁丑,春三月微雨,至年终无雨;麦微登,秋禾尽无,岁大饥。……人食树皮草根及山中沙土、石花,将树皮皆剥去,遍地剜成荒墟。猫犬食尽,何论鸡豚;罗雀灌鼠,无所不至。房屋器用,凡属木器每件卖钱一文,余物虽至贱无售;每地一亩,换面几两、馍几个,家产尽费,即悬罄之室亦无,尚莫能保其残生。人死或食其肉,又有货之者;甚至有父子相食、母女相食,较之易子而食、析骸以爨为尤酷。自九十月至四年五六月,强壮者抢夺亡命,老弱者沟壑丧生;到处道殣相望,行来饿莩盈途。一家十余口,存命仅二三;一处十余家,绝嗣恒八九。少留微息者,莫不目睹心伤,涕洒啼泣而已。此诚我朝二百三十余年来未见之惨凄,未闻之悲痛也。"②

如果说这个碑文较多的还只是一些概括性的描写和形容的话,那么,《申报》刊载的一份1878年初抄录的《山西饥民单》,就完全以具体而详尽的数字,为我们提供了一幅令人毛骨悚然的人间地狱般的画面:"灵石县三家村九十二家,(饿死)三百人,全家饿死七十二家;圪老村七十家,全家饿死者六十多家;郑家庄五十家全绝了;孔家庄六家,全家饿死五家。汾西县伏珠村三百六十家,饿死一千多人,全家饿死者一百多家。霍州上乐平四百二十家,(饿死)九百人,全家饿死八十家;成庄二百三十家,(饿死)四百多人,全家饿死六十家;李庄一百三十家,饿死三百人,全家饿死二十八家;南社村一百二十家,饿死一百八十人,全家饿死二十九家;刘家庄九十五家,饿死一百八十人,全家饿死二十家;

---

① 《光绪朝东华录》(一),总第514、515 页。
② 郑国盛:《一篇碑文——丁丑大荒记》,《中国青年》1961 年第5、6 期。

桃花渠十家,饿死三十人,全家饿死六家。赵城县王西村,饿死六百多人,全家饿死一百二十家;师村二百家,饿死四百多人,全家饿死四十家;南里村一百三十家,饿死四百六十人,全家饿死五十家;西梁庄十八家,饿死十七家。洪洞县城内饿死四千人;师村三百五十家,饿死四百多人,全家饿死一百多家;北杜村三百家,全家饿死二百九十家,现在二三十人;曹家庄二百家,饿死四百多人,全家饿死六十家;冯张庄二百三十家,现在二十来人,别的全家都饿死了;烟壁村除四十来人都饿死了,全家饿死一百一十家;梁庄一百三十家,全家饿死一百多家;南社村一百二十家,全家饿死一百多家,现在四十来人;董保村除了六口人,全都饿死了;漫地村全家饿死六十多家;下桥村除了三四十人,都饿死了,全家饿死八十二家。临汾县乔村六百余家,饿死一千四百人,全家饿死一百多家;麻社村四百家,饿死一千四百人,全家饿死一百多家;高村一百三十家,饿死二百二十人,全家饿死八十余家;夜村八十家,除三十人都死了,全家饿死七十多家。襄陵县城内饿死三四万;木梳店三百家,饿死五六百人;义店一百二十多家,饿死了六分。绛州城内大约一千八百家,饿死二千五百人,全家饿死六十家,小米三千三百文一斗;城南面三个村子五百一十家,今有二百八十家,死一千多人,全家饿死二百家;城北面六个村子,一千三百五十家,饿死二千四百人,全家饿死五百余家;城东面五个村子,一千七百家,饿死一千二百人,饿死三百多家;城西面六个村子,一千九百家,饿死一千五百人,全家饿死一百余家。太平县米三千二百一斗,三十斤重;六个村子饿死一千多人,全家饿死一百余家。曲沃县五个村子九百七十家,全家饿死四百家,饿死二千余人。蒲州府万泉县、猗氏县两县,饿死者一半,吃人肉者平常耳。泽州府凤台县冶底村一千家,六千人饿死四千人;天井关三百家,现存六十家,全家饿死二百四十家;阎庄村三百六十家,全家饿死二百六十家;窑南村八十五家,全家饿死七十四家,下余五六家人亦不全;阎庄村符小顺将自己六岁的亲生儿子活杀吃了;巴公镇亲眼见数人分吃五六岁死小孩子,用柴火烧熟;城西面饿死有七分,城东面饿死有三分,城南面饿死有七分,城北面饿死有三分。……阳城县所辖四面饿死民人有八分;川底村二百家,饿死一百九十二家。沁水县所辖大小村庄饿死人有八分。高平县所辖大小村庄人饿死七分。潞安府八县光景不会(好)多少。所最苦者襄垣县、屯留县、潞城县。屯留县城外七村内饿死一万一千八百人,全家饿死六百二十六家。……潞城县城外六个村庄五千家,饿死三千人,全家饿死三百四十五家。襄垣县城外十一村内二千家,饿死两千人。汾州府汾阳县城内万家,饿死者十分中有二分。……汾阳县城东面七村内四千八十家,饿死二千二百人;城西面三村内一千二百家,饿死者十分中有三分;城北面七村内一万家,饿死者十分中有三分;城南面念村内五千家,饿死者十分中有三分;共有名之村大约三百六十村,饿死者足有三分。孝义县城内五千家,饿死者有三分;城东面八村内二千八百家,饿死者有三分;城南面十六村内一千九百六十家,饿死者有三分;城西面十九村内二千家,饿死者有三分;城北面十村内一千一百七十家,饿死者有三分;米粮不敢行走,因强夺之人甚多。死人遍地,有卖人肉者,此外混行无能人食干泥干石头树皮等。……太原县所管地界大小村庄饿死者大约有三分多。太原府省内大约饿死者有一半。太原府城内饿死者两万有余。光绪四年正月念日抄。"①

这份材料虽然长了一点,但我们还是基本上全文照录了——中间也有几处略有删节,被删掉的内容,主要是关于怎样人吃人的具体的细节的描写。这些描写无疑是完全真实的,唯其如此,更使我们不忍心将这些文字加以转述,以免使我们的读者心灵上造成过于沉重的负担;当然,我们这样做,丝毫也不意味着要读者不去正视我们民族在历史上确实曾经承受过的创巨痛深的苦难。

山西这一次空前旱荒,按照山西巡抚曾国荃的说法,是"赤地千有余里,饥民至五六百万之多,大祲奇灾,古所未见。"②而 15 年后接任山

---

① 《申报》1878 年 4 月 11 日。
② 《曾忠襄公奏议》,卷 8。

西巡抚并监修《山西通志》的张煦在追述这次大灾的影响时则称:"耗户口累百万而无从稽,旷田畴及十年而未尽辟。"①可见这次大旱荒,其灾难性的后果,历 10 余年仍未能得到彻底的消除。

河南的灾情,同山西约略相同。对这一年的自然灾害,史书上通常以"晋豫大旱"或"晋豫大饥"并称。这年自春至夏,河南也一直是雨少晴多,麦秋只有一半收成;入夏后更是"连日灾风烈日,干燥异常",而且连续酷暑,超过正常年份。立秋以后,虽局部地区有些零星细雨,但大部分地区仍持续亢旱,土地干裂,草禾黄萎,杂粮亦无法补栽。特别是开封、河南②、彰德、卫辉、怀庆 5 府,情形较重。其中,怀庆府的济源、原武,卫辉府的汲县、淇县,"沟渠俱涸,被旱尤甚"。1878 年 1 月11 日(光绪三年十二月初九日)的《申报》刊载河南通讯说:"某等自十月初十日由清江起早前往,一入归德府界,即见流民络绎,或哀泣于道途,或僵卧于风雪,极目荒凉,不堪言状。及抵汴城,讯问各处情形,据述本年豫省歉收者五十余州县,全荒者二十八州县。若怀庆所属之济源,卫辉所属之获嘉,陕州所属之灵宝,河南所属之孟津及原武、阳武、修武等县,皆连旱三年,尤为偏重。其地非特树皮草根剥掘殆尽,甚至新死之人,饥民亦争相残食。而灵宝一带,饿莩遍地,以致车不能行。如此奇灾,实所罕有。较诸海州、青州之荒更加数倍。即如汴城虽设粥厂,日食一粥,已集饥民七八万人,每日拥挤及冻馁僵仆而死者数十人,鸠形鹄面,累累路侧,有非流民图所能典绘者。日前风雪交加,而冻毙者更无数之可稽。所死之人,并无棺木,随处掘一大坑,无论男女,尸骸俱填积其中。夜深呼号乞食,闻者酸心,见者落泪。汴城灾象如是,其余可想而知。"稍后,该报又载文谈豫省灾情说:"去岁歉收者五十余州县,全荒者二十八州县,约计河南饥民有百余万,河北饥民有数百万,即汴梁城中,日有路毙,其余乡曲不问可知。省城外粥厂共有五处,每处

---

① 《荒政记》,《山西通志》,卷 82。

② 清代河南省的河南府,系指以洛阳为中心,东至巩县、登封,南至嵩县,西至永宁(令洛宁)、渑池,北至黄河的一片地区。

约有七八千人,因饥寒而死者指不胜屈。"①据统计,自 1877 年 8 月(光绪三年七月)至 1878 年 8 月(光绪四年七月),一年之内,河南全省共赈过灾民男女大小计 6221200 余丁口,但仍有不少"饥民流亡,委填沟壑者不少"。②

直隶的旱灾虽"较晋、豫稍轻,然亦数十年所未有"。③ 年初,京畿及直境即有春荒。入夏以后,又亢旱缺雨,一直到次年 4 月(三月)间才陆续得雨,然仍未深透,直至 5 月(四月)间旱象才基本解除。长达年余的持续干旱,使一些地方"哀鸿遍野,赈不胜赈"。陈康祺《郎潜纪闻初笔》中有一则笔记,是专谈天津粥厂情形的,文中说:"今年直隶旱暵,闻天津粥厂,多冻饿践踏死者。而篷席遭焚,数千灾黎,熸于一炬。"④除旱灾外,还有蝗灾,特别是保定以西、河间以南,"旱蝗相乘,灾区甚广。"再加上获鹿等地又"大降冰雹",在 200 余里的地带上,像拳头大小的冰雹密集而下,"田中禾稼尽被击损","人多击死者"。多种自然灾害,迫使无衣无食的灾民只得铤而走险。武强县有千余灾民,拿起武器,组成"砍刀会",活动于景州、阜城、武邑、枣强、衡水、饶阳一带,"地方官形同聋聩",对之束手无策;霸州、通州、固安、故城等地也多有灾民组织武装,进行抢粮斗争。

这一年,"陕、甘亦复苦旱"。⑤ 尤其是陕西省,据称"旱灾与山西埒"。⑥ 在一些资料中,有的说"关中大旱,赤地千里,榆边饥民无虑数万,涂莘相枕藉";有的说"关中旱,饥卒数十万,民倍之,情势岌岌,间不容发"。特别是同州地区,"尤为极重极惨"。御史刘锡金奏称,同州府属的大荔、朝邑、郃阳(今合阳)、澄城、韩城、白水各县,"因旱歉收,

---

① 《申报》1878 年 2 月 14 日。文中"河南"指河南省黄河以南地区,"河北"指河南省黄河以北地区。

② 《清德宗实录》,卷 68,给事中夏献馨折。

③ 《李鸿章致潘鼎新书札》,第 103 页。

④ 《郎潜纪闻初笔》,卷 4,第 89 页。

⑤ 《清德宗实录》,卷 52。

⑥ 《陕西布政使蒋凝学神道碑》,《清朝碑传全集》补编,卷 18。

麦田不过十之一二"；华州、潼关等地，"秋苗尽为田鼠蝗虫所害，粮价骤增"。① 刘锡金的报告得到了当时新闻报道的印证。10月3日（八月二十七日）的《申报》载文说："秦中自去年立夏节后，数月不雨，秋苗颗粒无收。至今岁五月，为收割夏粮之期，又仅十成之一。至六七月，又旱，赤野千里，几不知禾稼为何物矣。……前二年，河南、山西二省先受旱灾，尽向秦中告籴，故存米更属无多。目下同州府所辖之大荔、朝邑、郃阳、澄城、韩城、蒲城，及［附］近各州县，民有菜色，俱不聊生。饥民相率抢粮，甚而至于拦路纠抢，私立大纛，上书'王法难犯，饥饿难当'八字。"据陕西巡抚谭钟麟奏报，自10月7日（九月初一日）至翌年7月（六月）底，陕西全省赈过的灾民总计达314万余人。

此外，山东的鲁西北各州县，也有较重的旱灾，全省靠施粥度日的灾民，平均每日约2万人左右；江苏、安徽的部分地区，旱蝗之灾甚重，飞蝗麇集之处，"竟至堆积盈尺"。

在谈到光绪三年的大旱灾时，还应该提到川北的奇旱。川北西连陕、甘，实际上也是以晋、豫为中心的大旱区的组成部分。《南江县志》中对川北的旱灾有颇为翔实的记载："丁丑岁，晋、豫、秦三省大旱。……是年，川之北亦旱，而巴（指巴中）、南（指南江）、通（指通江）三州县尤甚。……方初夏之未旱也，禾苗茂或，谓可无恐。商人营什一之利，运谷下游贩卖，而谷一耗。越五月不雨，六月又不雨，闾里震荡，奸党乘机窃夺，而谷又一耗。所存者有几何哉！讵至秋，弥旱，赤地数百里，禾苗焚槁，颗粒乏登，米价腾涌，日甚一日，而贫民遂有乏食之惨矣！蔬糠既竭，继以草木，而麻根、蕨根、棕梧、枇杷诸树皮掘剥殆尽。红籽一斗价至一缗，更复啖谷中泥土，俗曰神仙面。至冬而豆麦青苗亦盗食之，耕牛几无遗种。登高四望，比户萧条，炊烟断缕，鸡犬绝声。凶荒之状，寿期颐者曾不经睹。……服鸩投环、堕岩赴涧轻视其身者日闻

---

① 《清德宗实录》，卷55。

于野。父弃其子,兄弃其弟,夫弃其妻,号哭于路途,转徙于沟壑者,耳目不忍听睹。……是冬及次年春,或举家悄毙,或人相残食,殣殍不下数万。仁厚者始施棺,次施席,席不继则掘深坎丛葬之,名曰万人坑。灾之异,盖如此独怪。"①

总之,1877 年是以特大旱荒而载入近代史册的。但是,神州之大,全国的灾情不可能不呈现错综复杂的形势。在其他一些地区,旱灾以外的各种灾害也还是纷陈迭出。如福建继上年大水之后,于 6 月(五月)间再遭洪水侵袭,福州城内水深及丈,房屋倒塌,田禾淹没,溺饥而亡者甚多,灾情较上年更重。翁同龢在其日记中称这次福建大水是"累年奇灾未之有也"。②

进入 1878 年,山西、河南、直隶仍有相当严重的旱灾发生,但同上年相比,情况有了一些变化。一是旱区已较上年大为缩小,陕西、四川已不是旱灾而是水患;山东、江苏、安徽、甘肃则是水、旱、风、雹、虫灾并存,有的地区(如山东德州等处)虽灾情较重,但大多省区已略近平常年份;即使河南、直隶也是先旱后涝,与上年之全年干旱有所不同。二是继续干旱地方,从总体上来说,在灾情严重的程度上已略轻于上年,也就是说,连续数年的特大旱灾业已度过了它的巅峰阶段。尽管当时有人这样说:"光绪丙子、丁丑岁大旱,戊寅尤甚。自畿辅西迄秦晋,赤地数千里。"③但所谓"戊寅尤甚",并非指是年的旱情更甚于上年,而是指连续数年的大旱,人民生活的艰难困苦已达于无以复加的程度,群众对于自然灾害的承受力,已差不多到了极限了。

山西仍然是第一位的重灾区。自春至夏,依然是雨泽稀少,持续干旱,连河水都"深不盈尺"。在极其严重的春荒情况下,清政府多方设法从别省调运的一些赈济粮,也都因水运不通而"往往滞于中途,万难速到饥民之口"。如由卫河发运赈粮的船只,大都搁浅在河南卫辉一

---

① 《南江县志》第二编,第 38 页。
② 《翁同龢日记》第 2 册,第 917 页。
③ 《札克丹传》,《清朝碑传全集》续编,卷 45。

带,"日久未能前进"。进入山西省界,则由于道路逼仄,山径崎岖,全靠马拉驴驮,"辗转飞挽",行进艰难;更何况大灾之后,牲畜也倒毙一空。所以广大饥民虽望赈殷切,但无异画饼充饥。结果,到处是"民不聊生,困苦流离,道殣相望"。一位外国传教士在这年春天到绛州等地进行实地调查,提供了一个触目惊心的报告:"计绛州城内民户大约一千八百家,今逃荒者大约五百有余家,饿死者大约二千五百名,并有全家饿死者六十家。……绛州城外向南一带村乡,如谭家庄、郭家庄、文候村三处,先年民户大约五百一十家,今只留二百八十家,逃走者二十余家,饿死者大约一千有零,全家饿死者二百余家。城北一带如庄儿上、永丰庄、南张村、北张村、官庄、梁村六处,先年民户大约一千三百五十家,今只留八百三十家,全家饿死者五百余家,饿死者二千四百有零,而逃荒者则绝少。城东一带如狄庄、站里、娄庄、木站、店头五处,先年民户一千七百有零,今只留一千四百有零,全家饿死者三百余家,饿死者一千二百有零,逃荒者二十余家。城西一带如三林镇、东夷村、西夷村、樊村、李村、武上村六处,先年民户大约一千九百有零,今留一千八百有零,全家饿死者一百有零,饿死者一千五百有零。绛州迤北之太平县界所属师庄镇、宜先村、李村、老师禹村、落里庄、西月庄六处,全家饿死者一百余家,饿死者一千有零。……绛州以南之曲沃县所辖隘口驿、桥杨、成西、河村、史店五村,先年民户九百七十家,今留四百余家,全家死亡者四百余家,饿死者二千有零。曲沃县较绛州尤甚。再据蒲州府所辖万泉县并猗氏县之人亲言,是地人民饿死者一半有余,食人肉视为常事,无足轻重。……村庄之口粮,大半皆系柿树皮、柳树皮、果树皮、麦糠、麦秆、谷草、草根与夫死人之骨、骡马等骨碾细食之,虽有微搅面者不上十分之一,更有食尸骸者。……至于家犬鸡猫等畜,早已食尽。况且不止米面为艰也,即榆树皮草根目下寻获亦非易易,百家之中仅有四五家有产者,亦以产变物。况全家饿民死于屋内,日久无人埋葬,或赤身弃于村外者,或掷于沟壑者,人食狼吞,惨不忍见。……非独绛州所辖之处而然,即西南至陕西省界,东南至河南省界,周围十几州县界内一皆未种也。"①6月(五月)间,在持续了一年多的干旱之后,总算下了几场小雨,人们满怀希望,翘首企盼着旱象的解除,以便转歉为丰。谁料想,从7月(六月)至10月(九月),又遭连续亢旱,秋收再告失望。这样,饥饿而死的人,以及"人相食"的现象,就更加普遍了。阎敬铭和曾国荃在联名上折的奏疏中曾这样说:"古称易子而食,析骸而爨,今日晋省灾荒,或父子而相食,或骨肉以析骸,所在皆有,岂非人伦之大变哉!"②

河南从本年春间起,就"旱荒尤甚",再加上疬疫流行,使灾民纷纷逃荒求活,一些地方的老百姓"逃亡过半,村落为墟"。不少人被迫卖妻鬻子,而奸商及人口贩子则趁机勒索,"辗转掠贩"。不料到8月(七月)间,又连降暴雨,沁河因水势过旺,冲决漫口,造成水灾,160余处村庄遭淹。前旱后涝,使受灾地区十分广阔,据统计,成灾灾区共72处之多,占全省面积的70%。"被灾之广,受灾之重,为二百数十年来所未有。"③由于灾民极多,河南地方政府不得不在省城开封设立粥厂和专门收容灾民的"栖流所"10余处,"慈幼堂"收养的幼儿以数千计。此外,还在延津、武陟、获嘉、新安、渑池、灵宝、阌乡(今属灵宝)等地分设粥厂以"抚辑流亡"。据东河河道总督李鹤年及河南巡抚涂宗瀛报告,一年之内,"计通省就赈灾黎实有六百数十万之多"。第二年的春夏间,又"赈过男女大小贫民"1142400余丁口。还有不少灾民逃荒到邻省乞食,仅安徽一省就收养83000余人,"资送过境灾民"30000余口。

直隶的旱情,自开春起一直延续到7月(六月)末梢。其间虽于4月7日(三月初五日)、4月17日(三月十五日)及4月20日(三月十八日)等曾先后降雨四五寸不等,但始终未能深透,故"灾荒甚重","灾区太广"。河间等属灾重的地方,耕田的牛马"宰卖殆尽,耕作难兴"。李慈铭在《姚叔怡墓志铭》中记:"光绪四年之春,畿辅旱灾,秦、晋、豫皆

---

① 《申报》1878年4月1日。
② 《荒政记》,《山西通志》,卷82。
③ 《中国近代农业史资料》第1辑,第745页。

大灾。民之流亡以亿万计,其中十之一奔赴京师。一时士大夫盱目伤心,仗义争先,率钱聚米,号呼相救。"①但是,尽管士大夫们"号呼相救",却并不能解救麇集在都城的大批灾民水深火热的困厄。御史刘恩溥早在本年 3 月 16 日(二月十三日)就向朝廷奏报说:"窃五城地面向设收养贫民之处,不一而足。近日外来贫民日多一日,实不能容。粥厂虽多,而领粥之人太广,每日竟不得一饱。驯良者沿门告乞,忍饿以全生;桀骜者沿街抢夺,舍命而不悔。闻近来老幼暨妇女辈凡街市行走者,其负载物件及首饰等,辄欺其不能追捕,任意肆抢。"②数日后,户科掌印给事中夏献馨又奏:"至于京师五城地面,外来觅食饥民甚众。近日倒毙日多,横尸道路。"③但进入 8 月(七月)下旬,则又连日暴雨,引起永定、滹沱等河河水漫溢,频河州县又转旱为涝,不少田地被淹,难以耕作,一直到次年春天,仍积水未消。这一年,直隶全省遭受旱、潦、虫、疫灾害的地区达 86 个州县。

以上就是 1877 年、1878 年特大旱灾的基本情况。

尽管我们对"丁戊奇荒"花费了较多的笔墨,但只是勾画了这一次"千古巨祲"的一个大致的轮廓。但愿我们大家永远不要忘记我们的前人曾经遭受过的如此巨大的苦难,更但愿这样的苦难永远成为历史的陈迹。

第三节　甘肃大地震

到了 1879 年(光绪五年),那一场持续数年、波及数省的可怕的空前大旱灾,总算噩梦般地过去了。(应该说明,这一年山西省春夏间仍"亢旱如故",依然是"赤地千里",不仅麦收大减,而且秋禾难播,一直到 7 月末始得透雨,旱情解除。)尽管在东起直、鲁,西迄陕、甘的广阔

---

① 《国闻周报》,卷 9,第 37 期。
② 《录副档》,光绪四年二月十三日刘恩溥折。
③ 《录副档》,光绪四年二月二十六日夏献馨折。

土地上,到处都还是一派大灾之后的荒凉破败景象:因为全村人饿死或外出逃荒而没有人烟的村庄,因为缺乏劳力和牲畜而无力复耕的土地,几乎是触目可见;但毕竟,龟裂的土地已开始湿润,河沟里重新流淌起涓涓碧水,田野上也点缀上了片片绿色。在这次大灾难中幸存下来的人们,满怀着希望,开始盘算着重建家园的计划。——正在这时,甘肃发生了一次震级达 8 级、烈度为 11 度的强烈地震,这次地震影响到四川、陕西、山西、河南、湖北等省,这无异于给正在从大旱灾中复苏的群众一次新的沉重的打击。

这次地震发生在 7 月 1 日(五月十二日)。事实上,两天以前,就开始有预震。7 月 1 日大震后,又经历了将近 10 天的余震,"其间或隔日微震,或连日稍震即止",一直到 7 月 11 日(五月二十二日)才结束。震中在甘肃南部与四川接壤的阶州(今武都)和文县一带。9 月 3 日(农历七月十七日)的上谕曾引用内阁学士张之洞关于这次地震的奏折说:"五月中旬,甘肃地震为灾,川、陕毗连,同时震动。东至西安以东,南过成都以南,纵横几二千里。"①这里讲的是地震影响的范围;至于地震所造成的损失,《茇园随笔》中有《阶州地震》条目,曾综合各种资料,作了这样的记述:

> 光绪五年己卯春,甘肃阶州地震,有声如雷,荡决数百里。城内外十铺共死六百九十四人;四乡共死八千五百六十四人;文县共死一万七百九十二人;成县、西固、秦安共死约二千余人;秦州、礼县、西和、徽县最轻,亦共死五百余人。阶州下游巨镇,曰洋汤河,万家烟火,倏成泽国,鸡犬无踪,竟莫考其人数。②

这个材料所提供的罹难人数,虽然并不十分精确,但大体能反映这次震灾所造成的巨大损失。下面我们根据《清代地震档案史料》等书的有关记载,将各地的具体灾情缕述如下:

---

① 《光绪朝东华录》(一),总第 783 页。
② 转引自秦翰才:《左宗棠逸事汇编》,第 64 页。

阶州——南乡压死的共 4100 余人,牲畜房屋毙坏 60%;西乡压死 1800 余人,牲畜房屋毙坏 40%;北乡压死 1300 余人,牲畜房屋毙坏 60%;东乡压死 650 余人,牲畜房屋毙坏 20%。城外万寿山上的玉皇宫、龙兴寺,玉凤山上的太山庙,共坍塌佛殿 60 余间。州署的大堂、二堂、官衙房及仪门头门的梁柱,多半欹斜,墙壁倒塌过半。各处的小房大都塌坏。城墙垛口全行摇落,城身也多半拆裂。"山裂水涌,滨城河渠,失其故道,上下游各处,节节土石堆积,积潦纵横。"由于地层断裂挤压,城中突然鼓起一个约 2 里周围的土阜,"各处山飞石走,地裂水出"。南山发生崩塌,冲压西南城墙数十丈及民居 200 余家,遭难死亡者共 9881 人。

文县——城垣倾圮,衙署、仓廒、监狱、学宫、寺庙等也都倒塌。离县城东北 50 公里处的临江关全部陷没。县城之内,塌损民房 750 余间,倒塌者 80 余间,压死 26 人。城外倒塌民房 2800 余间,全行倒塌者 350 余间。西路鹊飞、东峪、马莲河等地 19 处,共压死 5868 人,牲畜 1590 余头,由于山压、水冲而倒塌的房屋约占 60%—80%。北路盘通、尖山、临江、河水等 17 处,共压死 4849 人,倒塌山庄房屋牲畜 30%—70%不等。

几乎是与地震同时(现在还弄不清是否由地震所引发),阶州和文县曾发生大水。据《清史稿》载:"五月……文县大水,城垣倾圮,淹没一万八百三十余人。六月,文县南河、阶州西河先后水涨,淹没人畜无算。"①如果把压死和淹死的人数加在一起,那么,仅震中地区,有数字可查的即有 4 万余人在这次灾害中悲惨地丧生了。

除震中地区外,受地震影响而遭较重破坏的地区还有:

西固——城垣周围共崩塌约 75 丈,寺庙、学宫均有坍塌。各处房屋坍塌 80%,各乡道路皆有崩断。共压死 437 人,压毙牲畜 80%。

礼县——城墙震裂数处,各有长 2 丈余之裂缝;垛口震塌 99 个,震

---

① 《灾异》(一),《清史稿》,卷 40。

裂 224 个。各衙署房墙都有倒塌,仓廒震塌 6 间,文庙的围墙震塌 2 丈。其余墙屋倒塌无数,"地裂水涌"。东、南、西乡共压死 42 人。

西和——四面城墙共裂缝 10 余处,震倒垛墙 97 丈。衙署摇倒。城外以南乡和北乡最重,南乡摇坏房屋 2200 余间,死伤 38 人;北乡摇坏房屋 1990 余间,死伤 9 人。城乡共摇损民房 6600 余间,死伤 70 人。

秦州——仓廒、监狱、衙署、贡院等处房屋多有损坏。"山隤川移。"东乡、北乡共压死 32 人。

秦安——四周城垛震落,并有裂缝。马王庙全部倒塌,其余庙宇都倾斜。官署的墙垣和树木均有裂欹,各仓廒大都坍塌,存者寥寥。东乡坍塌房屋 300 余座,压死 13 人,重伤 20 余人。西乡压死 1 人,其余各乡房屋均有闪裂。

南坪(今属四川省)——城墙震塌百余丈,道路桥梁也多有坍塌。汤珠河以下至柴门关共塌毁杉板房屋 2960 余间,城乡附近及东、南、北 3 路共塌毁杉板房屋 4053 间,死伤 300 余人。珠河、汤河沟因山岩崩坠,河水壅塞,后又冲开,水势汹涌,致使河北岸之民房尽行淹坏,"伤人无数"。

徽县——四城垛墙倒塌 44 个,裂缝 198 处。庙宇、书院、衙署凡稍古旧之房大都倾倒。城内倒塌房屋 9 间,压死 2 人,伤 3 人。四乡亦有不少民房被震塌。

清水——城垣内的拦马墙一律坍塌,东、南、北城城垣裂缝,塌落数处。炮台窝铺震塌数处,衙署墙倒。城乡共震塌民房 523 间,庙宇 73 间,压死 7 人,压毙牲畜 55 头。

临潭——有人被压死,数不详。

成县——墙垣损裂,死 21 人。

此外,破坏较轻之地区为:

山西省之浮山;

甘肃省之华亭、镇原、通渭;

四川省之平武、广元、昭化(今属广元)、罗江(今属德阳)、漳腊、松

101

潘、绵州（今绵阳）、阆中、中江、巴州（今巴中）；

陕西省之凤县、沔县（今勉县）、略阳、宁羌（今宁强）、宝鸡、麟游、盩厔（今周至）、乾州（今乾县）、蓝田、邠州（今彬县）、长武、留坝、褒城（今属汉中）、永寿。

受地震波及之地区包括：

甘肃省之崇信、兰州、泾州（今泾川）、灵台、安化（今庆阳）、平凉、静宁、安定（今定西）、陇西、两当、肃州（今酒泉）、安西、宁州（今宁西）、盐茶（今宁夏回族自治区海原县）、隆德、泾源（上二县今均属宁夏回族自治区）；

四川省之万县、开县、夹江、峨眉、荣县、达县、富顺、隆昌、忠州（今忠县）、资州（今资中）、垫江、兴文、成都、华阳（今属成都）、重庆、綦江、南川、合州（今合川）、江油、石泉（今北川）、雅安、苍溪、宜宾、彭明（今属江油）、盐亭、乐山、东乡（今宣汉）、绵竹、梓潼、三台、酉阳、简州（今简阳）、安县、蓬州（今蓬安）、广安、奉节、遂宁、蓬溪、大竹、太平（今万源）、卢县、剑州、叙永、合江、永川、荣昌、梁山（今梁平）；

陕西省之西安、汧阳（今千阳）、陇州（今陇县）、潼关、肤施（今延安）、泾阳、三原、渭南、富平、孝义（今柞水）、大荔、朝邑、华州、蒲城、峡山、汉中、洋县、西乡、怀远（今横山）、佛坪、镇巴、紫阳、葭州（今葭县）、醴泉（今礼泉）；

河南省之渑池、洛宁、濮阳、阌乡、临颍；

山西省之曲沃、翼城、夏县、芮城、稷山、怀仁、浑源；

湖北省之孝感、京山、潜江、云梦、光化；

贵州省之桐梓、贵阳等地。

从以上情况可以看出，这一次地震，损失甚重，影响颇大。地震发生后，一些地方官及时向朝廷作了报告，但也有的地方官并不声张，更说不上采取积极的救灾措施了。如给事中吴镇即曾奏劾署四川总督丁宝桢"讳灾不报"，在清廷的追查下，丁宝桢才不得不报告了重庆等府及梓潼等县受地震影响、阆中等县城墙震塌、南坪一地"伤人甚重"等情形,但申辩并非"讳灾不报",只是因为"委查禀报未齐,是以具奏稍迟",清政府对此也就不了了之。

将近一年之后,即1880年6月22日(光绪六年五月十五日),上次震中的甘肃文县,又一次发生地震。从某种意义上说,这仍然可以看作是上年强烈地震的一次余震。这次地震造成的破坏,据《中国地震目录》载:"都习署儒学照壁全倒,仓廒崩塌三座,垛堞倒七十余个,东门甫修及半,摇倒瓮门。死四人,伤五十余人。城外三十里之石坊乡墙倒,伤九人。关家山崩压四人。"①

1881年7月20日(光绪七年六月二十五日),仍然在前年发生强烈地震的阶州附近,连续第三年地震。《清史稿》称此次地震"震毙四百八十人,倾倒民房四千有奇,牲畜无算"。② 护理陕甘总督杨昌浚的奏折谈得比较详细:"本年六月二十五日,甘南各州县地震,经臣查明附片驰奏。……旋据阶州详报,续查该州属之柳林里、永川里、石门里、角弓镇等处,被灾压毙男女大小四十二名口,受伤二十七人,倒塌房屋一百二十余间,伤毙牲畜一百余只。礼县详报,续查该县与阶州西固接壤之白家庄、岳平里、大潭等处,压毙男女大小三百四十七名口,受伤近百人,房屋倒塌不少,伤毙牲畜三百余只。"③但另一些材料所报震情较此略重,如上面提到的岳平里、大潭一带,共倾倒房屋4800余间,压死480人,压毙牲畜无算;西周(故城在今舟曲)震塌城楼一处,官署、民房均有塌损,城内压死1人。阶州坍塌垛口1100余个,城身开裂38丈余,城内房屋亦有损坏。阶州所属的柳林里等处,灾情与上引材料大致相符。这次地震波及地区,包括甘肃的西和、兰州、陇西、通渭、平凉、秦州、秦安、泾州、文县、西宁(今属青海省)、固原(今属宁夏回族自治区);陕西的汧阳、华州、华阴、西安、凤翔、汉中、肤施、乾州、邠州、鄜州

---

① 《中国地震目录》,第182页。
② 《灾异》(五),《清史稿》,卷44。但《清史稿》称地震发生于"十月",则有误。
③ 《光绪朝东华录》(一),总第1196页。

（今富县）、安康、岐山、凤县；四川的广安、射洪。①

在诸多的自然灾害中，地震也是频繁发生而使中国人民饱受其苦的灾害之一。从历史记载，可以知道我国是多地震的国家，自夏代以来，有文字可据的，大小地震不下 3000 余次。当然这种记录是极不完全的，因为就我国来说，通过仪器来观测地震，实际上是到 20 世纪 30 年代才开始的；在这以前，尽管早在千多年前就已有了能够指示地震方向的地动仪，但对于地震发生的时间、地区、强度等的测定，主要还是通过人们的直感和对地震现场的观察分析，拿地震学的术语来说，它还是属于宏观地震学的范围。但即使是这样较为粗略的记载，也已给我们提供了一幅因地震频发而造成巨大灾难的图画。仅以本章所涉及的历史时期来说，除个别年份外，在中国大地上几乎年年都有震灾发生。为了使读者能有一个概略的了解，下面我们逐年列出这一时期地震发生的最简要的情况：

1875 年 6 月（光绪元年五月），湖南靖州（今靖县）地震；贵州南部地震。

1876 年（光绪二年），云南永平、大理先后地震；贵州绥阳、瓮安、仁怀（今赤水）、婺川（今务川）等地先后地震。

1877 年（光绪三年）5 月（四月），广东合浦地震；7 月 4 日（五月二十四日），贵州绥阳地震；10 月（九月），云南武定地震。

1878 年（光绪四年）6 月（五月）间，江苏无锡多次地震；8 月 7 日（七月初九日），云南宁蒗地震；11 月（十月），湖北襄阳地震。

1879 年（光绪五年），除前述甘肃大地震外，5 月 12 日四川江油地震；6 月 3 日（四月十四日）及 6 月 7 日（四月十八日），江苏南京有轻微地震；4 月 18 日（三月二十七日），贵州普安厅（今盘县）地震，7 月 13 日（五月二十四日），贵州平越、湄潭地震；冬，云南龙陵、弥勒先后地震。

---

① 《中国地震目录》，第 183 页。

1880 年（光绪六年），除前述甘肃文县地震外，尚有 9 月 30 日（八月二十六日）之直隶滦州地震、四川茂州（今茂汶羌族自治县）地震及 11 月（十月）之湖北襄阳地震。

1881 年（光绪七年），除前述甘肃阶州、礼县地震外，台湾曾多次发生地震；6 月（五月），四川越巂厅（今越西县）地震；6 月 17 日（五月二十一日），福建地震；岁末，云南弥勒地震。

1882 年（光绪八年），台湾多次发生地震；6 月 3 日（四月十八日），福州有轻微地震；8 月 5 日（六月二十二日），江苏地震；12 月 2 日（十月二十二日），直隶深州一带数百里内地震有声，有死伤人口事。

1883 年（光绪九年）春，台湾地震。

1884 年（光绪十年）冬，甘肃秦州及云南普洱先后地震，伤人塌屋。

1885 年（光绪十一年）年初，甘肃秦州又震，波及清水、文县、阶州、西和及陕西之陇县、凤翔、郿县（今眉县）、蓝田、汉中、大荔、岐山、凤县等地。2 月 21 日，辽宁营口地震。

1886 年（光绪十二年）1 月 13 日，广东汕头地震；6 月 1 日，云南丘北地震。

1887 年（光绪十三年），4 月 8 日（三月十五日）广东饶平地震；7 月（五月），甘肃红水地震；12 月 16 日、17 日（十一月初二日、初三日），云南石屏、建水发生强烈地震，死 2000 人左右，伤 2600 余人。

1888 年（光绪十四年），6 月 13 日（五月初四日），山东渤海湾地震；11 月 2 日（九月二十九日），甘肃靖远一带地震。

1889 年 9 月（光绪十五年八月），宁夏灵武地震。10 月（九月），河北大名地震。此外，新疆绥定（今霍城）等处亦有震。

1890 年 2 月 17 日（光绪十六年正月二十八日），青海西宁地震；4 月 22 日（三月初四日），云南剑川地震；10 月 6 日（八月二十三日），云南丽江地震。此外，山西武乡等处亦有震。

在如此众多的地震灾害中，我们特地挑出甘肃大地震来作专门论述，不仅是因为它紧接在"丁戊奇荒"之后，因而显得危害更加突出，而且还因为这次大地震所造成的破坏是极为严重的。据各种记载,从1840年到1919年的80年间,压死万人以上的灾难性大地震,一共只有两次。一次是1850年9月12日(道光三十年八月初七日)的四川西昌大地震,另一次就是本节所述的甘肃大地震。但四川西昌大地震,遭难人数有两种说法:一种记载是"压毙26000余人",另一种记载则为压死2876人。① 不论按何种说法,甘肃大地震无疑是中国近代史上造成破坏最大的一次地震。

第四节　光绪朝中期的黄河连年漫决

从1882年起,黄河连年漫决,又成为形成灾荒的一大问题。我们只要举出这样一个数字,就足以说明这一问题的严重性:自1882年(光绪八年)到19世纪的最后一年,即1899年(光绪二十五年),18年间,黄河幸免决口的只有1888年、1891年、1894年、1899年等4年。为了节省篇幅,并且同章节划分的时限相一致,这里我们只描述从1882年至1890年黄河连续8年漫决(中间仅1888年除外)的情景。

1882年全国被水省份较多,其中"安徽、江西、浙江三省夏间猝发蛟水,被灾尤重"。② 洪水暴发时,安徽的英山(今属湖北省)、潜山、太湖等县,"田庐人民,漂没淹毙,不可数计";江西的玉山、上饶、广丰、德兴、都昌、鄱阳(今波阳)、湖口、浮梁(今属景德镇市)、德安、建昌等县也"冲决田庐,淹毙人口甚多";浙江则杭、嘉、湖、金、衢、严6府同时被淹,杭州城内河道尽满,街市积水,加之风潮侵袭,海塘多处决口,造成"漂没庐舍千数百所,淹毙不可胜计"的惨重损失。除此之外,黄河于夏秋间在山东境内多次决口,也使得山东广大地区发生较严重的水灾。

这一年夏秋之间,黄水盛涨,山东之历城、章丘、齐东(今属邹平)

---

① 参见《中国地震目录》,第170页;李善邦:《中国地震》,第233页。
② 《清德宗实录》,卷153。

等县,多处发生民堤漫决;溙口上游屈律店等处,连开4口,使历城、章丘、济阳、齐东、临邑、乐陵、惠民、阳信、商河、滨州（今滨县）、海丰（今无棣）、蒲台等州县"多陷巨浸,淹毙人口不可胜计"。稍后,汹涌的黄水又将历城所属的桃园口民堤冲决,河水灌入徒骇河。9月中（八月初）,黄水续涨丈余,水患日深一日。据山东巡抚任道镕奏报:"桃园决口,黄水源源不绝,前涨未消,续涨骤至,村落被冲,瞬成泽国,极目所致,浩渺无涯。"①历城县正当大溜,受灾最重,"房屋冲塌,一片汪洋,小民千百成群,或凫水奔逃,或登高阜,或栖树巅,嗷嗷待哺";综计被洪水淹死231人,灾民达127000余名,冲塌房屋60200余间。济阳也是重灾区,被淹最重的郭家庄等139个村庄,共有灾民47900余名,冲塌房屋40300余间;稍轻之赵家庄等234个村庄,灾民也在90000以上。章丘县被淹71个村庄,大小灾民40000余名。惠民县全境漫溢,滨州被淹300余村庄,其余各州县灾情轻重不等。据12月11日（十一月二日）《申报》载,此次"山东黄水为灾,被害八九州县,约灾民有四十余万口"。四川总督丁宝桢在次年夏间追述此次黄河决口的影响时说:"山东上年黄河决口,闻济南、武定沿河各州县冲刷甚惨。其民人庐墓、田园现付洪流者无论矣,而现在孑遗之民,当此地无可耕,又值青黄不接谋生无计,势恐不至饿毙殆尽不止。"②

1883年,一开春,黄河凌水就"陡涨丈余",历城、齐河、长清、济阳、齐东等县境内的民埝纷纷决口,济阳县城垣被冲塌20余丈,惠民县属的清河镇,冲塌民房800余间。6月22日（五月十八日）至27日（二十三日）,黄水又骤然猛涨,湍激异常,齐东、利津、历城等处民埝漫溢,决口数十丈至二三百丈不等,使这些地方"灾黎遍野,荡析离居"。霜降以后,黄水在齐东等处又一次漫溢,济阳、齐东、蒲台等处堤埝都被冲决,"利津县近海村庄,淹毙人口甚众"。到12月（十一月）间,上年刚

---

① 《朱批档》,光绪八年九月初五日任道镕折。
② 《录副档》,丁宝桢片。上奏日期不洋,朱批日期为光绪九年六月初四日。

刚合拢的桃园再度决口,当年随父陈恩寿任官山东的陈冕的《墓志铭》中就有"光绪癸未,河决山东桃园,灾民四十余万"的记载。① 除黄河外,卫河也曾"漫溢出槽"。由于灾区面积较广,所以灾民甚多,数十万嗷嗷待哺的饥民,或北上就食京师,或南下逃亡淮扬,更多地则麇集省城。张之洞在 8 月 9 日(七月初七日)的奏折中说:"查山东河决为灾,经年未塞,本年夏间复决数口,泛滥数百里,灾民数十万流离。"②本年接任山东巡抚的陈士杰也奏报说:"核计历城、齐东、章丘、齐河、济阳、长清、邹平、惠民、滨州、沾化、商河、利津、乐安(今广饶)、临邑等十四州县,大小灾黎共折实大口七十五万五百余名";"山东灾民就食省垣者十余万口,或在山冈搭棚栖止,或露宿附近关厢,归耕无期,日日待哺。"③山东黄水泛滥,一直影响到直隶南部的开州、东明、长垣一带,这一年直隶自 7 月(六月)后本来就连降暴雨,使永定、青龙、滦河、武烈"诸河同时暴涨,堤岸尽没于水",造成"泛滥二十余州县之广,询为数十年未有之奇灾",再加上山东黄河决口的影响,直隶的灾情就更为严重了。

1884 年的 7 月 1 日(闰五月初九日),因风雨交作,黄水陡涨丈余,黄河又在齐东县的萧家庄、阎家庄,历城县下游的霍家溜、河套圈,利津县南岸下游等处漫决成口。特别是齐东县漫决的几处民埝,宽的 300余丈,小的不下百余丈,大堤亦被冲决 400 余丈。数十村庄被淹,直至青城县境,伤毙人口千余。前年和上年漫决的桃园口,本年又告冲决。此次水灾,又造成大批灾民。据山东巡抚陈士杰 12 月 7 日(十月二十日)奏报,历城等 20 州县"大小灾黎共折实大口一百一十一万三千一百六十一口半";翌年春间,陈士杰又奏报春赈"大小灾黎共折实大口五十万四千八百四十口半"。事实上,一些地方官吏对赈灾银米大量克扣,丧心病狂地大发灾荒财,1885 年冬御史恩隆参劾福山县令的奏

① 《清朝碑传全集》补编,卷 9。
② 《录副档》,张之洞折。
③ 《录副档》,光绪九年十一月二十八日、十二月初七日陈士杰折。

折就是一个典型的例子:"(福山县)去年水灾甚重,冲塌房屋不可胜计,并淹毙人口,城垣冲倒亦数十丈。灾民始则禀请报灾,该县皆不准行。嗣经该管官饬查,始行派差查验。该管官饬令于冲塌民房每间发大钱三千文,该县仅发三百文,约计所发通县倒塌房屋之钱不过数十千文,不足该管官饬令发给一村之数。后至去年九月间,有贫民请领冲塌房屋钱文,该县即不肯发,以致灾民莫不嗟怨。"①此外,伏秋大汛期间,直隶东明县境的黄河堤岸,也因黄水盛涨,将中汛11、12铺堤身漫刷成口,幸好还没有造成山东那样大的损失。

1885年夏秋间,山东境内的黄河又多次决口。最先发生河决的是前几年决口的老地方——齐河、历城一带。伏汛期间,这里的民埝先后被水冲决,虽然堰头镇、杨家庄的决口较快地堵合了,但郭家寨口门刷宽近百丈,赵家庄口门刷开70余丈,黄水从这些口子流出,汹涌咆哮,到处肆虐。不料祸不单行,8月上中旬(六月底七月初),"大雨如注,连宵达旦",黄水陡涨丈余,又在寿张、长清境内决口。寿张的口门10余丈,长清口门刷开数十丈,河决时正值黑夜,居民趋避不及,当即有50余人为洪流吞没。据陈士杰奏报,此次黄水泛滥,"灾区甚广,查明被灾人口有三十余万之多"。②

1886年,黄河在山东境内依然决口数次。年初,章丘县属之何王庄发生河决,口门宽90余丈,"灾民颠沛情形,惨不忍言"。4月(三月)初,黄河水势盛涨,章丘、济阳、惠民等县的民埝大堤又先后漫溢决口多处,其中吴家寨、安家庙两处口门虽很快抢堵,未造成太大损失,但王家圈、姚家口等处则"口门甚宽,被淹甚广"。三个月之后,又因伏汛盛涨,黄河第三次漫决,决口分别在齐河县的赵庄和历城县的河套圈。到10月(九月)初,黄河又在寿张县境的徐家沙窝圈堤漫溢,这已是本年黄水在山东境内的第4次漫决,造成濮州、范县一带大水成灾。据统

---

① 《录副档》,光绪十一年十一月初十日恩隆片。
② 《光绪朝东华录》(二),总第1995页。

计,山东这一年遭受水灾、风灾、雹灾、虫灾及个别地区有旱灾的共 78 个州县。

1887 年,黄河先后在山东、直隶、河南 3 省决口,造成的灾害较前几年都要严重。7 月上旬(五月中旬),黄河先于山东齐河县境内的朱家圈民埝决口,堤身浸塌 20 余丈,冲出之水直向东流,一路村庄多被浸淹。这次决口,直至 12 月 7 日(十月二十三日)始行堵合。河决齐东后不久,黄河又在直隶开州境内大辛庄漫溢。开州毗连山东,漫水直灌山东的濮州、范县、寿张等地,又顺流南下,穿过运河,淹及阳谷、东阿、平阴一带。由阳谷又分流一股,从茌平以南淹及禹城辖境。一直到 9 月 29 日(八月十三日)黄河又在河南郑州决口后,黄水南泄,郑州以下的黄河断流,才使山东境内的灾情得到控制。但郑州河决所造成的危害,却要比前两次的严重得多。开始,口门宽 30 余丈,以后陆续冲刷,竟塌宽至 300 余丈。汹涌的黄水从中奔腾而出,湍悍异常,流分三股,直趋东南下游,"所至人民庐舍多被沉沦,有幸而获生者,率迁移高阜,栖息树枝,以待拯援"①。河南巡抚倪文蔚奏报各地被水情形说:"伏查此次黄河漫溢,由石桥口奔腾泛滥,直注东南,经过开封、陈州两府属,旁及归德府属鹿邑县境。……先后接据各府州县禀报,水由郑州东北两乡东姚等堡流入中牟县市王庄出境,被水者一百一十二十村庄。中牟县城被水围绕,漫水所及三百余村庄。由中牟而入祥符县,大流趋向朱仙镇南之闹店及西南之赵店、正南之并腰铺、东南之西市等堡。水趋尉氏,围绕县城,由正北歇马营折向正东,直趋扶沟县境,计长一百余里,城垣四面皆水。漫水及于鄢陵县之郜村等处,共淹浸四十余村庄。其通许之吴台、邸阁等处数十村庄,亦有漫水,深至七八尺不等。而太康县境,水由崔桥至长营,挟河出槽,直趋东南,入于鹿境。其西华县惟沙河以南三十余村庄不受水害。西华与淮宁、商水两县接壤之周家口北寨,为淮宁地面,亦被水淹。淮宁县境,水由柳集会贾鲁河、大沙河之

---

① 《光绪朝东华录》(二),总第 2311 页。

水,散漫靡常,致淹一千五百数十村庄,南流入于项城县,由李村等牌流赴沈丘县纸店等处,遂从槐店出境。至归德府属鹿邑一县,亦经黄水漫及,由西南乡囚冢集等处流入洺河、黄沟河,东流入于安徽太和县境。此各属现被水灾之情形也。臣详加查核,以中牟、尉氏、扶沟、西华、淮宁、祥符、郑州 7 州县为最重,太康、项城、沈丘、鄢陵、通许次之,商水、杞县、鹿邑又次之。"①据约略统计,以上 15 州县待赈灾民达 190 万人左右。

1888 年虽然黄河没有新决之口,但上年郑州决口却很长时间未曾合拢。清政府特命礼部尚书李鸿藻赴河南督办河工,又起用前河南巡抚李鹤年署理东河河道总督,会同在任河南巡抚倪文蔚合力抢堵决口。从年初起,大坝开工,至 7 月(六月)间,筑成东坝 247 丈,西坝 358 丈。8 月(七月),连排水坝共成 600 余丈,挑引河 2900 余丈。眼看大功即将告成,不料伏秋大汛骤然到来,决口处黄水冲激,浪高力猛,将新修坝身冲陷数处,而工料业已告罄,只得"暂议停工固守"。清政府下令将李鹤年"褫职遣戍",倪文蔚摘去顶戴,"革职留任",李鸿藻责令回京。直到秋汛过后,才继续接筑,至年末才算正式合拢。也就是说,在这一年的时间里,滔滔黄水一直倾泻不息,漫淹着豫东各州县的大片土地。

1889 年,全国很多省份都有较大的水灾,具体情形我们将在下一节中作专门论述。这里只简单提一下,这一年黄河曾分别在直隶的长垣县境,山东的章丘、历城、齐河境内决口,使全国性的水灾更增加了严重程度。

1890 年夏,黄河又在山东齐河县高家套决口,埝身刷塌 30 余丈。稍后,又有多处漫溢,据 10 月 3 日(八月二十日)的上谕说:"本年山东黄河两岸及滨临运河各州县黄流漫溢,兼值山东湖水同时泛滥,濮州等处三十七州县低洼村庄被淹甚广。"②

---

① 《光绪朝东华录》(二),总第 2350 页。
② 《清德宗实录》,卷 288。

中国有句老话,叫作"华夏水患,黄河为大"。上面的情况充分说明,这句话实在是人们的经验之谈。在旧中国,曾经流传着这样一首民谣:"黄河边,黄河边,三年两头淹;家无家,粮无粮,刀尖之上过时光。"这确实是黄河两岸人民悲惨处境的真实写照。

第五节　光绪十五年的全国性大水灾

1889 年(光绪十五年),中国腹地的主要省份,几乎同时发生了相当严重的水灾,这在近代灾荒史上也并不是常见的。掌广东道监察御史恩焘在 12 月 1 日(十一月初九日)的一个奏折中概括当年全国灾情说:"本年水灾,西极长江上游,东尽浙之瓯越,夙昔产米之地,几于尽作灾区,失业贫民难以数计。"①可以想见,那些主要产粮区也是清朝政府主要财赋来源的地方,同时遭灾,给予当时政治、经济和社会生活的影响和打击,无疑是十分巨大的。

我们先从长江上游的四川省说起。四川地势较高,每年夏间,常常因为发生暴雨,水势宣泄不及,发生局部地区的水潦之灾。但这一年的情况却与平常年景不同,夏秋之间,全省被水灾区竟达 38 厅、州、县之多。据各州县地方官报告,4 月 28 日(三月二十九日),龙安府的石泉县和顺庆府的蓬州就"发蛟涨水",7 月 13 日、14 日(六月十六日、十七日)石泉县又两次大水,蓬州并遇冰雹。保宁府的南江和巴州,6 月 27 日(五月二十九日)大水。重庆府的綦江县 6 月 29 日、30 日(六月初二日、初三日)大水。雅州府的名山县 7 月 9 日(六月十二日)大水。忠州的酆都县 7 月 11 日、12 日(六月十四日、十五日)大水。此外,7 月 13 日、14 日、15 日(六月十六日、十七日、十八日),平武县、江油县、彰明县、剑州、绵州、三台县、安县、遂宁县、射洪县、铜梁县、邛州(今邛崃)、蒲江县、井研县、夹江县、洪雅县、乐山县、犍为县先后大水。7 月

---

① 《录副档》,光绪十五年十一月初九日恩焘折。

28 日至 31 日（七月初一日至初四日），江油、彰明、剑州、绵州、三台、射洪、邛州等又再度被水。合州也于 7 月 31 日遭大水漫淹。除以上地区外，夏秋之间，尚有灌县、黔江、越巂、中江、南充、蓬溪、垫江、奉节、岳池、广安、广元、太平、合江等厅、州、县陆续被水。四川总督刘秉璋对这次灾情的估计是："被灾各处堤堰、城垣、桥梁、道路、房屋，浸灌冲决甚多；田禾、人民、牲畜、财产、货物，漂流淹没亦众。众水势来极悍，所幸退亦迅速。惟沙泥淤塞之田地、盐井，挑挖为难；坍塌毁坏之堤堰、城垣，工程甚巨。灾黎待赈孔殷。"①据统计，这一年四川全省共有灾民 53840 户，262000 余丁口。

四川南邻的云南，则呈先旱后涝之势。夏秋之交，还是亢旱缺雨，但入秋以后，阴雨连绵，以致东川、昆阳（今属晋宁）、太和（今属大理）三府州县均遭水灾，河堤冲倒，田地被淹，收成歉薄。

从四川沿长江顺流而下，湖北、湖南水灾也颇严重。湖北地区夏秋两汛，即因雨水过多，江河并涨，各州县堤塍漫溃，田亩多被浸淹。不料自 9 月中旬（八月下旬）以后，"雨势连绵，竟日彻宵，时逾兼旬，未停点滴"。于是水势日涨一日，以致武昌、汉阳、黄州、安陆、德安、荆州各府，低洼田亩大都被淹；就是地处上游的襄阳、宜昌、郧阳、施南等府，晚稻杂粮也因为久受雨溃，日逐霉烂，严重的甚至"颗粒无余"。据湖广总督裕禄、湖北巡抚奎斌在奏疏中分析，湖北因"滨临江、汉，地称泽国"，素来容易发生水患。但本年的水灾与以往不同，"往年或因上游发水，受害仅在洼区，尚可以高阜之收成补低田之灾歉。本年则因久雨成灾，处处皆有积潦，无论高低田地，受患从同。"并且说："本届灾区之广，灾象之深，实较光绪十三年为更甚。饥民嗷嗷待哺，势难刻延。"②12 月下旬（十一月底），张之洞接任湖广总督。他到任才 10 天左右，就会同湖北巡抚奎斌联名向朝廷奏报灾情，称这一年的水灾"为十余年

① 《朱批档》，光绪十五年八月初三日刘秉璋折。
② 《朱批档》，光绪十五年十月初六日裕禄、奎斌折。

来未有之灾"。并说:"省城对岸之汉阳府汉口镇等处,灾黎扶老携幼远来就食者,已有五万余口。……陆续前来者逐日增添。现在节逾冬至,饥民老弱妇女,匍匐于风霜泥涂之中,号寒啼饥之声,实为耳不忍闻,目不忍睹。""现在低田未尽涸出,补种之麦苗恐难一律畅茂,来年若遇春荒,尤属不堪设想。"①湖南洞庭湖周围地区,包括湘阴、益阳、巴陵(今属岳阳)、龙阳、沅江、澧州、安乡、华容、安福、武陵等州县,由于地势低洼,基本上是十年九潦,只要夏间雨水稍多,近湖的田地即半遭淹没。这一年6、7月(五、六月)间,因水势较大,淹没之地较常年更宽。其中,以武陵、龙阳两县"受灾尤烈"。武陵县官民围堤多处溃决,河洑、德山一带,40余间房屋被冲毁,30余人遭淹死;龙阳县也有淹毙人口、倒塌房屋等情。此外,湘阴县"四城皆水,下游围田多溃";桃源县"夏大水,秋潦更甚"。湘南的蓝山县于7月(六月)间还发生大雹灾,冰雹"圆者如杯,块者如掌",自西而东,密集而下,人畜被打伤甚多,庄稼更遭到极大的损害。

湖北东邻的安徽省,6、7月之交(五月下旬至六月上旬),多次大雨滂沱,安庆府的宿松、太湖、潜山、怀宁等县,因地势低洼,田地多遭漫淹;皖北的凤阳、颍州二府广大地区,因雨多水涨,颍河、淮河承受河南下泻之水,众流交汇,宣泄不及,同时漫溢。其中,尤以霍邱、颍上、寿州、凤台、怀远、凤阳、五河7州县灾情最为严重,寿州整个城垣被洪水所包围,四门紧闭,急风巨浪不断撞击城墙,情形十分危急。无数居民"栖止高阜,口食维艰"。10月(九月)间,又连降暴雨10余天,"江、淮复涨,低区水漫,晚粮失收"。长江沿岸的安庆、池州、太平三府,淮河沿岸的泗州、凤阳、颍州三府,以及皖南的宁国府、广德州部分地区,又遭水潦之灾。但个别地方也有旱灾。据统计,全省遭受水旱之灾的共有34个州县。

位于长江最下游、以长江三角洲和太湖流域为中心的江、浙二省,

---

① 《录副档》,光绪十五年十二月初九日张之洞、奎斌折。

春夏间本来风调雨顺,丰收有望,但9月中旬(八月下旬)以后,却连降暴雨,发生大面积严重水灾。两江总督曾国荃在11月19日(十月二十七日)的奏折中说:"江苏、浙江两省,本年入夏后田禾畅茂,正期秋后丰登。讵八月下旬连朝阴雨,九月三旬几于无日不雨,以致转丰为歉,被灾均重,浙江尤甚。"①两日前,曾国荃还曾会同江苏巡抚刚毅专折奏报江苏灾情:"苏省本年秋成之时,遘遭浙江蛟水下注,兼以阴雨滂沱日久,变丰为啬。其间低田尽皆成灾,高田亦属歉收。"②以浙江情形而论,受灾最重的是杭州、嘉兴、湖州三府,次重的是宁波、绍兴二府,此外,台州、金华、严州、温州、处州等也"俱被水灾"。浙江全省11府中,未曾报灾的仅衢州一府而已,也就是说,被水之处几遍及浙江全境。按照浙江巡抚崧骏的说法,这年的水灾是"三十年来未有之奇灾"。浙籍京官孙诒经在奏折中认为崧骏的说法是符合实际的,并且说:水灾发生时"将届秋收,农民工本业经用罄,专待新稼登场,为仰事俯蓄之计,一旦尽付洪流,困苦颠连,万无生事"。③ 江苏的灾情,以苏州府最重,松江、太仓次之,常州、镇江又次之。苏州府属之中,又以震泽(今属吴江)、吴江、昆山、新阳(今属昆山)为最严重。因为震泽、吴江西连浙江,北邻太湖,"为众流所归",加之地势低洼,所以遍地都是积潦;直至年底,震泽"未经涸出之田"尚"十居五六",吴江也有"十之三四"。新阳、昆山虽稍轻一些,但水最多时也"皆成一片汪洋"。此外,苏州附近的长洲、元和、吴县(今均属苏州市),至腊月间仍有20%—30%的土地未曾涸复,"田畴宛在水中"。被淹之地,不仅秋收无着,而且由于豆麦未能下种,来年的春收业已无望。据统计,江苏全省被灾地方达70厅、州、县。

大部分处于华北平原的直隶、山东、河南三省,这一年也是遍地皆水。上一节曾谈到,1887年河决郑州后,决口年余未曾合拢。这种情

---

① 《朱批档》,光绪十五年十月二十七日曾国荃片。

② 《录副档》,光绪十五年十月二十五日曾国荃、刚毅折。

③ 《孙诒经传》,《清史列传》,卷58。

况，一方面使河南东部久遭黄水淹浸，另一方面又使山东地区因黄河断流而缺水旱荒。故本年一开春，山东的春荒就十分严重。河南道监察御史余联沅在 6 月 6 日（五月初八日）的一个奏折中说："臣伏查山东自海口淤塞频罹水患，郑州决口以后，河虽南徙，而连年荒旱歉收如故。迨郑工合拢，水仍漫溢，因以饥馑荡析离居。闻其最重者有四府十八州县，如齐东、利津一带，禾苗焦枯，粒不及种，草根树皮，罗掘殆尽，贫富无分，道殣相望，质妻鬻子，惨不忍闻。至有谓上年豫、皖河决其灾无以复加，不意山东近日困苦情形更十倍于是也。"①山东登莱青道盛宣怀在一份电报中也说："青州、利津等处大灾，麦苗、草皮俱已食尽，每村日有饿莩。"②但到了夏间，黄河又多处决口。先是在 7 月 22 日（六月二十五日），章丘县境大寨金王庄等庄护庄圈埝被冲，将南面大堤漫溢，并塌陷堤身 30 余丈。同时，历城西纸坊的民埝也告漫溢。章丘、邹平、新城、青城、高苑（上二县今合为高青县）、博兴境内均有被水村庄。8 月 9 日、10 日（七月十三日、十四日），齐河县境黄水水势盛涨，张村等处堤埝又先后漫溢，漫出之水灌入徒骇等河，加以雨水、山水、泉流汇注，两岸村庄多被漫淹。这一年山东水灾，以齐东、高苑、博兴、乐安、齐河、惠民、济阳、禹城为最重，章丘、濮州、寿张、范县、历城、邹平、长山（今属邹平）、滨州、沾化、阳信、临邑、海丰、商河次之，南岸的东平、平阴、长清、东河也因山水为黄流所阻，无从消疏，以致泛滥成灾。这样大面积的水灾，必然造成极大数量的灾民。以齐河县为例，该县原有村庄900 余处，被水的 374 村庄，受灾户口 260075 口。全省受灾地区共 82州县，以受灾较重的 28 个州县计算，共有灾民 2695800 余人。如果说山东是先旱后涝的话，那么河南则是水上加水。郑州决口一年多未曾合拢，本已造成遍地汪洋的局面，但到 7 月 31 日（七月初四日），黄河又在河南河内（今沁阳）境内王贺庄沁河北岸漫溢，下游的武陟、修武、

① 《录副档》，光绪十五年五月初八日余联沅折。
② 《录副档》，护理江苏巡抚黄彭年片。

获嘉、新乡等县均遭淹浸。接着,8月29日至31日(八月初四日至初六日)、9月16日至18日(八月二十二日至二十四日)、9月22日至24日(八月二十八日至三十日),又连降暴雨,使延津、获嘉、辉县等地,沟满壕平,河槽涨溢,田地多被淹没,房舍坍塌不少,田禾大受损伤。在伏秋交接之际,由于黄水盛涨,直隶长垣县的民埝又被冲缺,黄水漫入河南滑县一带,使豫北又遭水患。至于直隶的灾情,直隶总督李鸿章在1890年1月9日(十二月十九日)的奏折中报告说:"本年顺直地方,秋初阴雨连绵,山水下注,遂致蓟、沟、宣惠、大清、赵王、南运、子牙、漳、卫、滏阳等河漫溢出槽,并沥水汇归,洼区被淹,黄河两岸村庄浸没尤多,计秋禾灾歉者四十州县。"①其中,武清、蓟州、保定、文安、大城、安州、献县、景州、吴桥、东光、天津、青县、静海、盐山、任县、玉田、开州、东明、长垣19州县,各成灾5分、6分、7分、8分、9分不等。宁河、霸州、安肃、河间、任丘、沧州、南皮、庆云、沙河、南和、唐山、平乡、巨鹿、永年、邯郸、鸡泽、元城、大名、南乐、丰润、隆平(今属隆尧)21州县,也各有部分村庄歉收3分、4分不等。

黄土高原的陕、甘二省,这一年也久雨成灾。陕西省7月至9月(六月至八月)间,阴雨连绵,使全省大部地区秋禾歉收。尤其是南部山区,因气候阴寒,历来少种谷麦,"秋粮向以包谷洋芋为大宗",由于连续阴雨,洋芋大都腐烂,苞谷亦收成稀少。一些地方还加上雹灾,如绥德州,9月13日(八月十九日)"风雨交作,兼降冰雹",东乡的郭家川、延家川两村庄被雹打伤秋禾地1700余垧,地内糜谷、黑豆全被打坏,只高粱、粟谷间有一二分收成。卜家沟等5村庄被雹打伤秋禾地3280余垧,各种秋粮颗粒无收。通计灾情,以砖坪、安康、紫阳、平利、镇平、佛坪、留坝、褒城、镇安、山阳、孝义、宁陕、江口13处为最重,汉阴、洵阳(今旬阳)、石泉、沔县4处为次重,白河、定远(今镇巴)、宁羌、略阳、南郑、城固、洋县、凤县、咸宁、长安(上二县今均属西安)10处稍

---

① 《朱批档》,光绪十五年十二月十九日李鸿章折。

轻。甘肃全省尚属中等年景，但阶州、文县一带，在夏秋之间，也因雨水过多，造成灾荒。这里山多田少，地气高寒，所以洋芋产量占各类粮食总产的 60%。收获时洋芋既因水歉收，部分收获入窖的也因雨伤日久，霉烂变质，"不但不能作种，即食之亦生疾病"，当地居民生计艰难，嗷嗷待哺。

在南方，广东也发生了较大面积的水灾。5 月（四月），新安（今宝安）县地方突然刮起飓风，"九龙、东涌、大鹏等处寨城均有坍塌，沿海倒塌房屋甚多，压毙八人，沙壅田禾数十亩"。5、6 月（四、五月）间，丛化县河水暴涨，冲决堤埂 1500 余丈，倒塌民房 30 余间。6 月（五月）初，因连降暴雨，东江河水陡涨丈余，下游的归善（今惠州市）、博罗二县"城市村庄低下之处均被浸灌，水深数尺"。博罗被冲决堤埂 1200余丈，倒塌房屋 200 余间，淹死妇女一人，田禾约损失 20%。东莞县也被冲决堤基 9 处，倒塌房屋数十间。6 月 1 日（五月初三日），平运县的差干、邹坊、黄畲等乡，突然于晚上"山水骤涨，漂溺人口，倒塌房屋，淹没田禾不少"。次日，镇平（今蕉岭）县由于江西之木自北注入，福建之水自东汇归，各乡山水暴涨，白马、文基、兴福、招福、同福、艾坝、金沙、蓝坊、徐溪、石礤、广福、高思、丰乐等乡同时冲决河堤水坡一万数千丈，倒塌房屋数千间，淹毙人民数百名，沉没盐船 200 余艘，壅压粮田82400 余石，70% 的田禾被淹受损。6 月 5 日（五月初七日）夜间，嘉应州（今梅县）的松源堡河水陡涨丈余，淹死人口数十，冲去铺房千余间，下游海阳（今潮安）县境内捞获掩埋流尸 200 余具；白渡堡"亦被水冲损房屋田禾甚多"。此外，广州府属的增城，惠州府属的河源、长宁（今新丰）、永安（今紫金）、海丰、龙川、连平，潮州府属的海阳、潮阳、丰顺、揭阳、饶平、大埔等州县，也有轻重不等的水患，只是漫水消退较快，尚未造成重大的损失。

1889 年正处于中法战争和中日甲午战争两次大的侵华战争之间，民族危机日益严重；就国内的政治形势来说，这一年正是慈禧宣布"归政"、光绪亲理政务之时。为了向慈禧表示曲尽孝道，光绪要求直隶总

督李鸿章、两江总督曾国荃、两广总督张之洞筹拨"万寿山工程银"共
280万两以修整颐和园,再加上光绪大婚费银500万两,最高封建统治
者置范围如此之广、灾情如此之重的全国性大水灾于不顾,仍一味骄奢
淫逸,连户部尚书翁同龢与因病在家的军机大臣阎敬铭晤谈时,也不禁
"谈及时事,涕泗横流"。更何况,政治局势明显呈现不稳趋势,颇有影
响的四川余栋臣起义正在这时发生。在这种情况下,严重的自然灾害
对当时社会生活的影响,也就愈发显得突出了。

第 五 章

世纪之交的主要自然灾害(1891—1911)

第一节　19 世纪末叶连年发生的顺直水灾

本章所涉及的时间,是封建清王朝的最后 20 年,也是中国封建君主专制制度彻底溃灭的一段历史行程。在这 20 年中间,恰好经历了19、20 两个世纪的交替更迭。旧的世纪末的政治动荡,新世纪初临时的革命风云,都同这一阶段发生的自然灾害有着密不可分的联系。

在叙述这一时期的主要自然灾害时,我们首先要谈到 19 世纪末叶几乎连绵不绝的顺直水灾。

戊戌维新运动的激进人物谭嗣同,在奉命进京"参预新政事宜"后,曾写信给他的老师欧阳中鹄说:"顺直水灾,年年如此,竟成应有之常例。"①

如果从 1891 年(光绪十七年)算起,一直到 1898 年(光绪二十四年)止,8 年间,顺直地区确实没有一年不曾发生过较大的水灾,有的年

---

① 《谭嗣同全集》(增订本)下册,第 449 页。

头灾情还极为严重。

1891 年春间,直隶局部地区有"旱蝗伤稼";但入夏以后,文安、大城、安州、武清、宝坻、宁河、乐亭、青县、静海、沧州、南皮、盐山、庆云、永年、曲阳、献县等 16 个州县,即因雨水过旺,被水成灾。其中,安州"因多年积涝,禾稼未能播种,颗粒无收";"文安县洼地积水未消,又因连次大雨,沥水汇归,洼边田禾亦被淹浸"。特别是承德府建昌县(今辽宁省凌源县)东北敖汉旗地方,东接朝阳县(今属辽宁省),西连赤峰县(今属内蒙古自治区),南接平泉州(今河北省平泉县),上年即因亢旱歉收,粮价昂贵,至 7 月上旬(六月初),突然"风雨交加,经旬不止"。7 月 22 日(六月十七日)夜晚,"风雨甚寒,忽杂霜霰,田禾被伤"。9 月 16 日、17 日(八月十四日、十五日),"又连朝霜冻,田禾尽成枯草"。而且受霜冻之灾的,建昌县一带"各处皆然"。只有该县东南乡一二百里境内,地气较暖,受灾较轻,但却有较严重的虫害,"啖食谷苗,叶穗全无"①。

1892 年(光绪十八年),"顺直各属自春徂夏,雨泽稀少,麦收减色"。但从 6 月 28 日(六月初五日)起,一直到 7 月 19 日(六月二十六日)止,几乎是连朝大雨,"通宵达旦,势若倾盆"。加以上游山水暴发,西南邻省诸水又奔腾汇注,结果是"各河同时狂涨,惊涛骇浪,高过堤巅",导致永定、南运、北运、大清、潴龙、潮白、拒马等河先后漫溢。沿河州县"猝被沉灾,庐舍民田尽成泽国,平地水深数尺至丈余不等"。天津一带,地势本就低洼,加之海潮倒灌,弄得遍地皆水,浩瀚汪洋,一望无际。交通断绝,文报不通。顺天、保定、天津、河间等府,普遍受灾,秋收无着。通州等 41 个州县灾情甚重。直隶南部的开州、东明、长垣三地,也因黄水漫溢,"本年秋禾被水灾歉"。西北部的"张家口外各处,严霜早降,几至颗粒无收,灾深民困"。东北部的承德府所属地方,

① 《录副档》,直隶总督李鸿章片。上奏日期不详,朱批日期分别为光绪十七年十二月初二日、初三日。

也因霜灾歉收。这样,遭受水灾和霜灾的地区几乎遍布直隶的各个角落。再加上 7 月 20 日、21 日(六月二十七日、二十八日)等日起,京城周围有大批蝗虫飞过,"自北而南,复由南而北,匝野蔽天,不可数计",使顺天府各州县禾稼受伤不少。

但 1893 年(光绪十九年)的顺直水灾,较之上两年更为普遍而严重。从 7 月(六月)以后,大雨倾盆,连日不断,东北、西北边外的山水暴发,奔腾汇注,汹涌异常。永定河、南北运河、大清河、潴龙河、潮白河、子牙河、滦河、蓟运河、凤河等,同时狂涨,纷纷漫溢。上下千余里,一片汪洋,平地水深丈余,"田庐冲淹,人畜漂流"。据直隶总督李鸿章报告,通州、三河、武清、宝坻、蓟州、宁河、静海、香河、霸州、保定、文安、大城、固安、永清、东安、大兴、宛平、良乡、房山、涿州、顺义、怀柔、密云、滦州、卢龙、乐亭、清苑、安肃、定兴、新城、博野、容城、蠡县、雄县、安州、高阳、河间、献县、肃宁、任丘、吴桥、天津、青县、盐山、开州、东明、长垣、丰润、玉田、隆平、深州、武强、饶阳、安平等 54 个州县,有的村庄成灾 10 分,颗粒无收;还有些村庄分别成灾 9 分、8 分、7 分、6 分、5 分不等。昌平、满城、望都、完县、祁州、沧州、南皮、无极、邯郸、鸡泽等 10 个州县,分别歉收 3 分、4 分不等。尤其严重的是,京城内外,皆为水淹。7 月间,巡视中城御史文博等奏报说:"自本月十一日起,一连三日,大雨如注。前三门水深数尺,不能启闭。城内之官宅民居,房屋穿漏,墙垣倒塌,不计其数。人口之为墙压毙及被水淹者,亦复不少。并有四围皆水,不能出户,举家升高,断炊数日者。被灾之深,情形之重,为数十年所未见。"又说:"至于城外之各村镇,有为山水所冲,有为洪河所灌,一片汪洋,均成泽国。""现在附郭之区,水虽渐已消退,而屋宇荡然,田禾尽没。人皆露宿,家无寸椽,至有为墙倒所伤而呻吟于田畔,村落如洗而群聚于庙中。荡析离居,无地为炊,待哺嗷嗷,殊堪悯恻。"①《益闻报》在一篇报道中谈到,在秋末冬初,不少饥民无力养活子女,只能带

---

① 《清代海河滦河洪涝档案史料》,第 570 页。

到街头出卖,幼童卖钱数百文,10 岁上下的少年已经可以役使,能卖钱千余文,"话别分离之苦,恸哭街头,殊令闻者伤心,见者惨目"。①

1894 年(光绪二十年)是中日甲午战争爆发的一年。7 月(六月)间,日本侵略者首先在朝鲜挑起战火,经过了多次中日军队之间的陆战和海战,终于在 10 月(九月)下旬,日本侵略军的铁蹄开始践踏我国的辽东半岛,在很短的时间里,大连、旅顺先后失守,威海、牛庄等地相继陷落。与此同时,以慈禧为首的封建统治者,一直在全力以赴地筹办慈禧 60 寿辰的"万寿庆典"。在民族矛盾十分尖锐的背景下,封建统治阶级虽然分化为主战、主和两派,并展开了激烈的斗争,但主和派的势力始终占上风,妥协投降的方针一直在清政府对日方略中居主导地位。清朝封建统治者既要解决巨大的军费开支,又要聚敛巨额钱财供慈禧"万寿庆典"的肆意挥霍,当然无暇也无力去顾及全国各地尤其是比较严重地发生在顺直地区的自然灾害。这一年的前半年,顺直地区风调雨顺,颇有丰收的希望。不料自 6 月(五月)下旬开始,直到 8 月(七月)底为止,近两个月的时间,接连不断的狂风暴雨,袭击华北平原,邻省诸水一齐汇注到直隶地区,"汹涌奔腾,来源骤旺,下游宣泄不及,以致南北运河、大清、子牙、滏阳、潴龙、潮白、蓟、滦各河纷纷漫决,平地水深数尺至丈余不等,汪洋一片,民田庐舍多被冲塌。"②再加上有些地方还"有被潮、被雹之处",使本年直隶全省受灾地区达 68 个州县,歉收地区达 34 个州县,合计秋禾灾歉的州县共有 102 个之多。据李鸿章说,本年与上年相比,"水灾之重",大体相等,而"灾区之广,殆有过之"。由于连年遭水潦之灾,人民的生活极为困苦,其中尤以永平、遵化两府所属州县最为严重。这些地区不但"雨水连绵",而且"冰雹频降",结果是庄稼全毁,收成无着,饥民遍野,饿莩塞途。浙江道监察御史李念兹于次年春间上折报告该地情形说:"永平、遵化两处十属州

---

① 《益闻报》第 1326 号,光绪十九年十月二十九日。

② 《录副档》,光绪二十年十二月十九日直隶总督李鸿章折。此时李鸿章因甲午战争中指挥失利,正受革职留任处分。

县……人烟稠密，虽在丰年，所出之粮不敷本处之用，况复连遭水潦，盖藏久空。去年被水尤甚，收成不及十分之一，小民无以为食，专恃糠秕。入春以来，不但糠秕全无，并草根树皮剥掘已尽，无力春耕，秋成无望，较寻常之青黄不接更形危机。……访查该处情形，一村之中，举火者不过数家，有并一家而无之者。死亡枕藉，转徙流离，闻有一家七八口，无从觅食，服毒自尽。懦弱之民扶老携幼，遇饭熟时闯入人家就食；其凶悍者结伙成群，专抢囤积，名曰'分粮'。而明火抢劫之案，层见叠出，官长恐激生变，不敢过问。"①据热河都统崇礼报告，这一带的饥民，纷纷向热河地区逃荒就食，"日以千数"，一直到第二年的夏天仍"络绎不绝"。

1895 年（光绪二十一年）的春天，中日甲午战争还在继续进行，关外由于日本侵略军残酷野蛮的屠杀蹂躏，百姓纷纷向关内逃亡。而顺直地区因连年大水成灾，再加上本年入春以后又"天寒大雪，播种失时"，所以春荒就十分严重，当地百姓自顾尚且不暇，哪有余力照顾关外的难民？御史洪良品在 4 月 16 日（三月二十二日）的一个奏折中说："自光绪十六年起，阴雨为灾，连年水患，畿南一带百姓困苦，拆房毁柱，权作薪售，以为生计。……去年积水太久，冬冻未消，麦不能种。小民坐食数月，籽种牲畜食卖一空。现在遍野荒地，无力市牛布种，耕收望绝。"②3 月 24 日（二月二十八日）的《申报》报道天津至唐山铁路沿线的情况："客有于役火车者为言，不独津郡饥荒，即附车各村落，一过糖坊，上至胥各庄、唐山、林西、洼里，每一停车，饥民男女，鹄面鸠形，随客乞钱，如蜗之集。……连日大雨，饥继以寒，饿死冻死仍复不知几何。十余龄幼女，不过售十数元，骨肉分离，为婢为妾，在所不恤。"据署理直隶总督王文韶报告，唐山一带，4 月（三月）间骤然聚集饥民数万人，以后愈聚愈多，到 4 月底（四月初）等待赈济的灾民竟达 10 余万人

①《录副档》，光绪二十一年二月二十八日李念兹折。
②《录副档》，光绪二十一年三月二十二日洪良品折。

之多。唐山一地如此,其他各处可以想见。但从 4 月 27 日(四月初三日)起,顺直地区连续三个昼夜,狂风暴雨不息,芦台、北塘一带又遭海啸侵袭,沿海村庄及驻扎该地的防军营垒,猝被淹没,唐山以上的铁路均被水冲断。不但各河纷纷漫溢,平地积水也是少则数尺,深则丈余。宁河、宝坻、盐山、沧州、静海、天津境内的田园民居,"悉遭淹灌,压毙人口不少"。翁同龢在日记中也记录了这次暴雨、海啸所造成的巨大损失,说是当地居民"淹毙甚多",驻军"计六十余营被其害"。被灾地区,从天津至秦皇岛,一体皆然。事实上,4 月末(四月初)的这一次暴雨,使顺天府各州县"田地淹没,麦苗固已黄萎,早禾亦被浸伤,平地水深尺余,房屋倾圮无数,实与沿海一带灾区无异"。京师周围的灾民,在洪水浸淹、衣食无着的情况下,当然只能扶老携幼,进京觅食,以冀求得一线生机。谁料想涌入京城的灾民,"既至,则所领之粥不足供一饱,优施之钱米亦无。……不得已,馁卧路隅,待死沟壑者有之;沿门行乞,随车拜跪者有之。……以致城垣之下,衢路之旁,男女老稚枕藉露处,所在皆有。饥不得食,惫不得眠,风日昼烁,雾露夜犯,道殣相望"①。恶劣的生存条件,导致饥民中疫疬流行,据统计,夏间一月之内因染时疫而路毙者即达 3000 余人,尚不包括由步军统领衙门和顺天府直接掩埋者在内。这一年,直隶全省被水、被潮、被雹地方共有 57 个州县。

1896 年(光绪二十二年),顺直地区连续第 7 年遭受水灾,据直隶总督王文韶奏称:"本年顺直水势之大,灾情之重,实与(光绪)十六、十八、十九等年相等。"②这年 7 月(六月)以后,连降暴雨,上游山水暴发,各河同时狂涨,结果是潮白、永定、子牙等河相继溃决,沿河低洼之区,水深数尺至丈余不等,许多地方,田地房舍尽遭淹没。直隶南部的开州、东明、长垣一带,又有黄水泛滥。全省成灾州县共计 32 处。

① 《录副档》,光绪二十一年七月二十九日御史熙麟折。
② 《录副档》,光绪二十二年七月二十八日王文韶折。

1897年（光绪二十三年）的顺直水灾，灾情较前几年略轻，但被水地区仍有43个州县。只是降雨时间较往年稍迟，已在入秋以后，故造成之危害相对较小。主要是顺天府所属之武清、宝坻、宁河，直隶省所属之天津、静海、深州、安州、高阳、饶阳等处，因地势低洼，多被淹浸。这些地方的老百姓"困苦颠连，不堪言状"。①

1898年（光绪二十四年），直隶全省降雨量并不过多，但因主要集中于京津以东、以南地区，使这些地方造成相当严重的水灾。7、8月（六、七月）间，滹沱河因大雨水势暴涨，漫溢成灾，"上下百数十里，南北四五十里，其间若深州、饶阳、安平、献县、大城各州县境半成巨浸"。宝坻县属新安镇、黄庄之间，南北百余里，林亭口、黑狼口迤东五六十里，也都"被水甚重"。玉田、丰润、宁河等县，同时被灾。据直隶总督裕禄奏报，玉田县成灾5分、6分的有74个村庄，歉收3分、4分的有90个村庄；丰润县成灾5分、6分、7分的有191个村庄，歉收3分、4分的有69个村庄；献县成灾7分的有53个村庄，歉收4分的有9个村庄；饶阳成灾5分、6分的有40个村庄，歉收3分、4分的有41个村庄；深州歉收3分、4分的有12个村庄。此外，天津附近的永定河下游霍家场、葛渔城两处，溢出之水灌入凤河，将萧庄、艾蒲庄凤河东堤冲决两口，直逼北运河西岸，又造成10余决口，使这一带"上下百余里，数十村庄，皆在水中"，极目而望，一片汪洋。当地居民"十室九空，困苦已极"。本年直隶全省被水地区共计52个州县。直隶的东北部，如赤峰、建昌、平泉、朝阳等地，虽未遭水，却在8月（七月）间受霜冻侵袭，晚禾受伤，收成甚薄；受灾严重的地方，只有正常年景的1分、2分收成。

我们曾经讲过，由于顺直地区所处的特殊的地理位置，在这里发生的较为重大的自然灾害，不能不对当时的政治、经济和社会生活产生更加直接和深刻的影响。在顺直地区连续9年水灾的这段时间里，光绪

---

① 《朱批档》，光绪二十三年九月十二日王文韶折。

皇帝不仅亲自"祈晴",而且还专门颁发谕旨,声称"非常灾异,我君臣惟当修省惕厉,以弭天灾"。① 至于留漕米、拨部帑、发仓米、免粮赋等,更是每年都要有几次专门的上谕。但所有这一切,都没有能从根本上减轻当地百姓所受到的难以言喻的灾难,也没有能真正稳定社会的动荡和不安。

第二节　戊戌维新时期以涝为主的全国灾荒

在上节所涉及的时间里,自然并不是仅仅顺直地区有较严重的水灾。有的省份,也曾发生颇重的水旱灾害。如1892年,奉天辽河泛滥,"滨河两岸低洼处所,田亩村屯悉遭淹浸";吉林夏秋间阴雨、霜冻为灾,千百余里间"荒凉满目,民多菜色";山东因黄河暴涨,相继在惠民、利津、济阳、章丘4县境内决口,卫河、运河亦在临清州境内漫溢,造成84个州县灾歉;河南卫河于7月(六月)间漫溢,汲县、新乡等10县被淹,灾民10余万,另有46厅、州、县收成歉薄;山西先旱后涝,通省灾情甚重,有些地方"村店居民或莩或逃或鬻,十室九空,其存者三五零落,沿路丐钱,口称野菜掘完,树皮剥尽","每村饿毙日数十人……竟有易子析骸之惨,其困苦情形,与光绪三四年大略相同"。1895年贵州全省亢旱,"自春至闰五月下旬,及六月初始迭次得雨,迨七月间,干旱如故,田禾多半无收";浙江也在夏秋间先后受旱、被风,灾区甚广;而山东、河南则因黄河及运河、卫河、沁河等先后漫溢,造成大面积的水灾。但总的来说,受灾时间较短,很少持续数年大灾的情况出现,因此恢复尚不甚难,而且就全国而言,不少年份还勉强可以算是中等年景。一直到戊戌维新运动从酝酿到趋于高潮的那一段时间里,才又连续三年发生了以涝为主的全国性灾荒。

1896年,除上节已经谈过的直隶外,尚有四川、云南、山东、山西、

---

① 《清史稿》,卷24,德宗本纪二。

河南、安徽、湖北、江苏、陕西、奉天、吉林、黑龙江等发生较大水灾。

　　四川这年年初在南部的富顺、南溪一带曾发生地震，虽然死伤人数只数十名，震毁房屋数百间，但在这以后，全省多处地方发生"山崩地陷"的现象。山崩地陷造成江壅河塞，再加上长期阴雨，就使得在相当辽阔的地面上出现洪涝之灾。据四川总督鹿传霖奏报，川东的绥定、夔州、酉阳三府，从春季到夏间，一直阴雨连绵，"山多塌裂，倾压民房，各河河水，陡涨漫溢，被灾情形甚重。"①8月28日（七月二十日），重庆府的江津县雷电交作，河水暴涨，山岩崩塌。各处的田地、房屋、什物、桥梁、庙宇多被冲毁，6人被洪水吞没，4人被压伤亡，被灾共199户。夔州府的大宁（今巫溪）县也在同日突降暴雨，河水陡涨数丈，东北城墙腾裂15丈，县属盐厂、羊场等处的田禾、铺户、灶房、桥梁、庙宇也有很多被冲塌，淹没民房30家，冲毁共249户。8月30日（七月二十二日）、9月2日（七月二十五日），紧邻江津的綦江县阴雨为灾，河水大发。县属沱湾、石角镇等处"地裂山垒"，淹坏田亩不少，被灾贫民共115户。从9月24日（八月十八日）至10月2日（八月二十六日），万县连续数日大雷雨，黑龙沟、龙井湾等地，山岩先后坍塌15处，损毁田地400余亩，房屋40余间，被灾者共计90余户。10月2日至4日（八月二十六日至二十八日），绥定府的东乡县久雨不止，中坪山等处山土崩裂，"田园庐墓概被陷没，稻谷房屋荡然无存"，9人被压死，受灾居民300余户，2000余人。这种山崩造成危害的具体情景，我们也许可以把重庆关署理税务司花苏在1901年12月31日（光绪二十七年十一月二十一日）所写的一个报告作为例证。他在报告中回忆说："1896年9月29日的夜间，距云阳县城以上15英里扬子江的大场，发生剧烈的山崩。在这个地点的河床原阔约1200公尺，被坠下的泥土和巨石塞至只约阔250英尺，造成强大陡险的一道激流，以致货运停顿，几百只民船

---

　　① 《清德宗实录》，卷397。

被阻在下面……频繁出险,丧失许多生命。"①这一年四川多次发生的山崩地陷引发水灾的情况,给人们留下如此深刻的印象,以致不少私人信札和日记中也不断提到此事。如《翁同龢日记》12 月(十一月)记:"四川折奏,绥定、夔州、酉阳山崩壅江,江溢流数千家,复船无数,奇灾也。"②川籍京官刘光第在书信中也说:"今年川南地震特久。然川东乃山崩地陷,石出滩壅,数百年罕见之灾发于一旦。""川东为水冲去者,为地陷者,殆不下数千家(原注:夔、酉二属所在地陷尤多),伤田地、伤人口不少;重属地亦陷。"他在次年春间所写的一封信中还谈道,"川东忠、夔、绥数属,见在有人吃人之惨(原注:全家饿死者甚多)。"③鹿传霖在一个奏折中则声称:上述这些地方,"每一州县造报贫民丁口至三十余万之多,赈粜兼施,办到新陈相接,计已需款在百万两以上,库储奇绌,应付无方。"④四川以南的云南在年初也有地震,入秋后又阴雨连绵,部分地区也有冲决河堤、淹没田禾甚至溺毙人口的事情。

山东这一年又发生了黄河决口事件。6 月 28 日(五月十八日),利津县北岸赵家菜园地方,因风狂浪急,河水汹涌,将堤身冲塌 70 余丈,水由东北土塘顺流而下,漫淹了周围的大片土地。8 月 12 日、13 日(七月初四日、初五日),章丘县境内大雨倾盆,连宵达旦,东南山区的山水直泻而下,由瓜漏河直灌绣江河,又漫入护城河,一时宣泄不及,终于漫溢成灾,将县城东南关的民房、铺户及城西北沿河一带村庄的民房冲塌 2000 余间,11 人因逃避不及而为洪水吞没。这一年,山东全省 82 个州县"或因阳雨失时,或因河流漫溢","收成均形歉薄"。山西省夏秋之间,也有阴雨为灾,山水、河流同时并涨,有的地方又有冰雹、霜冻,全省 22 个厅、州、县"秋禾或颗粒无收,或成灾轻重不一"。

河南省太康、扶沟、西华、淮宁、杞县、通许、鄢陵 7 县,春间因天时

---

① 《近代重庆经济与社会发展》,第 131 页。
② 《翁同龢日记》第 5 册,第 2060 页。
③ 《刘光第集》,第 269、271、272 页。"重属"指重庆府属,"忠"指忠州。
④ 《朱批档》,光绪二十三年六月初十日四川总督鹿传霖折。

亢旱，虫灾蔓延，麦收受到较大影响。6月（五月）以后，全省连降大雨，沟渠盈满，洼地大多积水。特别是信阳、南阳、南召、裕州（今方城）、舞阳、商城、叶县等地，在大雨之后，或河流漫溢，或山水奔注，平地水深数尺，大都发生冲塌房屋、漂没民船、伤毙人畜等事。全省共 55 个州县被水减产。安徽省潜山、英山、太湖、六安等地，6月（五月）间阴雨过多，山洪暴发，浸淹大片土地，情形较重。此外，另有 31 个州县遭程度不等的水、旱、风、虫灾害。湖北省应山、孝感、罗田等 6 个州县于 6月（五月）间山水并发，"房屋多被冲倒，田地多被沙压"，并有淹毙人畜之事。9月初（七月下旬），秋汛骤临，川水、汉水同时涨发，一旬之内，河水陡长至 2 丈有余，奔腾直下，势不可当，滨临汉水的荆门、京山、潜江，滨临长江的江陵、公安、监利、松滋等州县，堤垸纷纷漫溃，不少田庐被淹，人口亦有损伤。洪水甚至漫入潜江、宜昌城内。据湖北巡抚谭继洵奏报，这些地区"受灾之重为近年罕见"，仅沙市一地就聚集待赈饥民不下数万人。按御史张仲炘的估计，湖北西部的郧阳、宜昌、施南三府，"被灾丁口约在百万以外"。湖广总督张之洞次年春间所上的奏折中也说，这一带"秋间阴雨数十日，米谷、包谷、番薯、洋芋全行坏烂。各该处皆系穷山僻壤，处处贫瘠，仅食杂粮，素无盖藏。运贩难达，又无他项生计，灾民苦极。数月来，多食草根树皮及观音土，食者辄病，饿莩枕藉，抢夺繁兴"①。江苏自夏至秋雨水过多，苏南一带田禾受伤，收成歉薄；苏北有些地方，低处水深七八尺，高处亦四五尺不等，灾情更重。

东北的奉天、吉林、黑龙江，也都有相当严重的水灾。7月23日、24日（六月十三日、十四日）等日，奉天安东县（今辽宁丹东市）大东沟一带，下了滂沱大雨，加上海水暴涨，平地潮涌四五尺，西南、西北一片汪洋。仅冲倒之民房即达 3000 余间，一时逃避不及而被水淹死的，仅一处苇塘中即积尸数十百具，详细数字无法统计。据盛京将军依克唐阿、奉天府尹松林报告，本年奉天被水的灾民共计 206826 人。吉林夏

① 《张文襄公电稿》，卷 2。

秋间阴雨不绝,松花江、牡丹江、图们江等大小江河漫溢,灾区甚广,灾情甚重。仅三姓(今黑龙江省依兰县)一地,即有被灾居民 32260 人,其中被灾 10 分的八旗兵丁、闲散官庄丁户 17083 口,冲塌房屋 2911 间,淹死 3 人。珲春的城垣冲毁过半,城内不少房屋倒塌,城外田禾悉被水浸,淹死 3 人,被灾 10 分的八旗兵丁共 6578 人。黑龙江呼兰等处也被水成灾。

1897 年,上列省份中除山西由涝转旱外,其余各省仍继续遭受水灾;同时,遭洪水侵袭地区尚有扩大趋势,广东、广西、贵州、湖南、江西、甘肃、新疆也都有程度不等的水患。

上年阴雨为灾、灾荒奇重的四川东部地区,进入本年后又转潦为旱。但时过不久,至 4、5 月(三、四月)间,酉阳州所属的酉阳、彭水、黔江、秀水 4 县,又"暴雨连旬,继以冰雹,压毁田庐,麦之将刈者,秧之甫生者,无不淹坏。甚至山地冲成石田,收成失望"①。这时存粮早已吃完,新粮又毫无着落,一般老百姓只得"掘草根树皮"维持生活。到年末,成都将军兼署四川总督恭寿综述四川全省灾情说:江北厅(今江北县)、奉节、隆昌、秀山、江津等县"水涨山倾,冲塌民房田禾,淹毙男女丁口";通江、长寿、涪州(今涪陵)、万县、开县、酆都、垫江、富顺、巫山、盐源(今盐源彝族自治县)等州县"被水冲毁田地、禾粮、民房、庙宇、桥梁、道路,并淹毙男女丁口";达县、石柱厅(今石柱县)、酉阳州、广安州、岳池县、懋功厅(今小金县)等处,"大雨巨雹打毁田禾杂粮,倾倒民房,压毙人口"。由于连续遭灾,人民生活的困苦程度异常严重。前引重庆关署理税务司花荪的报告中有如下一段描写:"1897 年这一年,将被志为川东饥荒最严重之年,其受灾的严重,虽四川省年龄最老的人亦未曾见过。嘉陵江上溯到保宁府为灾区西界,大宁县、夔州府、万县和梁山县颗粒无收——后二县是人口稠密之区。更西一带,收成因发霉损失一半,西北部完全无灾。……饿死的人成千累万,凶年传染疫病,

---

① 《朱批档》,光绪二十三年六月初十日四川总督鹿传霖折。

死者更多。农民抛弃内地家乡，来到沿江一带，希图得到公家赈济。……据说各善堂单在巴县已施放棺木 8000 具，乞丐阶层完全绝灭了。"①四川以南的云、贵二省，均先旱后涝。云南夏初雨泽愆期，一些庄稼无法栽种。入秋后，又阴雨连绵，使低洼处所多被水淹；宾川、昆明、禄劝、平彝（今富源）等州县均有河堤决口、冲没田庐及淹毙人口之事。贵州春季略有旱象，5 月至 8 月（四月至七月）间，部分地区"雷雨飞腾，山崩蛟涌，洪涛暴发，冲激为灾"，灾重之地，有成灾 8 分、9 分、10 分者。

长江中下游平原，这一年也是遍地水灾。春夏间，湖北省降雨甚多，使长江、汉水提前盛涨，水势汹涌澎湃，将京山县唐心口堤岸冲溃。经奋力抢堵，决口刚刚合拢，不料大汛恰至，又遭漫溢，长江汉水两岸田庐多被淹没。一直到这年年底，被淹之地还没有全部涸复。通计全省被水州县达 30 余个。有些地方灾情特别严重，如天门、汉川两地，地处三台湖流域，接近长江、汉水交汇之处，这里的被水灾民即达数十万，"不惟无粮可食，无田可耕，抑且无地、无屋可栖止"。湖南从年初到端午，5 个月内，一直雨多晴少，使春收豆麦损失过半，不但低田多遭水淹，高处田禾也因缺乏阳光，生长艰难。夏秋之间，澧州、湘阴、华容、永定（今属大庸）、桑植、邵阳、新化等地又继续遭大雨侵袭，不断发生冲毁田屋、伤害人畜之事。江西降雨时间集中在 5、6 月（四、五月）间，使得鄱阳湖泛涨，赣江水势陡涨 8 尺 3 寸，近江濒湖各州县的田亩、房屋、圩堤纷纷淹浸冲决，受灾地区达 28 个州县。安徽自 3 月（二月）后，直到 9 月（八月）间，经历了半年多时间的长期阴雨；特别是 7 月（六月）中，瓢泼大雨连下 10 余昼夜，使得淮河、涡河、浍河同时泛溢，淝河、沙河、渒河之水滔滔灌入长江、淮河；洪泽湖本已淤垫日高，诸水汇归，泄泻不及，周围多被浸淹。淮河流域"本来水涨即淹，岁岁报灾"，但本年的灾情远较往岁为重。不过，正如颖上县一位拔贡生高溥昌在当时所

---

① 《近代重庆经济与社会发展》，第 135 页。

上的递呈中所揭露的:"州县官为浮收计,匿灾不报,即报,亦不实。"①所以地方官往往把灾情说得较轻。如安徽巡抚邓华熙曾作过这样的估计:麦收"低洼虽属歉收,高阜并无大损";秋禾"平陆高原""咸获有秋",只是"滨临河湖之区"受灾稍重,但秋成也"均在五分以上"。但实际情况却完全不是这个样子。次年 5 月 20 日(闰三月二十九日),吏部尚书孙家鼐、芦津铁路督办胡燏棻上折谈及皖省灾情时说:"灾情之重,民情之苦,有不敢壅于上闻者。皖省凤、颍、泗等处,自去年二月至八月淫霖败稼,午秋两季收获甚微。淮、浍、涡、淝同时并涨;滨河左右一片汪洋。凤阳府知府冯煦亲查灾户,除寿州、定远高阜处所灾势较轻外,凤阳县有五万余口,凤台县有二万余口,怀远县、宿州(今宿县)皆六万余口,灵璧县合境皆灾,则有十万余口。其泗州一属在凤阳下游,灾区之重更可知矣。盖以颍州一府及寿州、定远灾势稍轻者计,当已有百万口。以现放之赈款与灾民之数计之,每人所得不过银一二钱,仅能度数日之命。灾宽日久,人何以堪? 是以草根树皮掘食殆尽,道殣相望,遍野流亡,有郑监门流民之图所不能尽绘者矣。"②江苏的灾情,较安徽有过之而无不及。6 月(五月)间,连续 10 余天倾盆大雨,使夏麦基本失收。稍后,又"秋霖连绵,山河合溜。稻粱菽麦,旁及菜蔬,霉烂漂流,一时俱尽。城县村落,十室九空"。尤其是苏北地区,被灾极重。邳州、宿迁、睢宁、沭阳、安东等地,不但田地积水,而且道路被淹,交通断绝。这些地方的灾民纷纷南下就食,仅涌入通州(今南通)一地的难民即有 13000 余人。据两江总督刘坤一给漕运总督松椿等的信中提供的数字,海州、沭阳、安东、清河 4 州县有灾民 20 余万,清河、桃源所属之鱼沟、王家集等处有灾民 16 万有奇,清江南来灾民前后共 12 万多。

　　山东的水灾,一方面是由于黄河岁首岁尾两次凌汛决口,另一方面是夏季多雨使部分地区田庐漂没。第一次凌汛决口发生在 2 月 23 日

---

① 该呈现存中国第一历史档案馆。
② 《录副档》,光绪二十四年闰三月二十九日孙家鼐、胡燏棻折。

（正月二十二日），历城、章丘地方因冰凌壅塞，水势陡涨，以致民埝被决，小沙滩口门宽至 20 余丈，胡家岸口门宽至 40 余丈。决口之水由历城、章丘、齐东、高苑、博兴、乐安等县入海，造成了很大一片灾区。第二次凌汛决口发生在 12 月 13 日（十一月二十日），利津县地方因连日刮着凛冽的北风，天气奇寒，上游的黄水挟着冰凌顺流而下，来势凶猛，终于将利津迤下的姜庄民埝冲刷，并将姜庄迤上的扈家滩大堤漫决成口，刷宽 10 余丈，水由沾化县的钩盘河入海，又在上次决口的北面造成一片灾区。至于夏季暴雨成灾，使东平、东阿等处"受患与黄流无异"。河南、陕西及东北三省的灾情，则大体与上年相仿。

西陲的甘肃、新疆，南国的广东、广西，这一年也发生轻重不等的水灾。特别是新疆，乌鲁木齐西北的呼图壁地方，因被水和被蝗而颗粒无收的土地近万亩，乌什厅所属的洋萨尔、玉尔滚等地，被水成灾 10 分的土地 3131 亩余，使这些地方的百姓生活极为困苦，冻饿而死者不少。广东往往是"暴雨飓风同时交作"，一面是疾风怒吼，一面是大雨倾盆，因此受的损失也格外巨大。仅 9 月 17 日（八月二十一日）那一天，雷州府海康县"陡起非常飓风，急雨如注，咸潮暴涨"，居民"避无可避"，一下子就有 130 余人被溺死或压死；琼州府琼山县在同一天也有许多民房被刮倒，10 余人被淹死，商船、渔船、渡船多被风飘损。据称，"此次飓风亦是十数年来所仅见。"①

1898 年是戊戌维新运动进入高潮，光绪皇帝在康有为、梁启超等人推动下实施变法并惨遭失败的一年。这一年的自然灾害仍然是颇为严重的，正好与充满着尖锐矛盾和剧烈冲突的政局相呼应。事实上，康有为等人发动变法维新运动，一个重要的动因就是出于对因人民生活的困苦而造成社会动荡的担心，正如康有为在 1895 年的"公车上书"中所说的："民日穷匮，乞丐遍地，群盗满山，即无外衅，精华已竭，将有他变。"可惜的是，光绪的变法并没有能改变"民日穷匮，乞丐遍地，群

---

① 《朱批档》，光绪二十三年九月二十八日广东巡抚许振祎折。

盗满山"的状况,千百万因遭受水旱灾荒而无家可归的灾民,依然只能翘首企盼着封建政权偶尔发出的一点可怜的施舍或自己四处寻觅草根树皮以苟延残喘——当然,这是说如果能侥幸活下来的话。

这一年有一些省份(如山西、奉天、江西、湖南、湖北、云南、甘肃等)是水旱杂错的,但相当一部分省份主要是水灾,而且灾情颇为严重。除直隶的情况上节已经叙述过外,被水较重的地区尚有:

四川——已连续三年大水。这年 7、8 月(六月)间,又因雨水过多,造成全省灾浸。由于沱水涨发,资州州署的大堂、仓厫、监狱都浸泡在水中,城墙倒塌膙裂数十丈,"田土淹没甚多,淹毙丁口无数"。紧挨资州的资阳县,因金雁江水涨,县城的东门陷塌,城内进水,仓厫、监狱也悉被淹没,"淹毙丁口甚众"。资州以南的内江县,资阳以北的简州,沿河的街道、场市、田禾、民宅均遭水淹,桥梁道路毁断的也不少,简州城的东、南、北三门全被水包围。川北的广元,川南的犍为,四川中部的射洪等县,也因河水涨溢,遍地漫水。富顺县雒水大涨,把城垣冲塌数十丈,淹没城外东、南、西三面街房及乡场多处民房。涪江涨水,又将遂宁县沿河百数十里的民宅田地统统淹没。嘉陵江的江水,则浸灌了巴县、江北一带的无数田土房舍。全省遭受水灾的地区近 30 个州县,通计收成只达平常年景的一半。

河南——本已连年歉收,"本年自春徂秋,又几乎无月不雨,而且动辄兼旬,以致各河漫溢,附近各村庄均被淹浸"①。梅溪、潘河、涧河在 7 月(五月)间漫溢,巴沟、蟒河、涝河在 8、9 月(六、七月)间出槽,再加上 8 月 8 日(六月二十一日)黄河在直隶长垣县境的五间房决口,顺流下注,使河南省的 360 余村庄"悉遭巨浸",这就造成了该省大面积的水灾。尤其是滑县、永城、温县三地,形成一个三角形,遭遇了"十数年来所罕有"的重灾。据统计,这三处受严重灾害的村庄共达 1042 个。其中,滑县被淹的村庄 360 个,成灾 5 分、7 分、9 分不等,灾民约 220000

①　《朱批档》,光绪二十四年十二月十一日河南巡抚裕长折。

人;永城县被淹村庄大抵成灾 5 分,灾民约 50000 余人;温县被淹村庄也成灾 5 分,灾民约 25000 余人。其余的 40 余州县,一般秋成都在 5 分略多。

山东——前面已经讲过,自铜瓦厢决口造成黄河改道后,山东的黄患连年频仍。但据山东巡抚张汝梅奏报说,"然水势之大,灾情之重,从未有如今岁伏汛之甚者"。8 月中(六月下旬、七月初旬),黄河在济阳桑家渡及东阿高王庄决口,漫水挟徒骇河而行,纵横泛滥,所经之处,平地水深浅者一二尺,深则三四尺,造成了黄河以北、济阳以东"广自十余里至五六十里不等,长自二十余里至百余里不等"的一片广阔的黄泛区。差不多与此同时,黄河又在历城杨史道口决口,漫水挟小清河而行,纵横泛滥,所经之处,平地水深浅者四五尺,深则丈余,又造成了黄河以南、章丘以东"广自十余里至七八十里不等,长自二十余里至七八十里不等"的另一片广阔的黄泛区。据奉旨查看山东赈务的溥良报告说:前一灾区的老百姓,虽有淹死的,但还未听说有饿死的;虽然所食大多是糠秕一类的东西,但总算还不必掺杂柳叶、麦草、棉籽等物,总之,灾情相对来说还算较轻。而后一灾区,则"溜势甚猛,涸退又迟,即地势稍高之处,禾稼皆漂没一空,庐舍亦坍塌殆尽。其民有淹毙者,有疫毙者,有饿毙者,有陷入淤泥而毙者。其幸而未毙者,则自秋徂冬,绵历数月,大都先淘柳叶以杂糠秕而食,继采麦苗屑棉籽以杂糠秕而食。且立春前后,田野犹多冰凌,春麦犹未能补种。即东风解冻,可以补种春麦,而麦种亦复难得,麦秋仍无可望。父老每一言及,辄为泪下。此等苦状,以齐东、高苑、博兴为多,齐东一县又与各县灾区四面毗连,其民尤为困敝"。① 有材料记载,黄水漫淹时,当时被浊浪吞没的即有 50000 人,至于后来冻饿而亡的,更是难以数计。

江苏——这一年江苏被水的时间较上年为早,灾情也"较上年殆有过之"。6 月中旬(四月下旬)就连遭大雨,加之山东省山水骤发,沂

---

① 《朱批档》,光绪二十五年正月初七日溥良折。

河、运河的水涌入苏境,使徐州、海州、淮安等府的堤埝纷纷被冲,低田普遍遭淹。6 月 30 日(五月十二日)以后,又连降暴雨,通宵达旦,"沟浍盈溢,洼区渰漫",造成徐、淮、海一带一片汪洋,尽成泽国。8 月初(六月中旬)以后,仍然是雨多晴少,淫霖相继,积水更难涸复。这些地区本已连续两年被灾,本年春间就已掘草根树皮为食,夏秋又颗粒无收,百姓生活之艰难,自可想见。据两江总督刘坤一、江苏巡抚奎俊报称,"次贫之户亦复转为极贫,数百万灾黎嗷嗷待哺"。但当地政府筹到的赈款,总共只有 20 万两,"以灾民百余万当之,每口仅得银二钱,安能济事!"灾民不能坐以待毙,只得纷纷南下,逃荒谋生,至年末"先后已不下二三十万"。但流落到异地他乡后,并不一定就找到了生路,他们举目无亲,饥寒交迫,以致"槁项黄馘而毙者,日不下数十人",真是悲惨已极。

第三节　义和团运动时期以旱为主的全国灾荒

戊戌变法失败以后,慈禧太后对维新派人士进行了残酷的镇压,对新政全部加以推翻,中国政治改革的一线生机遭到了无情的扼杀。正是在这个时候,久受欺压和凌辱的下层群众,违反封建统治者的意愿,将长期积郁在胸中的怒火,汇集成焯地腾空的熊熊烈焰,掀起了反帝爱国的义和团运动。运动的发动者和参加者,不论在精神上还是在物质上,都缺乏先进的武器。指导他们行动的是掺杂着浓厚迷信色彩的朴素的爱国主义思想;而手中执持着用来对抗洋枪大炮的不过是原始的大刀长矛。这样的运动无法避免悲惨失败的命运。尽管这一场伟大的斗争,不仅震动了中国,而且震撼了世界,但最终在八国联军(一段时间里还有清朝政府军)的残酷屠杀下,几十万、也许是上百万(具体数字将永远无法查清)中华儿女躺倒在血泊里,使我们的民族又一次经历了巨大的创痛和苦难。

这种民族的苦难,因在这一时期遍及全国不少省区的严重旱灾而更加深重了。

1899 年（光绪二十五年），当义和拳在山东和直隶一带日益发展和活跃的时候，全国的自然灾害，一反前三年以潦为主的态势，变成了相当广阔的范围中普遍出现干旱的现象。旱灾主要集中在以往一向频遭水患的黄河流域，清廷的一个上谕这样说："本年夏秋以来，雨泽稀少，直隶、山西、山东、河南等省，被旱之区甚广。"①

前面我们专门叙述了直隶连续 9 年发生水灾的情形。但这一年，却偏偏久旱不雨。直隶总督裕禄 12 月 1 日（十月二十九日）向朝廷奏报说："遵查顺、直各属地近海滨，素称瘠苦，又当连年大潦，粮价奇昂。本年夏令虽得雨数次，均未深透。入秋以来，天时亢旱，灾象已见。穷黎困苦，户鲜盖藏。"②《义和团杂记》中也有这样的记载："光绪廿五年春天至冬，未得下雨，汗〔旱〕，春麦未种。……直隶三省未下透雨，廿六年至五月未下透雨，皆未种上。"③据统计，这一年直隶全省因旱而致灾歉的地区共 33 个州县，另外也有局部地区有被水之处。

山西自入秋以后，一直亢旱缺雨，延至年底，仍无雨雪，所以"省垣南北一律皆旱"。秋收大减，冬麦也无法播种，加之有些地方被霜、被雹、被冻，造成"收成歉薄几于通省皆然"。

山东的登、莱、沂、青 4 府，春旱严重，二麦歉收。8 月（七月）间，"虫食禾稼净尽，粮价昂贵，较光绪二年加倍"。其中，登州的海阳、莱阳、招远，莱州的平度、即墨，沂州的莒州（今莒县）、沂水、日照，青州的诸城、安丘灾情最重，"饿莩枕藉，倒毙在途"。虽由地方政府购粮平粜，煮粥散放，但因系"前此被水连年灾祲之余，元气未复"，所以还是"民情倍形困苦"。

河南春夏之间，本来雨水调匀，颇有丰收之望。但入秋以后，连续干旱，竟成灾歉。旱情尤以黄河以北的怀庆、彰德、卫辉 3 府为最甚，有

① 《朱批档》，光绪二十五年十月二十九日裕禄折。
② 《朱批档》，光绪二十五年十月二十九日裕禄折。
③ 《义和团史料》（上），第 4、5 页。

人奏报说："河南地近畿疆,连年积祲,元气未复。幸省南一带五月间得有透雨,山田早稻收获有五分上下,未尽成灾。惟闻河北三府上芒麦收减色,秋禾枯槁,颗粒未熟。加以冬无积雪,土膏未发,二麦未能播种。弥望千里,飞鸟尽绝。饥民百什成群,聚众攫食。有司不之省恤,转讳言灾。大吏不以上闻,徒虚待赈。"①以怀庆府的济源县为例,该处"秋旱特甚,禾稼大半受伤",南北两乡龙潭、轵成等里共 230 个村庄,成灾 6 分,收成只有 4 分;西乡的在城等里及东乡的万枕山等共 133 个村庄,成灾 5 分,收成只得一半。全县灾民计 29508 户,其中大口 98175 人,小口 21642 人。全省综计被旱及被雹地方共 58 个州县。

陕甘两省也发生大面积旱荒。陕西被旱加上被雹、被霜而成灾的地方包括咸宁、长安(上二县今均属西安)、泾阳、同官(今铜川)、富平、三原、耀州(今耀县)、醴泉、肤施、延川、靖边、甘泉、安塞、延长、保安(今志丹)、宁羌、略阳、榆林、怀远、莨州、神木、府谷、澄城、乾州、武功、鄜州、绥德、米脂、清涧、吴堡等州县。其中有些地方旱情相当严重,如府谷县,收成只有 2 分的土地有 48436 亩余;神木县收成只有 2 分的土地有 38130 亩余;武功县除近河滩地稍有收获外,大部分土地收成不足 2 分,甚至有颗粒无收的;宁羌州的阳平关一带,"遍地皆山,受旱较久",因此灾情也极重;莨州"自夏徂秋,亢阳日久",全县平均收成在 3 分上下。甘肃遭旱地方较陕西为少,约有 20 余州县。

此外,广西贺县因秋季连续干旱,共有 160000 亩土地禾稼枯萎,成灾 5 分至 7 分不等。

到了 1900 年(光绪二十六年),义和团运动进入高潮,作为一种历史的巧合,各地的旱灾也较上年有了进一步的发展。

义和团曾经巧妙地把当时的自然灾害同外国侵略者的罪恶联系起来。他们在各类传单、揭帖、告白、歌谣等宣传品中反复强调,当时北方中国广大地区所以久旱不雨,正是由于洋鬼子的行径惹恼了老天而降

① 《录副档》,光绪二十五年存片,奏主及上奏月日不详。

下的惩罚，"天无雨，地焦干，只因鬼子止住天"，"天久不雨，皆由上天震怒洋教所致"，因此，只有"扫除外国洋人，象（才）有细雨"，"不平不能下大雨"，"扫平洋人，才有下雨之期"。这样，就把对洋人罪恶的揭露同广大群众特别是农民的切身利害联系了起来，因此，这样的宣传颇能奏效于一时。当然，由于它毕竟不是一种科学的解释，所以其宣传效果也就终究不能持久，譬如，一旦天下大雨，旱象解除，又将怎样来说明外国侵略者的滔天大罪呢？但不管怎样，严重的旱灾确实成为义和团运动迅速发展的一个诱因，则是毫无疑问的。《天津政俗沿华记》在讲到 1900 年义和团日趋活跃的情景时，有这样的记载："光绪二十六年正月，山东义和拳其术流入天津，初犹不敢滋事，惟习拳者日众。二月，无雨，谣言益多。痛诋洋人，仇杀教民之语日有所闻。习拳者益众。三月，仍无雨，瘟气流行。拳匪趁势造言，云：'扫平洋人，自然得雨'。四月，仍无雨。各处拳匪渐有立坛者。"①按照这个材料的描写，几乎可以说是义和团的活动同旱情的发展是同步增长的。英国公使窦纳乐在这一年的 5 月 21 日（四月二十三日）写给英国外交大臣的信中，也十分明确地指出："我相信，只要下几天大雨，消灭了激起乡村不安的长久旱象，将比中国政府或外国政府的任何措施都更迅速地恢复平靖。"②这个看法虽然很不全面，但却并不是毫无道理。

但窦纳乐紧接着就说："然而天降甘霖是如此的不可期"——这真是不幸而言中。在整个夏季和秋季，甘霖始终没有从天而降，无情的旱魃在北国大地猖狂肆虐。大批大批的灾民，纷纷加入到义和团的斗争行列，这就使得义和团的声势更加壮大起来。正如一个材料中所说的："北方久罹河患，今年又久旱，不能播种，农民仰屋兴嗟，束手无策，以致附从团匪者，实繁有徒。"③

首先是直隶地区，自春入夏，一直雨泽愆期，特别是直隶南部的大

---

① 《义和团史料》（下），第 961 页。文中"拳匪"是对义和团的污称，下同。

② 《义和团史料》（下），第 541 页。

③ 佚名：《综论义和团》，《义和团史料》（上），第 172 页。

名、顺德、广平 3 府,麦收大受损失。6 月底(六月初),下过一阵透雨,人们满心希望旱情从此可以缓和,不料入秋以后,又连续干旱,造成"畿辅荒旱,赤地千里,民不聊生"①。据直隶总督李鸿章奏报,献县、曲周、高阳、沙河、平乡、广宗、永年、肥乡、广平、磁州、元城、大名、隆平、宁晋、饶阳等 15 个州县,各有数十或数百村庄成灾 5 分、6 分、7 分,及歉收 3 分、4 分不等,民情困苦异常;安州、青县、静海、沧州、南皮、邢台、南和、巨鹿、任县、邯郸、成安、鸡泽、威县、新河、深州等 15 个州县,也各有数十或数百村庄歉收 3 分、4 分不等,虽然勘不成灾,民力也不免拮据。事实上,李鸿章的报告并未反映顺直地区灾情的全貌。例如,这里没有提到的顺天、柏乡、威县、清河等地的州志或县志中,都有"大旱"、"春夏大旱"、"晚禾尽萎"、"五谷不登,十室九空"等记载。此外,由于黄水泛滥,黄河沿岸的开州、东明、长垣 3 个州县田地被淹。开州的长村里等 70 村成灾 7 分,大卫村等 35 村歉收 4 分;长垣县的任双禄村等113 村成灾 8 分,温寨村等 83 村成灾 6 分,冯作村等 242 村歉收 3 分;东明县的白寨村等 55 村歉收 4 分,前师家村等 70 村歉收 3 分。而在京津等大城市,又因为天时不正,疫病广为流行。如:"自四月以来,天气亢旱异常,京城内外,喉症、瘟疫等病相继而起,居民死者枕借〔藉〕。"②天津也因春夏无雨,"瘟气流行,杂灾渐起"③。

　　义和团的发祥地山东,本年春间,因天气骤暖,上游冰解,黄河之水猛涨。仅 2 月 18 日(正月十九日)晚 10 时至次日凌晨 4 时,数小时内,河水陡涨至八九尺之多。澎湃的激流夹杂着满河的冰凌,使不少处堤岸被冲漫决。滨州北岸的张肖堂家地方,漫口 50 余丈,水深 2 丈左右,漫水直趋东北,经滨州、惠民、阳信、沾化、利津,由泽河入海。"方口门漫溢之始,建瓴而下,附近村庄正当其冲,因逃避不及,致以淹毙人口。

---

① 《袁世凯奏议》(上),第 191 页。
② 《庚子记事》,第 247 页。
③ 《天津拳匪变乱纪事》,《义和团》(二),第 8 页。

其房屋倒塌,资粮漂没,尤难数计,情形极为可悯。"①据统计,滨州被淹602 村庄,蒲台被淹 12 村庄,利津被淹 164 村庄,沾化被淹 69 村庄。但入夏以后,不少州县又被旱成灾。如《续修济阳县志》记:"(光绪)二十六年六月,旱,日赤如血。"《清平县志》记:"二十六年夏,大旱,饥。"《临清县志》记:"二十六年庚子夏,大旱,饥。"丘县、馆陶、堂邑等地,也因亢旱失收。河南的阌乡、林县等地;也因"夏秋并旱,麦禾歉收"。全省歉收地区达 64 个州县。

旱情最严重的地区,一为山西,一为陕西。山西春夏间一直多晴少雨,田畴干燥。有时虽阴云密布,但经风一吹,仍云散雨消。二麦枯萎、收成锐减之处,包括临汾、太平、洪洞、襄陵、介休、祁县、永宁、荣河、神池、稷山、岚县、汾阳、平遥、宁乡、石楼、翼城、乡宁、吉州、大同、怀仁、保德、闻喜、垣曲、灵石、赵城、阳曲、太谷、徐沟、兴县、孝义、临县、曲沃、沁源、绛县、河津、霍州、蒲县 37 个州县。及至入秋以后,旱象继续发展。特别是晋南的太原、汾州、平阳、蒲州、解州、绛州、霍州等府州,"得雨较迟,晚禾被旱,察看情形,最为灾重";晋北的大同、朔平二府及口外各厅,"雨迟霜早,受灾亦重"。全省"实在成灾者共计六十余处"。这些地方,"重者颗粒无收,轻者收成歉薄,自十分以至五分以上不等。要皆民情困苦,待哺嗷嗷。"②由于旱荒异常,赤地千里,致"饥民孔多,饿莩枕藉,三晋人心,莫不皇皇"③。"旱乡之民,壮者多逃于外,老弱妇女四出拾槐豆、扫蒺藜以食,树皮都刮尽。"④

陕西这一年被旱成灾的地区,计 60 余州县,"饥黎至百数十万之多"。11 月 5 日(九月十四日)的上谕这样说:"户部奏,陕西连岁歉收,今年亢旱尤甚,麦收既已失望,杂粮迄未长成,节逾霜降,春麦不能下种。通省惟西(安)、同(州)、凤(翔)三属向来稍有盖存,近时亦苦

① 《袁世凯奏议》(上),第 96、97 页。
② 《朱批档》,光绪二十六年十一月二十八日山西巡抚锡良折。
③ 刘大鹏:《退想斋日记》,《义和团在山西地区史料》,第 11 页。
④ 《临汾县志》,转引自《义和团史料》(下),第 1019 页。

力有不及，而北山一带，地本硗薄，更无隔宿之储。"①陕西巡抚岑春煊也奏报说："本年亢旱日久，灾区甚广，且大半连年无收，绝少盖藏，情形十分困苦。"并具体列举重灾区为高陵、三原、泾阳、醴泉、咸阳、富平、大荔、韩城、蒲城、白水、岐山、扶风、肤施、安塞、甘泉、安定（今子长）、延长、延川、定边、靖边、府谷、神木、邠州、旬邑（今三水）、淳化、长武、鄜州、宜君、洛川、中部（今黄陵）、乾州、武功、永寿、绥德、米脂、清涧、吴堡等 37 个州县，次重灾区为咸宁、长安、兴平、同官、临潼、渭南、耀州、兰田、朝邑、郃阳、澄城、华州、凤翔、麟游、保安、宜川、榆林、葭州、怀远等 19 个州县。此外，盩厔、鄠县（今户县）、陇州、宝鸡、汧阳、城固、褒城、佛坪、沔县、华阴、汉阳、镇安、白河、潼关等地，也有程度不同的灾歉。岑春煊在奏折中还谈到自己的眷属自甘肃来陕途中目睹的情景："于路见老幼遑遑逃荒求食，及邠、乾间残黎尤多，略一施予，车不得行。问之，皆数日犹不得一饱粗粝者，枯焦羸瘠，去死一间。……近日各属文报，攫金夺食之辈不一而足。转瞬严令，树皮草根且尽，不至于人相食不止。"②事实上，在岑春煊上折之前，当时的报纸电讯中已有"近日陕西饥荒更甚，致有食人之事"的报道。

当八国联军攻陷北京的前夜，慈禧于 8 月 15 日（七月二十一日）清晨带领光绪、大阿哥溥儁及少数王公大臣仓皇出逃，经过 72 天时间的长途跋涉，最后穿过直隶、山西而到达西安。沿途所经之处，正是本年旱灾最严重的地区。开始逃难之初，慈禧一行曾过了几天衣不蔽体、食不果腹的颇为狼狈的生活，但一旦他们离侵略军稍远、有了较为可靠的安全感之后，他们立刻又故态复萌，置正在受到严重干旱煎熬而挣扎于死亡线上的老百姓的巨大苦难于不顾，重又过起了锦衣玉食、骄奢淫逸的生活。他们在太原临时"驻跸"的短暂时间里，"居巡抚署，帷幄器物甚设，比于宫中"。扈从的 7000 余兵丁，有将近一半"散而为盗"，

① 《光绪朝东华录》（四），总第 4565 页。
② 《朱批档》，光绪二十六年十月十四日岑春煊折。

"会山西岁不登,米价腾跃,从兵不得食,时出劫掠,民苦之"。从山西到陕西,一路之上,需索供应,更成为老百姓的一大灾难。"自太原以西旱,流徙多,而州县供亿,皆取于民,民重困。诏乘舆所过,无出今年税租。然大率已尽征,取应故事而已。武卫军又大掠,至公略妇女入军。"①真是天灾加上人祸,哪里还有老百姓的生路!

陕西以南的四川,山西以南的河南,也有相当一部分地区遭旱荒之灾。四川被旱成灾之处,为江北、巴县、南部、南充、蓬州、清溪、雷波等7个厅、州、县;另有垫江、梁山、秀山、通江、会理、荥经、峨边、青神、珙县、筠连等地,虽未成灾,但也因旱歉收。河南一些州县"夏秋并旱,麦禾歉收",全省粮食大幅度减产的州县达64个。

受旱较重的,还有长江以南的湖南、江西两省。湖南巡抚俞廉三于12月2日(十月十一日)专折奏报该省灾情说:"本年入夏以来,雨泽稀少。……迨至七八月间,连日亢晴,风高水涸,中晚二稻大半干枯,遂成灾象。"据调查,长沙府的湘乡、醴陵、安化,衡州府的衡阳、清泉,永州府的零陵、祁阳,宝庆府的邵阳、武冈,岳州府的巴陵、临湘,辰州府的沅陵,沅州府的黔阳,永顺府的永顺、保靖,以及靖州直隶州、永绥直隶厅等,都被旱成灾。还有一些地方,虽不成灾,但也收成歉薄。这时,北方义和团的斗争尚未完全失败,南方虽因实行"东南互保",没有形成大的群众斗争,但也毕竟是民心动荡,政局不稳。所以,俞廉三在上面那个奏折中忧心忡忡地说:"臣查湖南本非产麦之区,虽或播种,为数无几。专恃稻谷,以供日食。现在本省既已失收,而邻省粮价亦多昂贵,来湘采买者亦复不少。民间向鲜盖藏,日前更虞匮乏,来岁秋成为期甚远,节交冬令,霜雪将严,小民生计愈形穷蹙,情形已极可怜。加以地方伏莽素多,人心浮动,日甚一日。设使匪徒藉是生心,灾黎因而附和,贻患何堪设想!"②江西因亢旱时间稍短,入秋后即降透雨,所以灾情较湖

---

① 李希圣:《庚子国变记》,《义和团》(一),第27、32页。
② 《朱批档》,光绪二十六年十月十一日俞廉三折。

南为轻,但也有 32 个州县被灾。

至于局部地区遭受旱灾侵袭的,还有贵州、新疆、甘肃、浙江、江苏等省,只是这些地区,除旱灾外,往往同时也有水灾发生,因此从总体来说,不能归入旱区而已。

19 世纪的最后一年和 20 世纪的最初一年,就是在这样大面积的旱荒情况下度过的。

第四节　清王朝覆亡前夕的几次重大自然灾害

历史进入了 20 世纪之后,资产阶级领导的民主革命运动日益蓬勃地发展起来,最后终于在 1911 年(宣统三年)爆发了具有伟大历史意义的辛亥革命。这次革命推翻了清朝的统治,结束了中国两千多年来的君主专制制度,产生了中华民国,提高了中国人民的民主主义觉悟。尽管由于领导这次革命的资产阶级本身的软弱,没有也不可能完成资产阶级民主革命的反帝反封建的任务,但它却确实为中国人民革命事业开辟了前进的道路。

清王朝在革命势力的冲击下迅速土崩瓦解,被送入了坟墓,这正好不容置疑地表明,封建君主专制制度已经日暮途穷,再也没有任何生命力了。在中国历史上最后一个封建王朝临终弥留的最后 10 年时间里,不但政治腐败,经济崩溃,外祸日亟,人心动荡,就是对频繁发生的自然灾害,也更加失去了防灾抗灾的能力。在辛亥革命前夕,与革命党人发动和组织的多次武装起义相呼应,曾广泛发生席卷全国的下层群众的自发反抗斗争,而这些自发斗争在很大程度上与当地的自然灾害有着密切的关系。

1901 年(光绪二十七年),全国不少重要省份发生严重水灾。当时有一个上谕说:“东南滨江数省,皆被水患”;其实被水地区,远不止“东南滨江数省”,而是北至松辽平原,南及闽粤沿海,几乎遍及了半个中国。

　　我们不妨先从长江流域说起。《翁同龢日记》这年夏天记："长江自鄂以下决堤，不可胜计。"①湖北的黄梅等县，在6月（五月）间暴雨连朝，长江、汉水同时并涨，使这些地方的"田庐禾稼，大半淹没"。湖南在同一期间也"连日大雨如注"，特别是6月19日、20日、21日（五月初四日、五日、六日）及6月28日、29日（五月十三日、十四日），雨势尤猛，"山原潦水汹涌奔腾，小涧巨川同时泛涨"，结果，使长沙府的益阳、湘潭、攸县、醴陵、长沙、善化（今属长沙）、浏阳、湘阴，岳州府的平江、巴陵、华容，常德府的武陵、龙阳、沅江、桃源等县，"傍山沿溪田地多被水冲沙压，平畴同遭漫淹，沿河堤垸尤多溃决。房屋或经冲激，或因浸溃坍塌，或随水漂流，为数不少。"②当水来之时，老百姓纷纷攀附到屋顶树梢，勉强度活，有趋避不及的，便葬身浊浪，惨遭灭顶。江西遭暴雨袭击，较湖南略早。6月16日（五月初一日）以后，即"大雨滂沱，连宵达旦，河水宣泄不及，陡成巨涨"。6月23日、24日（五月初八日、九日），东边抚州、建昌二府的抚河、汝河、盱江、临水等汹涌澎湃，奔腾而下；西边吉安、赣州二府的同江、泸水、王江、恩江、涉水、桃江、濂水等也相逼而至，一齐汇注入赣江，使南昌附近的江水"骤涨二丈有余，城厢内外低洼处所均有积水二三尺不等"。全省遭水浸淹的地区达40余州县，其中尤以义宁、南昌、新建、武宁、进贤、清江、新淦、贵溪、安仁（今余江）、鄱阳、余干、浮梁、乐平、星子、建昌、德化、德安、瑞昌等18个州县情形最重，不但"田庐皆在水中"，而且"居民避居屋顶楼房，或聚于未没之沙州，四顾茫茫，无舟济渡"。被淹田地，均已颗粒无收。翰林院侍读学士朱益藩等赣籍京官在奏疏中对这年的江西水灾有较详细的叙述："臣等叠接家书，江西自本年五月初间以后，大雨旬余。赣州、吉安、抚州、饶州等府蛟洪迭发，江流暴涨，堤圩坍塌甚多，省河之水长至二丈有奇。义宁、武宁、建昌等州县，城内水深丈余，庐舍、人民、禾

---

① 《翁同龢日记》第5册，第2326页。
② 《朱批档》，光绪二十七年六月初五日革职留任的湖南巡抚俞廉三折。

稼、牲畜,漂流不计其数。其逃避高阜者,饥饿呼号,几不忍闻。江右据长江上游,各府州县之水,仅恃湖口一处为之宣泄,如使洪流速退,尚不至竟成巨灾。不意长江同时水涨,内江之水阻遏不出,环鄱阳湖数百里一片汪洋,顿成泽国,水势一时不能遽退,则灾象因之愈重。……伏查近年以来,苏、皖、湘、鄂等省偏灾屡见,均来江西采买米石,各处旧谷贩卖久空。以本省二十五年水灾,二十六年旱灾,小民日食不瞻,遑问盖藏,此时早稻尚未收获,狂流所经,颗粒无望。以千数百里枵腹待哺之民,一旦罹此沈灾,实堪悯恻。"①据《北京新闻汇报》报道,江西山洪陡发之时,旬日之间,即有 4000 余人为洪水所吞没。至秋间,仅在南昌靠施粥就食为生的饥民"日不下三四万人"。

安徽的灾情,与江西不相上下。自 6 月 23 日(五月初八日)起,"阴雨兼旬,通宵达旦,上游蛟水下注,加以各处山水分流汇江,以致江水陡涨数丈,为近年所未见"。7 月 17 日至 19 日(六月初二日至初四),又"大雨倾盆,狂飙骤作,洪涛巨浪,鼓咷奔腾"。此后,曾畅晴近一旬,接着又于 8 月 25 日、26 日、30 日、31 日(七月十二日、十三日、十七日、十八日)"复遭连朝暴雨,继以狂风,大木为拔,江水续涨"。先后三次的暴风骤雨,使许多州县圩堤被冲决,田宅被冲毁,并多处发生淹毙人口之事。如安庆两处决口,共 30 余丈,江水奔涌而出,"沿堤居民,或登屋顶,或蹑内山,或攀树枝,呼号待救",后虽经救起千余人,但仍有 10 余人溺水而亡。雨止后,仅风餐露宿避居城外堤上之灾民即达 30000 余人。东流县西南城垣漫没,江南岸 150 余里地带,一片汪洋,"几与大江无所区别"。宣城县漫决圩堤 30 余处。繁昌县大小圩堤 124 处,无不漫溃。芜湖县大小圩堤共漫决 58 处,内河外江相通,滔滔灌注,全县田禾十之三四被淹。和州所属保大圩中 48 个村庄同时淹没。全省被灾地方达 45 个州县,尤以安庆府属的怀宁、桐城、望江,庐州府属的无为州,太平州属的当涂、繁昌、芜湖,池州府属的铜陵、东流

---

① 《录副档》,光绪二十七年六月初十日朱益藩等折。

各县及和州最为严重。据安徽巡抚王之春奏报,"各属遭水穷民,统计不下数十万,风餐露宿,待哺嗷嗷"①。处于长江最下游的江苏,6、7月(五、六月)间,先受暴雨侵袭,后又风潮肆虐,沿江沿海一带,尽成泽国。全省圩埂被冲决共千余处,南京城内"积潦深至数尺",9月24日(八月十二日)之上谕称"此次苏省水灾,实为数十年所未有"。②

河南、山东二省,因黄河先于8月5日(六月二十一日)在兰仪县漫溢出槽,三日后又在章丘、惠民二县境内决口,造成大面积水灾。河南仅兰仪、考城二县,即有27人在黄水漫溢时被淹丧生,民房26345间被水冲毁,共有灾民7211户,31789人。此外,河内、修武等60个州县也因"夏秋雨泽连绵,洼地多有积水,秋禾受伤,收成歉薄"。③ 山东被灾地区,以章丘、惠民、滨州等处为最重,邹平、蒲台、青城、济阳等县稍次,全省遭水旱灾害的共达84个州县。直隶春夏间本极亢旱,夏收受到很大影响,不料入秋以后,阴雨不止,南运河、北仓河先后漫决,天津一带被淹颇重。尤其是8月上、中旬(六月下旬),滦平连遭暴雨,造成山水暴涨,一次即有220人被冲殒命。全省因水、雹、虫灾造成灾歉的达101个州县。

此外,南方的浙江、福建、广东,西南的云南,北方的奉天、黑龙江等,也都大雨成灾,群众的生命财产受到很大的损失。

从1902年(光绪二十八年)到1905年(光绪三十一年),虽然全国各地偏灾不断,但较大的自然灾害,主要是以下几次:1902年、1904年四川两次大旱;1904年山东利津县黄河决口;1905年的云、贵水灾及江苏风潮之灾。

四川在1900年、1901年即干旱缺雨,收成受损。到1902年,发生了该省历史上少见的大旱,被称为"壬寅大祲"。这年春天,春旱就极重,入夏后,又滴雨未下,不但杂粮失收,秧苗也无法栽插。干旱持续到

① 《朱批档》,光绪二十七年七月十六日王之春折。
② 《清德宗实录》,卷486。
③ 《锡良遗稿·奏稿》第1册,第159、160页。

秋冬之间,这就不可避免地造成了灾难性的后果。《蓬溪近志》对这一年该县的灾情有这样的描述:"自光绪二十六、七等年,频遭旱灾,民间积贮早空。迨壬寅遭奇荒,受创尤巨。辛、壬冬春之交,县民无所得食,扶老襁幼,迁徙他乡,转死道途者,已难胜计。其不能去者,或男女相守,僵于牖下;或骨肉并命,惨填沟壑;或将尽之喘,卖及儿女,以图一饱;或一家之长,先杀其属,后乃自裁。市廛寥落,闾巷无烟。徒死之余,孑遗无几。"①这里记载的虽是一县的情景,却在一定程度上具有普遍的意义。因为据当时任四川总督兼署四川将军的奎俊奏报说,"先后据报灾区多至九十余处";而三年后接任四川总督的锡良则声称,壬寅年川省"旱地弥广",受灾范围达 115 个厅、州、县,每一县极贫、次贫的灾民"多者二十余万,少亦十数万"。这一年,为赈济灾民,共动用仓谷 12445 石,银 4525365 两。除旱灾外,局部地区还有风灾、雹灾,仅 4 月 22 日(三月十五日)那一天,在离顺庆府城 30 里一带地方,突然刮起狂风,冰雹齐下,扫及南充、西充、岳池三县之境,死伤共 300 余人,"树木房屋之倒拔,禾麦畜产之伤害,不可胜计"。两年后,即 1904 年,四川再次发生严重旱荒。从 5 月(四月)起,川东北的夔州府、绥定府、重庆府、顺庆府、保宁府、潼川府及资州、泸州地方,"愆阳连月,郊原坼裂,草木焦卷。已种者,谷则萎败不实,苕则藤蔓不生,田畴荒涸过多,几有赤地千里之状。乡民奔走十数里以求勺水,往往蔬蔌悉绝,阖门待毙"②。因为此次旱灾离前次大旱仅一年之隔,"前灾元气未复",所以带给人民的痛苦更加深重。据称,此次大旱,受灾面积 59 个州县,灾民达 200 万,清廷筹拨赈款 2927990 两。与川东北大旱同时,四川西部之打箭炉、角洛汛、将军梁等处地方,于 8 月 30 日(七月二十日)、9 月 9 日(七月三十日)、9 月 11 日(八月初二日),连续三次发生地震,不但大批房屋坍塌,并有 400 余人惨遭压毙。

---

① 《义和团史料》(下),第 1070 页。
② 《朱批档》,光绪三十年六月二十四日署四川总督锡良折。

1904 年另一处较大灾害，发生在山东境内。这年 2 月中（正月初间），由于天气突然变暖，黄河上游河面解冻，冰块挟流而下，到利津县境，拥积河中，水势抬高，终于漫过王庄等处大堤，冲决成口，50 余村庄全部被淹。到 7 月（五月）间，又因连续阴雨，河水逐日增加，将利津县南岸大堤冲开，口门刷宽 100 余丈。全省受灾地区达 86 个州县。

1905 年 6、7 月（五、六月）间，贵州的镇远、兴义、郎岱、遵义等厅、县，因突遭大雨，河水溪水猛然涨发，泛滥成灾。洪水冲溢时，如万头猛兽，咆哮而至，将许多民房、堤埝、道路、桥梁一齐冲毁，居民被溺毙者数百人。特别是郎岱厅所属岩觉地方，7 月 6 日（六月初四日）、7 月 13 日（六月十一日）两次暴雨，使该处平地水深丈余，不但使沿河不少居民全家漂流，甚至河湾村全村均为山石所复压，阖村居民，除刘玉元夫妇幸免于难外，全部死于非命。其余各州县亦因秋雨过多，收成歉薄。通计全省收成只 6 分有余。稍后，云南省也大雨成灾。昆明水灌入城，城内各街巷，水深数尺及丈余不等。同时被灾的尚有邓川（今属洱源）、蒙化（今巍山彝族回族自治县）、石屏、新兴（今玉溪）、大关、寻甸、永年、浪穹（今洱源）、太和、会泽等州县。这次水灾给人留下的印象是如此之深，以致在三年之后，继任云贵总督的锡良，在回顾此次水灾时，仍心有余悸地声称："滇省前于光绪三十一年七月间，阴雨兼旬，城外金汁、盘龙等河堤同时漫决，附省数十里民房田亩，概被漂没，灾情奇重。……溯查被灾之始，水势汹涌，深及丈余，数万户灾黎仓促逃生，率匍匐于城垣及附近高阜，露坐环列，无食无栖，悲惨号呼，目不忍睹。"[1]与云贵大水灾差不多同时，江苏发生了淹死上万人的特大潮灾。两江总督周馥、江苏巡抚陆元鼎在 9 月（八月）间上奏清廷说："本月初三、四两日，风潮猛涌，川沙、宝山、南汇、崇明等属沙洲居多，被灾淹毙人口至数千之多，情形甚惨。"[2]《东方杂志》对此曾作专门报道，于灾情估

---

① 《录副档》，锡良片。上奏日期不详，朱批日期为光绪三十四年二月十五日。
② 《清德宗实录》，卷 548。

计更为严重:"江苏沿海大风潮,川沙、宝山、南汇、崇明等处,淹毙人命以万计,上海商埠被水,货物损失值千余万。"①

从这几年的情形看,尽管可以看出自然灾害同群众斗争之间密切相关的端倪,如四川两次大旱之时,正是以"灭清、剿洋、兴汉"为口号的四川义和团斗争进入高潮之日。但由于这一时期资产阶级革命派还正在积聚力量,统一的资产阶级革命政党"中国同盟会"一直到 1905年8月才刚刚成立,因此,群众自发的反抗斗争还犹如星星之火,尚未形成燎原之势。不过,到了 1906 年(光绪三十二年)之后,情况就大为改观了。

1906 年底,爆发了著名的萍浏醴起义。这次起义虽然不是同盟会总部直接策划发动,却明显是在同盟会的影响下发生的。起义军曾迅速发展到数万人,虽然前后只活动了半个多月,却给清朝反动统治以极大的震动。这次起义发生在湖南、江西交界处,而这一年湖南正遭受严重水灾,湘赣交界一带又有重大旱灾。除萍浏醴起义外,这一年全国还发生抗租、抢米风潮及饥民暴动等自发反抗斗争约 199 起,其中一些规模和影响较大的事件,主要发生在浙江、江苏、安徽、湖北、江西、广东等省,这些省份,几乎无一例外地遭水潦灾害,而且大都灾情极重。

春夏间,两湖地区连降大雨,长江、汉水、湘江同时并涨,泛滥成灾。湖南省自 2 月中旬(一月下旬)开始,即大雨不止,4、5 月(三、四月)间,雨势更厉。长沙一带"连阴至四阅月之久",结果是积水横决,衡州、永州、长沙、常德 4 府,"沿岸纵横上下,各居民之生命财产付之一洗;数百里间,汪洋一片"。数十万灾民,"皆冻馁交侵,四乡乞食"②。据 5 月 15 日(四月二十二日)的《时报》报道,长沙周围"宽三百里、长六百里一带之禾田中,水势高十五尺,淹毙人不下三万,情状惨酷,令人不堪寓目"。③ 正因为灾情严重,灾民们衣食无着,因此饥民抢米事件

①　《东方杂志》第 9 卷,第 7 号,第 6 页。
②　《湖南省志》第一卷,第 243 页。
③　《中国近代农业史资料》第 1 辑,第 731 页。

不断发生，"平江、湘阴、长沙、浏阳一带尤甚。平江林姓方储米减粜，抢掠一空；湘阴易姓连日被掠二次；其长乐地方抢粜已数十起，无一拿获；长沙、浏阳乡中稍有积储之家，匪徒十百成群，持械勒粜，杂投瓦砾，不敢计较"①。另据有关人士的回忆，"一九○六年长江流域各省大水灾，国内局势更加动荡不安"，正是萍、浏、醴起义在彼时彼地发生的重要背景。② 而起义军首领之一的龚春台，确曾利用这年夏秋之际湘赣交界一带发生旱灾，粮食短缺，米价上涨的情况，以"打开浏阳城后，没收富户钱粮，大家就有饭吃"号召群众。湖北省水灾情况也颇为严重，据湖广总督兼管湖北巡抚张之洞奏报，入夏以后，荆州所属沿河之江陵、监利、枝江、松滋、石首、公安等县"近水田地悉数被淹"，"刻下一片汪洋，田禾尽没，积水均深丈余，秋收万无可望"③。

安徽北部，3月（二月）间即有"洪水为灾"，夏秋之际，又因雨水过旺，江湖盛涨，全省均遭漫淹，尤以皖北的凤阳、颍州、泗州等地为最重。御史李灼华于次年3月28日（二月十五日）上奏说："皖北自去岁春夏之交，阴雨六十余日，山水暴发，淮、泗、沙、汝、淝等河同时并涨，平地水深数尺，上下千余里，尽成泽国。间有高阜地方，其麦之成熟登场者，大雨兼旬，全行霉烂，颗粒无收。入秋水退，赶种秋禾，乃中秋前后雨势倾盆，不减于夏，河水复相灌注，晚稼扫荡一空。遍野鸿嗷，流亡相属。……近闻饥民饿毙者，日凡四五十人。有阖家男妇投河自尽者，有转徙出境沿途倒毙者，道殣相望，惨不忍闻。"④江苏的灾情更甚于安徽。由于长江上游湘、汉之水"建瓴下注"，再加上7、8月（五、六月）间"阴雨为灾"，使得全省"八府一州"共61个州县的"低处田庐悉遭淹没"。这年11月（九月）接任两江总督的端方，一到任后，就看到"灾民

---

① 《辛亥革命前十年民变档案史料》上册，第401、402页。文中"匪徒"等字样为对抢米饥民之污称。

② 《湖南文史资料选辑》第10辑，第125页。

③ 《录副档》，光绪三十二年六月初四日张之洞折。

④ 《录副档》，光绪三十三年二月十五日李灼华折。

纷纷外出","人心惶惶,谣言四起",他估计"各处灾民不下二三百万"。他很怕这么多的灾民难免滋生事端,便极力广搭棚厂,安集饥民,"以免散至四方,为急则治标之计"。据他报告,清江留养饥民最多,共490000余口,扬州60000余口,江宁53000余口,镇江22000余口。至次年年末,他又综合各州县册报,称全省共赈济灾民7304648口。但实际上,仍有不少灾民因冻饿而死,据御史吴钫奏报,聚集在清江一处的灾民,"每日饿毙二三百人,沭阳一县灾户约三十余万,每日饥毙亦三数百人,草苗树皮剥食俱尽,弃男鬻女,所在皆然"。① 而地方官吏却对"救荒要政,漠不关心",有的官吏在察看灾情时"索贿受规",有的竟将赈灾粮款"折扣散放",以"罔利营私",这就把灾民进一步推向了绝境。周实在《睹江北流民有感》一诗中作了这样的描写:"寂寞蓬门四壁立,凄凉芦絮褐衣单。那知华屋雕梁客,坐拥红炉竟说寒。"

此外,浙江于8、9月(七月)间狂风暴雨,江流涨溢,湖水倒灌,受灾"地面既广,户口甚众";广东自春至夏,大雨滂沱,江水暴涨,狂风并作,广州、肇庆、高州、钦州(今属广西壮族自治区)等地泛滥成灾;河南6月间(闰四月下旬至五月上旬)连朝大雨,山水暴发,开封、郑州、卫辉等地纷纷被淹;福建9月(七月)间风雨交作,通宵达旦,漳州府属的龙溪、南靖、诏安等县冲决堤岸3600余丈,数十人被淹罹难。江西、广西、直隶则水旱兼具,云南则亢旱不雨,赤地千里。总之,1906年是一个全国遭受重大自然灾害的年头。

1907年、1908年(光绪三十三年、三十四年)两年,抢米风潮曾稍见沉寂,这同这一时期自然灾害的略呈轻缓之势,显然并非偶然的巧合。当时灾情较重的,主要是1907年直隶、黑龙江的先旱后潦,造成大面积禾稼失收;1908年广东三次遭飓风暴雨侵袭,灾民达百万之众。其余各省,大体均能接近平常年景。

1909年(宣统元年),全国下层群众的自发反抗斗争约149次,其

---

① 《录副档》,光绪三十二年十二月初七日吴钫折。

中几次规模较大的抢米风潮和饥民暴动,主要发生在浙江和甘肃两省。① 恰恰这一年这两省的灾情最为严重。甘肃省本来已连续干旱两年,不意本年入春后又"雨雪愆期",至6月初(四月中)尚未得有透雨。6月19日(五月初二日)的《大公报》报道甘肃旱情说:"连年以来,天久不雨,而今岁为尤甚。春麦颗粒无收,秋禾至今未种,该处农事向以罂粟及烟叶为大宗,日用粮食多靠北山一带,而北山一带连年歉收。今岁全省皆未得雨,旱干更甚,麦秋已至,不独无粮,且更无水,竟有人食人之概。穷民纷纷逃荒,粮价日增。"7月10日、17日(五月二十三日、六月初一日)的《民呼报》也接连报道说:"旱魃为虐,未闻有至三岁者。甘民之灾,不必问其地域之如何,而其九百九十五日之亢旱,有不至于牛马自仆,人自相食者乎!""甘肃省兰州府素苦干旱,近年来降雨稀少,已罗于贫苦之境,今年特甚。春麦秋禾均未放种,烟叶为该省之重要产物,亦无一不枯萎者。日常之杂谷,强半仰给于北山一带地方,近亦连年收获鲜少,乃至本年则粒谷皆无,且饮水亦至枯竭。今竟呈析骸相食之现象。"②持续干旱引起饥民骚动,安定甚至发生饥民围城求食之事。清政府软硬兼施,加以镇压。革命文学团体"南社"主要成员高旭,目睹灾民之惨状,恨贪官之暴行,特作《甘肃大旱灾感赋》:"天既灾于前,官复厄于后。贪官与污吏,无地而蔑有。歌舞太平年,粉饰相沿久。匿灾梗不报,谬冀功不朽。一人果肥矣,其奈万家瘦!官心狠豺狼,民命贱鸡狗。屠之复戮之,逆来须顺受。况当赈灾日,更复上下手。中饱贮私囊,居功辞其咎。甲则累累印,乙则若若绶。回看饿莩余,百不存八九。彼独何肺肝,亦曾一念否?"③

谁知7月中旬(六月初)以后,又连日大雨,旱象虽告解除,却又因山水涨发,使皋兰、金县(今榆中)、河州(今临夏)、平番(今永登)、沙

---

① 参见《辛亥革命史》中册,第327、328页。
② 《民呼、民吁、民立报选辑》(一),第175、199页。
③ 《辛亥革命诗词选》,第215、216页。

泥、秦州、三岔、秦安、伏羌（今甘谷）、宁灵等地川边低地，田禾大部被冲淹。渭源、狄道（今临洮）、安定、会宁、固原（今属宁夏回族自治区）又遭雹灾。故 11 月 9 日（九月二十七日）的《大公报》载文说："兰州函云，自五六月间迭次得雨后，民间虽已赶种小麦荞麦，奈入秋之后，连日大雨，黄河暴涨，兰州西关房屋多为河流冲倒，沿岸居民淹没大半，所有浮桥木舰等毁去无算，而天气阴霾久不开霁，噫！何天之弃我甘民至于此极也。"

浙江的情形正好与甘肃相反，先是 5、6 月（四、五月）间连遭阴雨，积潦成灾，杭州、嘉兴、湖州、绍兴、严州 5 府田地被淹，秧苗多遭霉烂。有的田中积水深逾一丈，风浪甚巨。7 月（六月）后，又连续数十日滴雨未降，加之夜夜南风，田地干坼更速，补种之苗又告枯萎。到后来"池港皆涸，无水可车，田皆龟裂，前功尽弃"。弄得农民们"有向田痛哭者，有闭户自尽者。连日扶老携幼，进城跪香，告灾求赈，并请发款开浚河港者，情词凄惨，目不忍睹"。但地方官不但置之不理，还"呵叱而驱逐之"，甚至"匿讳灾情，一味催逼钱粮"。连当时一些报纸也尖锐抨击说："呜呼！此地狱变相耶？抑预备立宪之现象耶？海内热心君子，痛甘陇之奇荒，大声疾呼，为民请命，抑知浙中之同胞，陷此悲惨困苦之活地狱，岂竟忍不为之援手乎！"①

除甘肃、浙江二省外，这一年湖南、湖北也有颇为严重的水灾。湖南 6 月（五月）间"阴雨兼旬"，加之长江上游水势猛泻，将公安县境的护堤冲溃 400 余丈，永定、慈利、石门、安福等县沿河一带田庐也都被冲毁。江水直趋洞庭湖，同时沅江、酉江、资江、澧江诸水也灌注入湖，使滨湖的南洲、华容、武陵、龙阳、沅江各厅县围堤也纷纷漫溃。全省"被灾之重，为近年所未有"，据统计，"各处灾民不下百余万人，嗷嗷待哺，非赈不能存活"。② 而湘中的长沙、宝庆、衡州各府，又"雨旸不时，半遭

① 《民呼、民吁、民立报选辑》（一），第 140、173、252 页。
② 《朱批档》，宣统元年九月十四日湖南巡抚岑春蓂折。

虫旱"。这样,就使得全省大部分地区皆陷于饥馑,许多人只能"靠剥树皮、挖草根,勉强过活",或流入长沙等大城市行乞为生,"妇女无处行乞,母子相抱而哭,或将三五岁幼孩忍心抛弃";至于卖儿鬻女之事,更为常见,"其价:小儿七八岁的仅三四百文,青年女子亦不过一二万文,甚至不及一万"。① 湖北的水灾,"延袤六府一州","被淹之广,实为多年所未有"。水灌武昌、汉口城内,许多街道积水数尺,不少居民"均已高搭水阁,老幼悉寝处其上"。最苦的是汉口后城外济生堂一带的贫民窟,居住着万余家棚户,"皆系各轮搬货小工,铁路运土车工,以及无业贫民,既无地可以迁徙,又难以高搭水阁,惟有终日淹没水中,听天由命而已。"②

此外,安徽、广东、江苏、奉天、吉林、新疆等省,也都洪涝为灾,有些地方灾情还极其严重。仅以《大公报》有关吉林水灾的报道为例,即可见一斑:"吉林于本月(指旧历六月)初八日早四钟,天忽大雨倾盆,时降时止。比晚雷雨交作,江中洪流泛滥,城内外低洼之处,尽成泽国,说者谓四五十年来从未见过,诚巨灾也。……松花江水向深数尺,自此次大雨后,陡涨一二丈。潮流涌激,不可阻遏。江岸南北骤宽数丈,西关南岸尤全行浸灌,惟见汪洋一片,中有数株杨柳而已。""兹据四乡警局报告,各处淹浸死亡之户口甚多,四局四区界内大屯淹没百余家,死亡十余口。络络街淹浸八十余家,死一百一十余口。哈达湾淹没七八十家,死二三十口。金家屯淹没八十余家,榆林子淹没六七十家,棋盘街淹没百余家,大小唐房淹没百余家,小天齐街淹没四十余家,以上所死人口未详。传闻各江湾河套尸横遍野,三区界内江密峰街淹毙人民六十余口,孟家屯淹毙十七口,蔡家屯淹毙五十余口,巴虎屯淹毙四十余口。又距省六十余里大江门口山裂,雨水骤至,冲没百余户,约死三百余口,唐家崴子淹没七十家。又新开河约淹毙七百余口,其距该河附近

---

① 《湖南省志》第一卷,第273页。
② 《民呼、民吁、民立报选辑》(一),第172、173页。

各屯,约淹毙千余口。统上被淹民户以数百计,死亡人口以数千计,诚巨灾也。"①

到了 1910 年(宣统二年),下层群众自发的反抗斗争发展到了最高峰,据不完全统计,全国这一类斗争陡然上升到 266 次。这种情况的出现,生动地反映出革命的形势已经日渐成熟,统治阶级再也不能照旧统治下去,人民群众也再不能照旧生活下去了。这种形势的造成,自然有着多方面的原因,但自然灾害的普遍发生,也不能不是一个不容忽略的因素。为了说明这一点,我们只要指出下面这个事实就足够了:1910 年发生的抢米风潮,其特点之一,就是几乎全部发生在长江中下游的湖北、湖南、安徽、江西、江苏 5 省。② 而这一年全国的自然灾害,主要集中在两个大范围:一是东北 3 省;另一就是长江中下游 5 省。(如果扩大一点,还应加上与此 5 省紧邻的河南、浙江两省。)

东北的黑龙江、吉林、奉天 3 省,于夏秋之际,连降暴雨,致使嫩江、松花江、柳河、瑷珲坤河等纷纷发水,大片土地被淹。由于水势猛疾,一些地方受害甚重。如奉天新民城,为柳河漫水冲灌,"当水发时,官民猝不及防,登时奔注城市,洪涌四达,水深四五尺、七八尺不等。顷刻人声鼎沸,屋巅树梢相继揉升呼号待救,府署监狱均被水淹,审判厅全数倾倒,旧存文卷及器皿衣物均被漂失"。③ 除水灾外,东北 3 省还发生严重的鼠疫流行,造成人口的大量死亡。据记载:"宣统二年,岁次庚戌九月下旬,黑龙江省西北满洲里地方发现疫症,病毙人口。旋由铁道线及哈尔滨、长春、奉天等处,侵入直隶、山东各界,旁及江省之呼兰、海伦、绥化,吉省之新城、长安、双城(今属黑龙江省)、宾州(今属黑龙江省宾县)、阿城、长春、五常(今属黑龙江省)、榆树、磐石、吉林各府厅州县。报章所登东三省疫毙人数,自去岁九月至今年二月底止,约计报知

---

① 《大公报》1909 年 8 月 11 日、15 日。
② 参见《辛亥革命史稿》第 2 卷,第 418 页。
③ 《朱批档》,宣统二年八月十四日东三省总督锡良折。

及隐匿者已达五六万口之谱。"①这大概是中国近代历史上最严重的一次鼠疫流行,在这年年底,清王朝甚至专门发出上谕,要求外务部、民政部、邮传部共同会商,研究对策,并指出,如果一旦在关内发现有鼠疫传染的迹象,就立即"将京津火车,一律停止,免致蔓延"。这也可见问题的严重程度了。

至于长江中下游的水灾,湖北则江汉湖河同时泛涨,当时的报章以"水灾惨重,十室九空"来加以形容。仅黄冈一县,河水泛溢时,即有数百人为洪水吞没,"计被灾之区,约长五六十里,报绝者数十户,田园被沙压者无算,其生存之人,刻皆无家可归"②。像这样的灾区全省有28个州县。安徽夏秋之际,暴雨成灾,仅皖南的宣城、南陵、繁昌等县,即有20余万亩田地被淹;而皖北之灾情,更远远超过皖南。传教士罗炳生关于皖北的水灾有如下的报告:"此次皖北百姓,多言今年灾状为历史上所罕见,以今年夏秋之交之暴雨,实为历史记载中所罕见,故秋禾全数悉被淹没,核其面积约占七千英方里(一万八千一百三十平方公里)之广,人民被灾而无衣食者,约有二百万。近数月来,死亡之惨,日甚一日。"③其中,尤以凤阳府的宿州、灵璧、怀远,颖州府的蒙城、涡阳,泗州的五河为最重。亳州算是受灾次重地区,但据《东方杂志》的报道,也就够触目惊心的了:"颖州府属亳州于六月二十六日起,烈风暴雨彻夜通宵,直至七月初二始止,城垣倾倒四十余丈,雉堞崩塌十余丈;北门、西门城楼,同时倾颓,外垣亦倒六十余丈,城中屋宇倾圯者,不可数计。涡水涨二丈余深,桥梁漂没,船只沉溺,两岸数百家,尽付东流,田中秋禾,摧折已尽,城厢内外压毙二十余人。至七月初三日,又被倾盆大雨,城厢房屋倾塌益多。州境之宋塘河、赵王河、武家河、百尺河、

---

① 曹廷杰:《防疫刍言及例言序》,《曹廷杰集》,第275页。又据《东方杂志·中国大事记》载:综计鼠疫死亡人数约一万九千余人。见《东方杂志·中国大事记》第8卷,第1号,第15页。

② 《东方杂志》第7年第8期,第236页。

③ 《东方杂志》第7年第11期,第351、352页。

油河,均多漫溢,河下营业小户将千家,均倾家荡产,树厂木料,缸厂窑货,被水冲去十之七八,水势之大,为数十年来所未见。粮价飞腾,且无处购买,断炊十之四五。"①江西灾情较安徽略轻,但也自夏至秋,多次暴雨,使"丰城以下沿湖十四州县,田亩大半概被浸没,广大无边之腴田,一时尽成泽国"。江苏年初则雨雪交加,夏秋则阴雨连绵,夏麦秋禾大半霉烂,尤其是苏北的邳州、睢宁、安东、沭阳等地,"庐舍多荡为墟,流亡者十逾五六,每行数里、十数里罕见人烟。或围蔽席于野中,或牵破舟于水次,稚男弱女蜷伏其间,所餐则荞花、芋叶,杂以野菜和煮为糜,日不再食。甚则夫弃其妇,母弃其子,贩鬻及于非类,子遗无以自存。惨劫情形,目不忍睹"②。此外,稍北的河南,稍南的浙江,也各有三四十州县遭洪涝灾害。河南仅滑县一处,即有 299 个村庄"顿成巨浸"。浙江一些地方"庐舍冲坍,人畜漂流,惨毙无数",仅嵊县一次就"捞获尸身二百余具";东阳县洪水暴注时,"骆店村三十余家,全行冲没,竟无一存。西蒋村二十六家,则仅存三家。双湖村二十四家,则仅存一家。水发时正在半夜,人皆深入睡乡,故遇灾之时,竟连房屋床铺漂流而去,不知所之。翌日,死尸沿路横搁,真有目不忍睹耳不忍闻之惨"③。

这里要特别讲讲湖南的情况。因为这一年发生的长沙抢米风潮,是震动全国的重大事件,也是辛亥革命前夕群众斗争的一个突出例子。关于这次风潮的详细经过,在一些著作中已经讲得不少,但直接引发这次斗争的湖南自然灾害情况,却大抵还是语焉不详。在这一年以前,湖南已经连续数年水灾,米谷早已缺乏。这年初夏以后,始则天寒地冻,继则暴雨狂风,造成又一次全省性的罕见奇灾。6 月 1 日(四月二十四日)的《大公报》报道说:"湘省自前月二十四日起,天气奇冷,与隆冬无异,是夜竟降冰雹。本月初四、初五两日夜,雷电大雨,继以暴风,初六

① 《东方杂志》第 7 年第 8 期,第 235、236 页。
② 《录副档》,宣统三年正月十四日江、皖查赈大臣冯煦折。
③ 《东方杂志》第 7 年第 8 期,第 231—234 页。

清晨水结成冰，田园蔬果，概被损伤。刻下河水陡涨三丈余，已至城外，倘再阴雨，则城内又不免水灾矣。澧河一带各府州县，近又纷纷驰报水灾。……常德府城因朗江水势陡涨，下南门现已封闭，市面冷落异常。该郡去岁水灾，居民流离失所，惨不忍闻，至今且有鬻妻卖子以图存活者。刻下元气未复，又遭阴雨，麦豆杂粮损失过半，所播稻种多不发生，其饥馑情形，诚有不堪设想者。沅江、龙阳、湘阴各县属滨河而居者，此次天雨不止，河水陡至，屋宇概成泽国，牲畜器皿无一存者，死者至数百人。……澧州、石门、安福、安乡等州县，去岁水灾地方，困苦情形，伤心惨目；今春北围垸各处甫经修复，又被冲塌，凄惨情形较前更甚，刻已树皮草根剥食殆尽，间有食谷壳食观音土，因哽噎腹胀，竟至毙命者。……湘潭县连日狂风暴雨，继以冻雪，四乡秧苗均已打损十成之八，非再行下种不可。当夏令而有此朔风冻雪，真奇灾也。"①全省灾民达 10 余万人，他们离乡背井，四处流浪，以苟延残喘。聚集在长沙等大城市的灾民"老弱者横卧街巷，风吹雨淋，冻饿以死者，每日数十人"。长沙的抢米风潮正是在这样的具体背景下发生的。

1911 年（宣统三年），上面提到的这些省份，再一次普遍发生严重水患，两湖、江浙等省，灾情与上年不相上下。武昌起义的枪声，正是在广大人民群众啼饥号寒的伴奏下打响的。人民群众不堪忍受腐朽黑暗的封建统治带来的种种天灾人祸，于是，他们便理所当然地把这样的封建王朝扔进了历史的垃圾堆里。

---

① 《大公报》1910 年 6 月 1 日。

第 六 章

政局动荡下的民初灾荒(1912—1919)

第一节 连年不绝的大面积水灾

封建君主专制主义的清王朝的被推翻,具有资产阶级共和国性质的革命政权——南京临时政府的成立,是辛亥革命的一个伟大的胜利。以孙中山为临时大总统的南京临时政府,在它存在的短短三个月时间里,曾经采取了一系列有利于社会发展的革新措施;在革命风雷的激荡下,民主精神也在全社会得到了新的昂扬。许多关心国家前途命运的人对这些新气象感到欢欣鼓舞,满以为从此中国有了希望。但时隔不久,在中外反动势力的内外夹攻下,软弱的资产阶级不得不将革命胜利果实拱手让给了帝国主义和封建势力的工具——袁世凯。虽然资产阶级革命派为挽救共和国而继续进行了各种斗争,但都遭到了失败。"中华民国"变成了一块徒有其名的空招牌。代替清王朝统治的不过是封建军阀的争夺和混战。当时鲁迅讲过的一段话,颇能代表一部分爱国爱民的热心人士的心态:"见过辛亥革命,见过二次革命,见过袁世凯称帝,张勋复辟,看来看去,就看得怀疑起来,于是失望,颓唐得很了"。① 一些先进的人们,正是在失望之余,开始了勇敢的新的探索,终于在 1919 年爆发了五四运动,稍后又成立了中国共产党,使中国的民主革命进入了一个新的历史阶段。

显然,民初的这一段时间,是一个政局动荡的时期。在这样一种社会政治背景之下,自然灾害的情况又是怎样呢?

首先一个值得注意的现象,就是从 1912 年到 1919 年,几乎没有一年不发生大面积的水灾。可以这样说,在这个历史阶段,水灾是中国社会最主要的一种自然灾害。

1912 年,水灾较严重的省份有安徽、江苏、福建、广东、湖南、直隶、陕西、四川、浙江、云南等。3 月初(正月中),刚刚就任临时大总统不久的孙中山曾两次批文,指示安排安徽的救灾事宜,在其中的一个批文中说:"皖省灾情之重,为数十年所仅见。居民田园淹没,妻子化离,老弱转于沟壑,丁壮莫保残喘。本总统忝为公仆,实用疚心"。② 鉴于皖北连年水灾,实"因淮河淤塞所致",上海"华洋义赈会"曾提出要求治淮,但这时政权已落入袁世凯的北京临时政府之手,一心只想着争权夺利的袁世凯当然不会对治淮感兴趣,此议自然不了了之。孙中山还在 3 月 27 日(二月初九日)发布《令财政部拨款实业部赈济清淮灾民文》,文中引用江北都督蒋雁行的电文说:"前奉大总统来电,以江北灾情甚重,已筹款发交张总长(按:指实业部总长张謇)分别办理。现在清淮一带,饥民麇集,饿尸载道,秽气散于城郊,且恐郁为鼠疫。当此野无青草之时,定有朝不保夕之势。睹死亡之枕藉,诚疾首而痛心。现虽设有粥厂,略济燃眉,无如来者愈多,无从阻止,粥厂款项不继,势将停止。苟半月内无大宗赈款来浦接济,则饥民死者将过半矣"。③ 这几个文件,不但反映了安徽、江苏两省 1911 年、1912 年灾情的严重,也反映了作为"国民公仆"的孙中山在短短的当政期间对人民疾苦的真诚关怀。

---

① 鲁迅:《自选集·自序》,《南腔北调集》。
② 《批卢安济等呈》,《孙中山全集》第 2 卷,第 187 页。
③ 《孙中山全集》第 2 卷,第 282 页。

这一年，福建省的漳州、泉州等地，6 月（五月）间"连日阴雨为灾"，有的地方水深丈余，田禾大都被淹。福州城内"街市几成泽国，来往者非舟不可"；特别是"西南门外一带房屋悉造大水，漂没居民既不安于室，又无米为炊，惶恐之状至不忍言"。厦门自 6 月 2 日（四月十七日）起，连雨 20 余日，弄得"商务萧条，民不聊生"。① 广东省的石龙、新会、江门、三水、高明及粤东的惠州、潮州所属地方，因夏间雨水过多，"禾田杂粮尽遭淹没，饥民遍地，令人目不忍睹"。潮州府的惠来县水围县城，使城门不能出入，后又"雷雨大作，水势更凶，城之北隅被水推倒约三丈余，为从来数十年未有之奇灾"。② 湖南自 8 月 6 日（六月二十四日）以后，曾连续暴雨数昼夜，使"河水陡涨二丈有奇"；10 月中（九月初），再次连日大雨。两次遭水，使不少地方庐舍漂没，田禾浸淹，益阳、安化等县，"淹毙人口甚多"。湘东萍醴交界地方，铁路被冲毁，造成火车停开；各路电线亦因洪水冲毁，而多阻隔。陕西南部在 7 月初（五月中）"阴雨连日，河水暴涨，沿江一带田禾尽被漂没，桥梁道路破坏者难以悉数"。四川也有洪水为灾，据《申报》报道，仅石砫厅（今石柱县）一地，在 7 月 8 日（五月二十四日）洪峰穿城而过时，就有千余人为浊浪所吞没，至于财产的损失，就更无法计算了。报上的文章说，这次水灾使该城"街巷变为沟渠，市井变为沙漠"，是"历来未有之奇灾"。

灾情最重的，是直隶和浙江。这年夏间，直隶的永定、大清、滹沱、子牙、咸水、北运等河相继泛决，数百里土地上，大水白茫茫一片，一望无际。直隶省议会副议长王箴三在上海张园向"顺直水灾上海义赈会"报告说，这次水灾，"灾区有三十六州县之广，灾民达一百四十余万之多。非随流漂泊，即露宿风栖"。③ 据称，直隶的这次水灾，是进入 20 世纪以后最严重的一次。浙江的水灾完全是突发性的，灾难的降临

---

① 《申报》1912 年 6 月 22 日。
② 《申报》1912 年 7 月 10 日。
③ 《申报》1912 年 10 月 26 日。

集中在 8 月 29 日（七月十七日）8 时至 11 时的短短三小时之内，呼啸怒号的狂飙，卷挟着瓢泼的大雨，还翻掀着巨大的海浪，使沿海的宁波、台州、温州及处州等府，遭到措手不及的摧残。9 月 19 日（八月初九日）的《申报》报道宁波、处州的灾情说："据谓溺毙者共有五万人，无家可归者共有十万人之众。此信虽得自宁波，然所指遭殃之地，必宁波、温州之中间"。"该两处水灾尤以青田、缙云两邑为最重，死伤人口计在二十八万有奇，其未经淹毙者数几百万，但家室荡然，饥寒交迫，无住无食，何以为生"。次日，该报又专报处州府灾情说："（该府）水灾异常奇重，实为数百年来所未有。顷悉该处共有十县，青田、云和等五县漂没无存，共计淹毙人口至二十二万有奇"。

1913 年，除湖南、广东、安徽、浙江、直隶继续遭受水灾外，新受水灾的省份又有湖北、广西、吉林、山西等地。其中，浙江的重灾区，仍在温州、处州一带。8 月（七月）末，连续风雨交作，山水陡发，洪水由青田下泻，直灌永嘉、瑞安，"城镇村落，多被淹没，田园庐墓，损失尤夥，死亡约以十数万计"。① 直隶的灾情虽较上年为轻，但永定河、大清河、运河各堤也都先后决溢，水发时，"淹毙人口约二三千人"之多，损失也颇为惨重，除此以外，灾情严重的地区，一为湖南，一为广东。湖南自入春以来，即雨水过多。4 月 20 日（三月十四日）以后，又连日阴雨，河水大涨。长沙的城门被水封闭，无法开启；城内低处，水深几至一丈。5 月17 日（四月十二日）的《申报》报道说："湘省连日阴雨，山洪骤发，河水陡涨数丈。上流自衡州、醴陵、湘乡、湘潭及各口岸，下流自省城西北门外新河口、沙湖洲、三汊矶、靖港、乔口、湘阴、芦林潭，凡沿河各处居民，屋宇水已齐檐。男女老幼，无门可走，多蜷伏屋脊，而又天雨不止，冲倒房屋，淹毙人口，不可以数计。有全家数十口遭淹毙者，有屋宇全栋随波直流而下者，水中尸骸及牲畜什物，所在皆有"。广东在春夏之交，多次遭狂风暴雨侵袭，西江、北江一带地方，房屋基围，多被冲塌，人畜

---

① 《东方杂志》第 9 卷，第 4 号，第 4 页。

禾稻,淹没无算,5 月 4 日(三月二十八日)的《申报》以《粤省风水大灾之惨象》为题发文说:"昨夜三点钟时,自飞来峡上至英德县属,忽起狂风,继则滂沱大雨,直至午后一点始息。闻琶江附近,当起雨时,先雨雹约一小时之久,大如鸡蛋。雨止后,英德一带之江河忽然澎涨,其来源颇猛,一日夜之久,竟涨至一丈余,如源潭关前琶江口横石等墟及附近各村乡,多被淹浸,致田间野地亦成为一片汪洋。当狂风陡起之际,闻胡联村倒塌房屋数间,树木多被拔起,又粤汉铁路横石站全间瓦盖亦被揭去。……此次西江水涨,其故缘于上游雨水过多。从化县于本月二十四日早四点钟起至暮止,倾盆大雨,以致山水暴发,各处纷报崩基,计当时鱼梁尾埠基围崩四十余丈,新河基围崩十余丈,大凹村基围崩至七八十丈,麻村石峡各崩围二三十丈,东区大石洞、韶洞冲塌屋宇无数。除牲畜不计外,溺毙数十人。麻村墟大富围石峡各村,适当其冲,全村屋宇皆被冲塌,家具牲畜悉被漂流,溺毙十余人。人民饥饿无依情形,至为惨苦。而县城城门各处,亦浸至二丈余,县署亦被冲塌。约计损失总数在百万内外,实为近年来罕见之奇灾云"。入秋以后,长乐(今五华)、普宁、靖远、陆丰、惠州等地,又风雨成灾。长乐县一次即冲毁店屋数千间,淹毙人民百余口;普宁淹毙八十余人;陆丰县城内水深六尺余,房屋倒塌十之八九;其余的也损失惨重。

1914 年,主要遭受水灾的省份为直隶、吉林、黑龙江、山东、山西、江西、湖南、四川、贵州、广东、广西,其中灾情尤重的仍为湖南、广东,另一则为四川。

湖南自夏至冬,迭遭阴雨。6 月(五月)初,即连日大雨,使醴陵、湘乡、益阳、嘉禾等地"田禾庐舍,尽遭漂没"。6 月 16 日(五月二十三日),再次大雨,沅江、澧江、资江、浏阳河等同时暴涨,湘潭、浏阳、益阳、湘乡、湘阴、新化、沅江等 20 余县复遭水淹。特别是省城长沙,因湘江之水不断增加,冲决圩堤,突被洪流浸灌,灾情极重。6 月 28 日(闰五月初六日)的《申报》载:长沙北门外的汤头圩"被水冲溃,并闻附近之捞刀河一带,亦于是晚冲毁房屋甚多,淹毙人口不计其数,省城沿河一线,城外上自南湖港,下至草码头,接近新河,所有房屋一律被淹,无少间断。城内则自学宫以上至北门以下(历七城门),沿城住户亦皆被淹,有齐檐者,有封顶者。居民多掀屋瓦坐之屋脊,以待施赈,警察用划船给粥。……大小西城门水势,距门顶最高处仅隔尺余,凡坐小划出入者,均须俯伏划上方能过去。至附城各居民,当房屋被淹时,均纷纷搭梯向城墙垛口缘入,以为出路。……并有被水灾民,升楼上屋,而水势亦随涨随高,竟至不能栖止者,多用门板木盆浮水而出,藉以逃生"。6月份水灾刚刚过去,7月15日、16日(闰五月二十三日、二十四日)又连降暴雨两昼夜,长沙再度被淹,湘潭受灾最重,周围百余里间,汪洋一片。而且此次发水,"既在黑夜,又值大雨,人民多在睡乡,一旦忽罹此厄,乡间又无船只,所有房屋多系历年土墙,一经水淹即已坍塌,男妇大小非遭压毙,即遭溺毙,故此次房屋之倾倒者以千数百计,人口之溺毙者亦以千数百计"。① 萍醴、株醴铁路多处为洪水冲断,长沙火车仅能开至株洲。待至11月(十月),衡阳、泸溪、羊角脑等地,又迭遭水、风、虫灾。广东入夏以后,连日大雨如注,西江暴涨,北江也同时泛滥,酿成巨灾。据《东方杂志》报道,仅广州、肇庆两府,就有"灾黎数十万,灾区广约九千方里"。② 6月27日(闰五月初五日)的《申报》报道更为详细:"西江水道,处粤省之上游,故一遇水患,水势就下,各属受害无穷。顷悉梧州地方,连日西潦暴涨,水长二丈有奇,计都城而下肇庆、高要(今属肇庆)、高明(今属高鹤)等处,水势均长八尺,其余南海之九江、鹤山(今属高鹤)之大基头,新会之大河围,顺德之龙江、龙山、容奇、桂洲约长七尺,香山(今中山)之小榄八围约长六尺,三水、佛山等处亦如之。最奇此次水长极为迅速,故各处基围之未经修补者,目下大为危险。又连日西潦暴涨之大,实为近年所罕见,十四、十五两日,梧州水涨二丈七八,其顺流而下所经之封川(今属封开)、西宁(今郁南)、德庆、

---

① 《申报》1914年7月31日。
② 《东方杂志》第11卷,第2号,第14页。

高要各属,均遭潦患。……此次西潦暴涨,其水势之速而猛,实为数百年所仅见。据父老传闻,水之至大者,初则乾隆甲寅(1794 年),次则咸丰甲寅(1854 年),此两甲寅肇庆围均崩决,近则光绪乙酉(1885 年)。不料今年甲寅,比较从前两甲寅及乙酉,均涨过二三尺之多"。四川之成都及其南部地区,久晴不雨,亢旱成灾。大邑、富顺、雅安、天全、丹棱、眉山、琪县、广汉、南川、兴文、安岳、资阳等县,河塘干涸,田地龟裂,禾苗焦枯,米价腾贵。但重庆及灌县一带,却连续阴雨,江水暴发,河流盛涨,被水成灾。不料到夏末秋初,原先干旱地区,也连降大雨,特别是省城成都,因锦江漫溢,城区被淹,溺毙人口,造成巨灾。9 月 14 日(七月二十五日)《申报》载:"省城自 8 月 22 日夜起,倾盆大雨,檐溜如注。23 日一日未息,夜亦如之。24 日午前雨犹大,午后稍息,然犹纷纷未止也,是夜淋滴终宵,及旦稍休。25 日 9 时,仍沛然而下。三日来各街长流如河,深者至膝至腰,浅者没胫没踝。最深之地,厥惟西门少城,其次则北门文庙等街,再则南门二三等巷,其他各街有全淹者,有淹大半者,有淹数段者,非赤足芒鞋不能越而过也。若东南城根,则不堪问矣。公寓铺户入室登堂,一片汪洋,望之兴叹。有灶下生波不能举火者,有床头作浪不能卧息者。……惟少城情形尤为可怜,祠堂街一带无有一家不进水,无有进水不深没腿膝者,旧将军署顺利及通顺各街,有淹至胸腹以上者,诚数十年来未有之巨灾也"。又说:"8 月 22 日夜起,成都省城大雨倾盆,一连五日未止。锦江暴涨,水溢于岸,东南环城一带,一碧万顷。……24 日晨至夕,由九眼桥冲过之死尸,约三十人之谱,此外有已死者,有未死者"。一直到 20 余天后,水始渐退。

　　1915 年水灾的重灾区,集中在东北三省。此外,直隶、山东、河南、湖南、湖北、江西、江苏、浙江、广东、广西、云南也都有程度不同的洪涝之灾,其中广东的灾情较上年更重。

　　这一年黑龙江夏季雨水过多,江河涨发,使虎林、密山、饶河、富锦、呼兰、兰西、肇州、大赉、拜泉、青冈、绥化、汤原、龙江、泰来、海伦、巴彦、木兰、庆城、通河、铁骊、通北、讷河等 22 县被淹。特别是呼兰县的灾情最为惨重，8 月 16 日（七月初六日）的《申报》有如下报道："江省呼兰县于 7 月 29 日天气忽变，大雨如注，转瞬水深四五尺。30 日雨势更大，水又盛涨，呼兰河之水较两岸高丈余，河心不能容，遂澎湃四溢，涛奔浪涌，直达数十里，溢入街中低下之处，浪花直超过屋巅。商民之家多被水淹没，房宇倒塌者甚多，沿街电杆倾斜，田禾冲刷，货物漂泊更不知凡几。至 8 月 1 日，水势皆退，人民之心得以少定。然大田之中，低下之地，仍一片汪洋也。闻此次呼兰之水，系从古所未有，街内卸下之水深者达丈余，皆从窗户涌入，商民一时情急，均将门扇卸下，权作舟楫，乘之逃命。无如人民多不识撑驾之术，加之水势过急，被水冲去者不计其数。至于乡间更不忍言，逼近呼兰河之村庄，无一不大受其害。最甚者为郎家窝铺，该屯约五十余家，河水突来，浪如山立，全屯之中，并不见有一屋存在。"吉林省开春后因天气突然转暖，各处积雪消融，水均归入松花江中，江面冰层开解，冰块顺流而下，此倾彼轧，堵塞江面，使江水骤然大涨，吉林城内不少商店民居均被淹毁，"颇有栋折榱崩之势"。入夏后，又多次大雨，松花江水再度涨发，省北的大荒地、下洼子，省西的桦皮厂、崔家屯、搜登站等处，临河田地，无不遭淹。尤其是饮马河水势最大，沿河的吉林、双阳、长春、德惠等县，"田地被冲无算"。奉天 7 月 26 日（六月十五日）以后即连日阴雨，8 月 1 日（六月二十一日）发生特大暴雨，"势如倒泻银河，两日夜方休"。辽阳的太子河，锦县的大凌河，新民的柳河，铁岭的辽河，以及巨流河、浑河、蒲河等，都泛溢出槽。鸭绿江水一昼夜间暴涨一丈七八尺，以致横流泛滥，沿江平地水深七八尺。据辽沈道尹荣淑章报告，这次水灾，被淹共 11县，仅新民县就有 120 余村被淹，被灾民户 9000 余家，灾民 30000 余人；锦县四乡被灾村庄 90 余处，灾民共 2000 余户，房屋倒塌 4000 余间，而在县城附近则损失更重。①

广东已是连续第 5 年遭受水灾，前两年均为重灾地区。这年夏天，

---

① 《申报》1915 年 8 月 16 日。

又发生大洪灾,灾区之广,灾情之重,都超过上年。7月初(五月中),因连降暴雨,东江、西江、北江同时猛涨,广州适当其冲。7月10日(五月二十八日),广州街头低处即已积水;12日(六月一日)水势骤长,部分街巷水深逾尺;13日、14日(初二日、初三日)浸高3、4、5尺不等,深处达七八尺有奇,有的地方"水淹至过屋,纷纷倾塌。男妇老幼,哭啼呼救,惨不忍闻"。广州以外,北江的连县、连山(今连山壮族瑶族自治县)、阳山、翁源、清远、佛冈、英德、龙门等县,东江的增城、河源、兴宁、博罗、惠阳、龙川、东莞等县,西江的高要、三水、四会、德庆、新兴、南海等县,同被重灾;茂名、吴川、化县、信宜、合浦、肇庆、惠州、悦城、韶关等地也皆有水患。佛山镇洪水涌过时,"全镇数十万难民,露宿岗顶,绝食待救。传闻死于难者二万余人,塌屋亦有千数百间"。①

　1916年全国的水灾,相对来说较前几年为轻。湖北、江西、贵州、陕西等省,虽都遭水,但被淹的只是局部地区,如湖北主要集中在襄河附近的天门、汉川、潜江、沔阳等县,(据称这些地区"溺毙人民牲畜甚夥"),江西集中在景德镇周围(据称景德镇"居民死于水者约数千人"),贵州集中在遵义一带(据称此处水灾"损失约在百万金以上"),陕西集中在蒲城、富平、华县、大荔等县(据称这里冰雹"击毙人畜",洪水"冲毁田庐")。全省范围内普遍被水的,主要是江苏、安徽二省。江苏7、8月(六、七月)间,阴雨连绵,河湖并涨,造成苏南的常州、苏州、吴县、吴江、昆山、奉贤、无锡、镇江等地,苏北的六合、扬州、高邮、宝应、兴化、盐城、东台、阜宁、赣榆、安东、灌云、桃源等地,"田庐尽被淹没,居民溺毙不少"。安徽也因夏季雨水过多,圩堤漫溢,使滨临淮河的各县"秋禾尽淹,庐舍莫保"。

　1917年,全国遭受水灾的省份达到12个,而且其中约有一半左右灾情均颇严重。其中最重的要数直隶地区,"水患所至,几及全境"。自7月15日(五月二十七日)以后,连日倾盆大雨,至7月27日(六月

---

① 《申报》1915年7月25日。

初九日)夜间,永定河突然决口百余丈,汹涌的河水掀起巨浪,直向下游奔腾而去。宛平县 20 余村被淹,漫水在固安县境溢入小清河,小清河不能容纳,又溢入牤牛河,"沿河禾稼尽被淹没"。由于大清河水势盛涨,使霸县县城附近"全成泽国,沿堤一带房屋倒塌无计"。安次县因暴雨积水,再加永定河漫水的冲击,100 余村被淹,四城全被水围。武清县也因永定河漫水横流,数十村庄尽遭淹没。此外,南北运河、潮白河、箭杆河、拒马河等也相继冲溃,仅箭杆河两岸即有 300 余村庄被淹。涿县"乡城全成泽国,该县统计三百九十余村,今被灾者已在三百村左右。房屋十倒七八,灾区人民除被水淹毙者外,其余残存者,或一家数口,露宿房顶;或身无寸缕,避居他村,悲惨情形,不堪目睹。而被灾最重者,有阖村一屋不留,其乡民尚露宿泥潭之中,奄奄待毙,其灾情之重,相传为数十年来所未有"。① 入秋后,又连降大雨,天津与保定之间也变成一片汪洋,仅天津城内即有灾民数十万人。京汉、京奉、津浦等铁路及桥梁被洪水冲坏,不能通车。据督办京畿一带水灾河工善后事宜处熊希龄致上海总商会函称:"总计京直被灾一百余县,灾区一万七千六百四十六村,灾民达五百六十一万一千七百五十九名口,尚有大名、抚宁、长垣未据造报,未经列计在内"。② 据《字林西报》公布的数字,则称此次直隶大水灾,灾区共 105 县,被淹区域共 12000 平方英里,房屋被冲者 80000 处,恃赈济为活的达 3000000 人,田禾被毁者值一亿元。

除直隶外,湖北长江水势猛涨,冲决堤垸,淹没良田万顷,武昌城内各街均为水浸,"汉阳之城,宛在水中,登城而望,四围皆水。"全省受灾者 20 余县。湖南湘江暴涨,安乡、沅江、南县、长沙、安化、新宁、华容、湘潭、汉寿、衡阳、祁阳、丰阳、桂阳、永明、衡山、嘉禾、岳阳、湘阴、南乡、常德、澧县、阴雨岳州阴雨、临阴雨湘、通道、宝庆、武冈、益阳等地,广大

---

① 《申报》1917 年 8 月 8 日。
② 《申报》1918 年 2 月 5 日。

群众挣扎在波涛浩渺之中,嗷嗷待哺。一些人在洪水冲淹时惨遭灭顶,仅沅江一县即"淹毙人口三百余名"。奉天7月(六月)后阴雨不止,巨流河、大凌河、浑河、辽河、洮河、柳河、青河、柴河等先后泛滥,33县被水成灾。据统计,受灾最重的新民县冲倒房屋7500余间,淹毙人民不知其数,待赈灾民四五万人。辽源县灾民30000余人,冲倒房屋3900余间,淹死男女37人。锦县待赈灾民30000余人,冲毁房屋2900余间,冲去男女54人。铁岭被水灾民10000余户,冲毁房屋2300余间,淹死男女27人。西丰待赈灾民5000余人,冲毙人口71人。开源灾民9000余人,冲倒房屋2200余间,淹死不少。梨树县灾民10000余户。平康县灾民5700余人,冲倒房屋760余间。其余各县亦有轻重不等的损失。

1918年、1919年两年,遭受水灾的地区,虽然前者有广东、福建、云南、贵州、湖南、湖北、江西、河南、山东、直隶、奉天等省,后者有江苏、浙江、广东、福建、湖南、湖北、安徽、江西、河南、陕西、直隶等省,但或者成灾只是局部地区,或者水退较速,总的看灾情略轻于前数年。较重者,如1918年广东22州县被淹成灾,贵州威宁县一带"饥民不下万户";1919年江苏南部普遍洪水泛滥,湖北灾区面积达1000余里。这对当时这些地区的社会生活所产生的影响,自然也是不小的。

综观民初这一段时间,连续不断的大面积水灾,始终像一头凶恶的猛兽,无情地吞噬着人民的生命财产;尤其像广东、湖南等省,几乎是十年九涝。人民在这样的社会环境中,真正可以说是生活在"水深火热"之中了。

第二节　旱、蝗、风、火之灾

上一节,我们强调并用事实表明了,在辛亥革命后到五四运动前的这段时间里,对中国社会威胁和损害最大的自然灾害是洪涝之灾。这当然不是说,不存在其他形式的灾害。事实上,其他各种自然灾害不仅存在,在局部地区还是极为严重的。

拿旱灾来说,在这一时期,我们不能不提到 1912 年的河南之旱,1914 年的浙江之旱,1915 年的四川之旱,1916 年的湖南之旱及 1919 年的云南之旱。

自 1912 年夏季以后,河南即亢旱不雨,一直持续到 1913 年的整个春天,都未下透雨。结果,便形成遍及全省的大旱荒。《申报》刊载的《河南旱荒调查记》说:"河南自去岁六月不雨,迄于今春,麦已枯槁,秋禾未播,哀鸿遍野。……兹将该省各处惨状分志于左:[开封流民之塞途]汴垣旧日设有粥厂兼有教养局,专收无业贫民。近日各处饥民因无地就食,群趋于汴,其数已达三万以上,充途塞巷,马车不能行驶。转为饿莩者,每日约有百余。[怀庆之吃人肉]客有自河朔来者言,前在怀郡东北某山麓,见一贫民,携八九岁之小儿逃荒,旋因步履不慎,跌倒于地而死,小儿号泣道旁,旋亦死焉。次日某村人前往掩埋,至则见死人股部之肉,不知被何许人刮尽而去,盖该处人吃人已数见不鲜矣。[唐县之全家饿死]唐县山坡上某甲,老幼八口,其母年逾七十,饿而死。某甲拟出外设法埋葬,正举足出门,不料为槛所阻,跌死于地,其妻及子女兄均谓除死外更无他法,相对而泣。翌日,八口尽死在一处,呜呼惨矣!"[1]这里虽只是一鳞半爪的花絮式的描写,但通过这几个小镜头,反倒比读那些"饿莩塞途"之类的概括性叙述,对这次旱灾的情况有更为深切具体的感受。试想,仅开封街头每天就有百余人因饥饿乏食而身亡,这就是一幅何等悲惨的情景!

1914 年夏,浙江各地久不得雨,富春江、新安江沿岸及金华一带,亢旱成灾,"禾稻多被槁死,收成极为歉薄"。尽管粮食稀少,米价昂贵,但这次只能算是中等程度的旱灾。因为据报载,"山民无从得钱,则食番薯玉蜀黍以度日",虽然这二者"枯死亦不少",但比起吃草根、树皮、观音土的日子来,应该说是有天壤之别了。

---

① 《申报》1913 年 5 月 4 日。

　　1915 年的四川大旱,情形就要严重得多。由于冬春间雨泽未沾,所以四川各地"山粮尽枯,小春失望,田水枯竭,播种无从。东南西北各道,几于无县不荒。贫民采食草根树皮充饥,被灾之重,为数十年所未有"。① 资中、内江及附近各县约千余里范围内的大片土地,干坼龟裂,禾苗尽枯。遂宁县境内饥民发生"吃大户"现象,"相率向富家有谷者坐食"。南川县因干旱异常,米价涨至 2400 余文一斗,竟发生了一李姓饥民"杀子充饥"、其妻伤子而自缢、本人悔痛亦自杀的悲惨事件。忠县灾区遍及全县,极贫、次贫灾民达 40000 余户、150000 余口之多,"饥民鬻妻弃子,掘剥蕨根树皮以食者,所在皆是"。垫江也是水田干涸,豆麦无收,全县百余里范围之内,皆成灾区,极贫、次贫的灾民约8000 余户、29000 余口。彭明、安岳等县旱象较别处更重,"极贫之户因度日维艰,有卖妻鬻子苟延旦夕者,亦有仰药自杀或投河而死者,凄惨之状,笔难尽述"。四川筹赈总局一个叫罗震炘的调查员,在一封信中描述他目睹的灾情说:"三月五日夜泊长寿,询悉该县自去岁十月至今,亢旱甚久,田水枯竭,小春已无可望。……次日抵涪陵,灾象尤甚。民多菜色,斗米三十六斤价至二千五六,倚山一带恐慌万状,贫民恒以树皮草根麻头充食。……日前县属尖山子居民秦姓,因饥寒交迫为富绅冉某所知,赠钱一钏,意在拯诸穷途,不图秦姓受赠,潜买砒霜割肉和食,毒毙全家八口,至今谈者尤为凄然泪下。……七号小住酆都,访问灾情,较涪尤烈。并亲见名山天子殿树皮,已被饥民剥食殆尽,实为历来未有惨剧"。②

　　1916 年,全国遭受旱灾的有湖南、山西、河南三省;但后二省只是春旱,麦收虽受影响,全年年景尚属中平。湖南之旱发生于 6 月(五月)之后,持续至次年春间,干旱时间颇长,灾情自然也重。特别是湘南地区,地势较高,山陵甚多,相当一部分稻田全恃雨水灌溉,这些地方

---

① 《东方杂志》第 12 卷,第 5 号,第 6 页。
② 《申报》1915 年 4 月 10 日。

"竟至粒米无收"。起初还希望冬季麦收，或能补稻之不足，不料冬麦也因旱枯萎，人民生活之困苦，也就不难想见了。

1919 年云南的旱灾，也是比较严重的。4 月 13 日（三月十三日）《申报》的一段报道，概括地说明了这次旱灾的基本情况："自去年阳历 8 月 25 日至今半年，天气异常亢旱，颗雨未下，以致已栽之一切豆麦杂粮，全行炕毁，小春已无收成。因此全省人民异常恐慌。米价昂贵，比较去年高几倍。灾民遍地，惨不忍睹。而全省尤以迤东之昭通、东川一带为最，所有旷地发生之野菜树根草茎，均已拔食净尽，实数年来未见惨状也"。

旱灾之外，还有蝗灾。在这一段历史时期中，蝗灾的发生也几乎是连年不绝的；但大多数年份，都只是出现在个别省份的局部地区，为害不大。在较大范围内造成重大危害的，主要集中在 1914 年、1915 年两年。

1914 年，安徽、河南、江苏、湖南、湖北均有蝗灾发生。安徽这一年夏秋之间，"风雹旱蝗，灾荒几及全省"①，其中尤以蝗害最烈。据安徽都督倪嗣冲称，滁县、和县、盱眙（今属江苏省）、全椒、来安、定远、合肥、繁昌等县，"蝗蝻发见竟蔓延十数里或数十里之遥"，造成收成大减。但地方当局以"时局艰难"为名，仍多方搜括，开征钱粮。安徽巡按使韩国钧承认，由于蝗灾及其他灾害，全椒、天长、凤阳、灵璧、舒城、宿县、盱眙、来安、合肥、凤台、五河、寿县、滁县、蒙城、庐江、定远、怀远、东流等 18 县，全年收成不及五厘、一分；泗县、霍邱、巢县、颍上、六安、阜阳、霍山、亳县、怀宁、桐城、建德、无为、宿松、望江、贵池、铜陵、含山、潜山、太平、和县、太湖、青阳、南陵、泾县、涡阳、太和、宣城等 27 县，灾情虽然稍轻，但收成也不足六分。但除最重之全椒蠲免四成外，其余均"仍饬酌量开征"。② 河南有 45 县"或遭风患，或遇雹击，或罹水厄，或

---

① 《东方杂志》第 11 卷，第 4 号，第 10 页。
② 《申报》1915 年 1 月 13 日。

被虫伤"，其中尤以邓县、方城、沁阳、南阳、淅川、遂平、潢川、息县、西平、确山、南召、罗山等12县被灾最重。江苏"入夏以来，先旱后蝗，继以大水"，灾区之广，遍及全省。如6月26日《申报》载："东海蝗飞遍野，伤禾甚烈"；赣榆县当"蝗灾正盛"之时，又遭大雨，"尸骨漂流暂难数计，老弱垂毙者露宿嗷嗷"；邳县、宿迁、沭阳等县，也都是"旱蝗之后继以大水者"。所以1915年1月17日的《申报》载文说："去岁江苏巨灾，旱蝗遍省，以江北为尤甚"；"此次灾区之广几遍全省，旱蝗之后，江北地方益以水灾，赤地千里，居民流离"。湖南、湖北这一年主要是水灾，上节已经作过介绍，但局部地区也有蝗灾。如湖北江汉、襄阳、荆南等30余县，就有"旱魃肆虐，兼受蝗害"；襄阳各属"多因上年苦旱，致生蝗蝻，遍野皆是，大为田禾之害。……今岁春收颇旺，人皆庆幸，不意蝗蝻复现，秋获已无望矣"。①

1915年，除安徽、河南、湖北仍有蝗害发生外，京津地区也于6月（五月）中旬后有蝗蝻萌生，以后逐步蔓延，至9月（七月下旬至八月下旬）间，更是飞蝗成群，"连绵交飞，天日为暗，人民惊惶异常。"②安徽蝗灾面积较广，合肥、庐江、无为、全椒、桐城、怀宁、滁州、来安、定远、巢县、盱眙等县，"均各有之"。河南先后发现蝗蝻的，主要集中在沈丘、新野、济源数县，受灾区域较安徽为小。湖北春夏之际曾遭水灾，本以为蝗虫不易生长，不料入夏以后，不但蝗虫蔓延甚广，而且蝗祸甚烈。7月11日（五月二十九日）的《申报》载文说："鄂省自本月二号以来，天气晴爽。各处蝗虫之前传被雨渍死者，皆不可信，至是蝗见日光，振翼蜂起。武汉一带，无日不见大批蝗虫，遮天蔽日，盘旋半空，亦有离地数丈或丈许或数尺而飞者，即行如鲫之街巷，均见有蝗掠面而过。武汉人民昔闻蝗祸之酷烈，今不幸目睹，大为惊惧。蝗过之处，男女老少皆大呼'看蝗虫'，其声甚惨，盖人民于食粮前途无限之恐怖也。闻五号四

---

① 《申报》1914年7月1日。
② 《东方杂志》第12卷，第11号，第4页。

时，有由汉阳飞越大江至省垣之一队，飞行历二小时之久始尽。……又闻省城落蝗，以南乡石嘴为最，东乡金口、招贤、五里界、青山等乡，亦莫不有。白沙洲地方并有自生之蝗，尚未生翅，而与黄冈县对岸之鄂城县葛仙镇亦有落蝗。汉阳东家涝为生蝗最多之地，禾苗已十食七八，汉口后湖与柏泉，虽有蝗未为大害。汉川县则受害最酷，不独伤禾稼，即四月麦熟之际，已被跳蝻啮食。该县黑牛渡一带，现几野无青草，如古书所载蝗祸情状无异。现在襄河两岸如沔阳、汉川、天门、潜江等县，大江两岸如汉阳、夏口、黄陂、武昌、鄂城、圻水等邑，俱有蝗之足迹，若不迅速扑灭，湖北全省恐不一月，即蔓延俱到。"除上述地区外，尚有随县、枣阳、光化、谷城、黄冈、广济、圻春、江陵等县，亦遭其害。总计此次湖北有 20 多县发生蝗害，"所过之处，早稻顷刻咀尽，农民大为恐慌"。

一般来说，蝗灾常常同旱灾相联系，风灾又常常同水灾相联系，所谓"风伯雨师"，往往联袂而至。在上一节叙述水灾情况时，我们已多少涉及到一些地区发生的风灾。但有几次主要因飓风而造成巨大损失的事件，还应该在这里略作一点交代。1913 年 4 月 21 日（三月十五日）夜半，广西桂林突遭飓风侵袭，"乌云起于空际，转瞬西南风大作，雷电继之。浓云泼墨，疾如奔马，并降雨雹。斯时风力之猛，拔木塌屋，为近来所未见"。① 这次大风，把停泊在水东门外的船只，漂没撞坏了数百艘；文昌门外一带的民房，几乎一扫而空；城内外百余株数十年大树，尽皆连根拔倒；连石牌坊等也毁坏不少。至于全城被风吹塌的公廨庙宇民房店屋，更是无法数计；即使有些房屋侥幸未塌圮，屋顶的瓦也大半被揭去。在树木及建筑物纷纷折塌之时，有不少人被压死压伤。第二年的 6 月 29 日（闰五月初七日），湖北斧头湖畔的咸宁县，"忽然狂风暴雨大作，雷电交加"，东乡一带许多房屋被风刮塌，不少人口被压伤，"棚屋则多随风卷至空中，大木被拔不知其数，田禾十九损伤，诚

---

① 《申报》1913 年 5 月 22 日。

该邑从来未有之风劫也"。① 9 月 19 日(七月三十日),武汉也"忽起大风,势极猖獗,曲尽翻江搅海之能。江中舟船为其颠覆,岸上房屋为所摧折,死人不知凡几,亦一时之浩劫"。② 湖北省的这两次风灾,更加加剧了全省自然灾害的严重程度。

　　1915 年上海、浙江的风灾,则是这一时期中损害最大的一次。7 月 27 日(六月十六日),福州至长江口间海岸之旋风,经浙江沿海进入上海。当晚,上海狂风骤起,大雨倾盆,一直持续了近 20 个小时,始渐平静。"当风力最猛之时,吹坍房屋不少,其船只之遭险,电杆之被折者,亦不计其数。……浦江潮水骤涨增数尺,黄浦江中大小民船冲翻沉溺者甚多,查至 28 号午刻为止,计有二百余艘,溺毙男女人口不少;沿浦滩所览电灯电话杆木,被风吹倒折断者,约有一百余根;房屋墙壁吹坍者亦颇不少。……闸北药水厂北面且有潮水上岸,冲去茅棚一百余间,瓦屋数十间,其他各处茅棚亦都被冲。……沿路之树亦为风拔起,受伤者约数十人。……又闻闸北共和路塌倒房屋数十处,新闸路川虹浜平屋吹塌墙壁数十处,其他如西藏路、大庆里北、福建路、云南路、九江路等处倒塌房屋,亦复不少。大南门外江北贫民所搭之草屋平屋,均遭风坍毁。……沪南既有风雨,又有潮,以致里外马路里街等低洼之处,积水成渠,电车停驶,一切船只货物均难运卸,昨日各商店及茶酒等肆俱停止营业。……公共租界各处房屋被风吹倒者不可胜计,压毙人口甚多"。③ 据上海县知事沈宝昌对此次上海风灾的调查,"综计南北两市共坍毁商店房屋一百余间,半毁者一百余处;坍毁民屋九百余间,半毁者八百余处;因塌屋压毙者大小六名,捞获溺毙十三名;因塌屋被压受伤者三十余人。此外吹倒树木,损折电杆,坍毁路面,漂失船只,触处皆有,所受损失甚巨"。④ 上海附近的苏州、青浦、松江乃至长江北岸的南

---

① 《申报》1914 年 7 月 10 日。
② 《申报》1914 年 9 月 25 日。
③ 《申报》1915 年 7 月 29 日。
④ 《申报》1915 年 8 月 17 日。

通、扬州等地,也受这次旋风影响,造成程度不同的损失。旋风途经浙江时,不仅挟带暴雨,而且掀起海潮,使杭州湾周围的广大地区,发生数十年未有之大海啸,形成巨灾,据当时新闻报道,海宁冲倒海塘 30 余丈,潮水内灌,使居民庐舍牲畜漂没百余户;海盐潮势奇猛,海水漫塘而过,被淹颇广;绍兴东塘一带被风雨损坏塘身五丈余,丁家堰沿塘浪高一丈有余,塘上庐舍漂没尽空,"一时罹灾之家指难偻屈"。特别是海潮来时,"居民皆在梦中,均被卷入江心,所脱难者不及过半。当于次日检点损失,闻已失去人口一百数十人,牛羊鸡犬不知其数,棉花亦被一浪打尽";萧山北海正塘塘身裂陷数十丈,江水内灌,"所有庐舍鸡犬及种植等物,尽在洪涛巨浸中";平湖、余姚、上虞等地,也因狂风骤雨,摧毁房屋树木无数,淹毙人口牲畜不少。据浙江巡按使屈映光估计,"各地受灾人民在万户以上,田庐牲畜器具损害,不可胜数,实为从前未有之奇灾"。[1]

　　到 1918 年,广州又遭受一次大风灾。这次风灾发生在 8 月 15 日(七月初九日),具体情形,《申报》有颇为详细的报道:"15 日阴霾蔽空,八时许即有狂风卷地而来,旋复大雨如注。迨至十二时较前益为紧急,有如万马奔腾,不特凉棚风兜窗棂诸物,纷纷为风吹去,即园林树木,亦多被摧残。……及下午五时,风雨仍未稍息,各街多已淹没,为风吹下之物,触目皆是,各街铺户且多闭门,暂停贸易。……远望白鹅潭,惟见一片汪洋,随风汹涌,已无船只来往,景象亦甚惨淡。闻芳花棣各围园之果木,是日摧残已尽,且复拔起老树多株,损失颇大。船艇为风击沉者亦有数艘,大沙头之花艇闻亦几濒于危。至吹倒墙壁篷檐及屋宇倒塌一部分伤毙人命者,则已随处皆见,纪不胜纪"。[2]

　　俗话说:"水火无情"。火灾虽同水、旱、风、虫等完全因自然条件所造成的灾害略有不同,其中还有诸如"失慎"等人为因素在内,但其

---

① 《东方杂志》第 12 卷,第 10 号,第 2 页。
② 《申报》1918 年 8 月 22 日。

对于人们的危害,则与水灾等并无二致。由于本书主要任务是描述近代社会自然灾害的基本轮廓和总的趋向,因此迄今为止对于很大程度上带有偶发性的火灾未著一字,但这并不等于说在本章以前的整个晚清时期,没有发生过重大的火灾。如果举一点灾情较大的例子,则如:1870年9月(同治九年八月),湖南衡阳大火,"延烧三千余家"。1878年4月11日(光绪四年三月初九日)晚广州大火,"死亡枕藉,其破腹折足断臂而死者尤为常事,甚者或双足倒悬断壁之中,或只身高蠢危竿之上,伤心惨目"。1884年(光绪十年)秋间因天时亢旱,四川发生多起火灾:9月21日(八月初三日)彭家县属郁山镇一次"延烧民房百余家";9月26日(八月初八日)酆都大西门不戒于火,"共烧民房一千五百家",34人葬身火海;次日,涪州南门较场坝失火,"烧毁沿城房屋、盐号、庙宇三千余家,烧毙居民男女约有百余丁口"。1892年(光绪十八年)冬,广东高要县属金利墟大火,"延烧民房二百余间,男女致毙一千余名口"。1894年(光绪二十年),四川省发生多起较大火灾,其中最严重的是巴县城内一次被烧铺户1082家;金堂县延烧民房1000余家。1907年9月7日(光绪三十三年七月三十日)夜,福建省福州城内大火,"延烧店房二千家"。1911年5月8日(宣统三年四月初十日),吉林省城大火,历23小时始被扑灭。全城五分之二地区被烧,焚毁店铺、衙署、第宅共2458户。以上这些事例,当然远未反映晚清火灾的全貌,只是略见一斑而已。从民国成立到五四运动这段时间,却也有几次较大的火灾,是在概述灾荒情况时不应该完全略而不提的。这主要是:

1915年7月13日(六月初二日),广州发生特大火灾。这年夏天,广东水灾颇重,这在上一节中已有具体叙述。正当广州市水势浩瀚之际,避水楼居的西关十三行商民,在做饭时不慎失火,附近的同兴街全系火油火柴商店,被其延及,使油箱爆炸,火油随水浮流各街,油到之处店房悉行着火。瞬息之间,数路火起,风势猛烈,不可响迩。从13日下午4时起,一直烧到14日中午12时,大火尚未全部扑灭。据广东省警察厅7月16日(六月初五日)报告,此次火灾"焚去店铺约二千八百余间,被焚而死者万余人,现已捞获死尸一千六百余,军警因往救护火灾而死者亦逾千数,消防队三十三名死去三十人,仅存三人亦受伤。……被火各街调查如下:十三行(起火地点),被累者白米街、显镇坊、杉木栏、福德里、浆栏街、十七铺、怀远驿、杨巷、装帽街、故衣街、宁远坊、登龙街、打铜街、烧至□泰来上、兴隆东、清乐街、长乐街、拱日门、鸡拦、联兴街、靖远街、荥阳街、同文街、同安街、同兴街"。① 水灾加火灾,广州一地灾民即达 20 万人左右。这次火灾,造成损失之惨重,在中国近代历史上恐怕是无出其右的了。

但仅仅过了不到半年时间,黑龙江的索伦山发生了一次森林大火,死伤人数虽大大少于广州火灾,而延烧面积却达到 500 余里之广。据《东方杂志》载:1916 年 1 月 25 日,"黑龙江索伦山,因蒙人游猎放火,遂致延烧,火势蔓延五六百里,直入奉省洮南境内,三日始灭。蒙人布包牲畜牧场秋草,均付一炬,受灾甚重"。② 2 月 14 日(正月十二日)的《申报》叙述较详:"索伦山四面环山,草木丛杂,蒙民习惯每于春秋之季,游猎放火,往往蔓延至于不可收拾。……乃闻上月 25 日,突见西南一带岭巅火起,烟焰冲天,一时大风陡起以助其势,延烧三日,直入奉省洮南山境始灭。本属金银□草根台乌拉斯台等处,四围环山,所有蒙人房屋布包(即蒙古包)牛马羊狗各项牲畜森林,以及牧场秋草,均付一炬,闻火由图什业图旗山境起,延烧五百余里,以致索伦山蒙人咸受其害,现在牧畜无地,税驾无所,诚自来未有之巨灾也"。同年 11 月 15 日(十月二十日),福建省福州城内夜间起火,"延烧二千余家,焚死人畜颇众"。③ 这也是这一时期之内较为重大的祝融之灾。

这一节我们把民初时期除水灾以外的几种重大灾害作了简要的叙述,如果加上第一节的内容,应该说这个时期的主要自然灾害的大致轮廓已经向读者描绘出来了,但是还有一种重要灾害没有涉及,那就是震

---

① 《申报》1915 年 7 月 23 日。
② 《东方杂志》第 13 卷,第 3 号,第 2 页。
③ 《东方杂志》第 13 卷,第 12 号,第 4 页。

灾。我们认定有必要把地震灾害作专节来论述,因为这个时期,正是我们国家的地震活跃期。

第三节　地震活跃期与宁夏大地震

首先要向读者说明的是,本节在体例上作了一点小小的变通:本书涉及的时限,本来是按照传统的对中国近代史的断限,从 1840 年的鸦片战争到 1919 年的五四运动。唯独本节的叙述,却将延伸到 1920 年为止。这是因为灾荒史毕竟不同于政治史,它很难以某个政治事件为标志而将其戛然切断,在 1919 年以后,地震活跃期还持续了好几年,而 1920 年发生的宁夏大地震,却是这一个活跃期中震情最严重、造成损失也最巨大的一次。从此以后一直到 1949 年,虽然地震仍然十分频繁,但从死亡人数来说,却没有任何一次地震可以和宁夏大地震相比拟。因此,可以把 1920 年的宁夏大地震看作是这一个地震活跃期的巅峰。既然如此,自然就不应该把这次大地震排斥在本书的视野之外,这不但是理所当然的,而且我们也相信是会为读者所乐于接受的。

事实上,这一次的地震活跃期从清王朝的最后几年即宣统年间就开始了。1909 年(宣统元年),台湾曾连续三次发生地震,山西和顺、云南弥勒、云南剑川等也先后出现震灾。1910 年(宣统二年),台湾境内的地震自春至冬,先后发生 6 起;此外,江苏黄海、云南龙陵、河北蔚县、新疆塔什库尔干、内蒙古和林格尔等地,也都有地震发生。1911 年(宣统三年)发生地震的地区有江西九江、云南会泽及西藏朵隆等地。进入民国以后,地震就更为频繁。仅以 6 级以上的较大地震来说。除 1912 年的地震没有达到这样大的震级外,从 1913 年起,则情况如下:

1913 年——3 月 6 日(正月二十九日),西藏仲巴附近先后在上午 10 时、下午 7 时连续地震两次;8 月(七月)间,四川冕宁地震;12 月 21 日(十一月二十四日),云南峨山地震。

1914 年——7 月 6 日(闰五月十四日),台湾花莲地震;8 月 5 日

（六月十四日），新疆巴里坤地震。

1915 年——1 月 6 日（十一月二十一日），台湾基隆以东海中地震；4 月 28 日（三月十五日），青海曲麻莱地震；5 月 5 日（三月二十二日），青海治多东地震；12 月 3 日（十月二十七日），西藏拉萨东地震。

1916 年——8 月 28 日（七月三十日），台湾南投地震；11 月 15 日（十月二十日），台湾埔里附近地震。

1917 年——1 月 5 日（十二月十二日），台湾埔里再次地震；1 月 24 日（正月初二日），安徽霍山西南地震；7 月 4 日（五月十六日），台湾基隆以东海中先后于晨 8 时及中午 1 时半左右，连续地震两次；7 月 31 日（六月十三日），云南大关地震；9 月 5 日（七月十九日），青海门达台一带地震。

1918 年——2 月 5 日（十二月二十四日），西藏拉孜日喀则地震；2 月 10 日（十二月二十九日），吉林图们附近地震；2 月 13 日（正月初三日），广东南澳地震；3 月 27 日（二月十五日），台湾苏澳东地震；4 月 10 日（二月二十九日），吉林珲春北地震。

1919 年——3 月 11 日（二月初十日），浙江东海地震；5 月 29 日（五月初一日），四川炉霍一带地震；7 月 24 日（六月二十七日），新疆阿图什北地震；8 月 26 日（闰七月初二日），四川甘孜一带地震；8 月 29 日（闰七月初五日），台湾埔里附近地震；11 月 1 日（九月初九日），广东南澳地震；12 月 21 日（十月三十日）凌晨 3 时半，台湾台东东北海中地震；1 小时后，台湾兰屿以东海中又发生地震。

在以上这些地震中，损失较大的主要有以下几次：

一次是 1913 年的云南峨山地震。这次地震发生于 12 月 21 日晚 11 时半左右，发震时，峨山城内民居破毁十之八九，城垣桥梁倒塌甚多；地裂数寸，田中有水沙喷出。当场有 942 人死亡，112 人受伤。震中附近的通海倒塌房屋千余间，压死 9 人。河西城垛倒塌二处共 20 余尺，城乡民房倒塌多处；县城压死 1 人，各乡死 343 人，伤 154 人。玉溪城垣震倒 5 处，共 16 丈；民房旧者多倒塌，压死 11 人。此外，个旧、江川、昆明、普宁、姚安、宜良、陆良均受波及,并有不同程度的破坏。

另一次是 1917 年的云南大关地震。这次地震发生在 7 月 31 日早晨 7 时 54 分。震中纵横百里之内,村落房屋全部折断倒塌;由于山岳崩颓,山石滚落,将五连峰下横江江流堵截,使河水暴溢。死于此次地震的达 1800 余人。地震波及地区,包括盐津、镇雄、昭通、巧家及乐山等地,均有轻重不等之损失。

再一次是 1918 年的广东南澳地震。这次地震发生在 2 月 13 日下午 2 时许,处于震中的南澳,屋宇几乎全部倒塌,夷为平地,居民死伤 80%,尸体被压于断垣残壁之下,久久无人收葬。汕头滨海马路裂一大缝,长约百丈,喷热水;对海岛上石山峰峦倾落山下,海水腾涌;城内楼房、戏院、衙署、商店,塌坏甚多。诏安倒塌民房 3400 余间,居民死伤甚多。在半径约 400 公里圆周内的广东、福建、江西三省部分地区,包括潮安、揭阳、云霄、澄海、漳浦、漳州、长汀、厦门、连江、海澄、泉州、普宁、丰顺、梅县、蕉岭、广州、饶平、惠来、大浦、兴宁、龙南、定南、赣州、长乐、上杭以及东山岛等地,均遭不同程度的破坏。影响所及,北至江苏的苏州、上海和安徽的安庆等地,南至香港,东达台湾及澎湖列岛,西迄广西桂江沿岸。

到了 1920 年,就发生了自鸦片战争一直到中华人民共和国成立之前破坏性最大的一次地震——宁夏大地震。

这次大地震发生于 12 月 16 日(十一月初七日)晚 8 时零 5 分,震中在宁夏海原,震级达 8.5 级,震中烈度 12 度。地震发生时,东六盘山地区村镇埋没,地面有的隆起,有的凹陷,山崩地裂,黑水横流。据称,因此次地震而死亡的人数不下 20 万。特别是震中的海原城,全城房屋荡平,全县死 73027 人,伤者十之八九,牲畜被压毙者 4138 头,海原东南的固原县,城区也全部被毁,所有建筑物一概坍塌,崩落的山石将河道壅塞,水流四溢,滨河之地多裂缝,全县死 3000 人,压毙牲畜 60000 余头。海原以南的静宁,也是地裂水涌,城区屋宇全部荡平,乡村有 20 余村落覆没无存,地震中有 12447 人丧生。会宁除房屋大部倒塌外,也因山崩土裂出现整个村庄被埋没之事，全县死亡 13942 人。通渭城乡房舍倾圮无余，河流壅塞，平地裂缝，涌水喷沙，有全村覆没者，也有阖村仅一二户幸存者。死者达 10000 余人，伤者 30000 余人。海原以北的同心，全城夷为平地。

除以上的烈震区以外，还在东起庆阳、南至西和、西至兰州、北达灵武的宁夏、甘肃、陕西三省广大区域内，形成一个重破坏区。其中，隆德城内建筑物大部倒塌，城外覆没村窑甚多，死 2134 人，压毙牲畜 5292 头，秦安房屋倒塌 69674 间，坏窑洞 477 座，死伤 3134 人，牲畜压毙 2256 头（一说死 10000 人，牲畜 30000 余头）。天水地陷山裂，马跑泉镇土地变形，摇成一河川，水能行舟，房舍坍塌甚多，居民死伤数无确切统计，但数不在少。宁县城垣崩陷，房屋倒塌十之六七，4000 余人被压罹难，牲畜压毙 10000 余头。甘谷倒塌房屋 20000 余所，山崩地陷，涌出黑水，死 1365 人，伤 3934 人，牲畜压死 25144 头。庆阳城垣、城楼倾圮，共塌窑房 15394 间，压死 3395 人，牲畜 26000 余头。合水倒塌房屋十分之六，600 余人丧生，压毙牲畜 3000 余头。泾原倒塌房屋十分之七，死 4000 余人，牲畜 12000 余头。定西房屋倒塌一半，死 4200 余人，牲畜 6000 余头。靖远城墙多处崩裂，田中裂缝冒水喷沙，死伤人畜数不详。泾川崦嵫山、大堡山山顶开裂，坏房屋 1450 间，窑洞 631 所，全县压死 710 人，牲畜 369 头。环县房屋倒塌十分之七，死 3000 余人，压毙牲畜 75000 余头。礼县塌房 6000 余间，死 90 余人，伤 25 人。清水塌房 7890 间，死伤 334 人，压毙牲畜 1649 头。灵武倒塌房屋十分之二，死 300 余人，压毙牲畜 700 余头。金积倒塌房屋十分之七，10000 余人罹难，压毙牲畜 22000 余头。中卫倒塌房屋十分之四，死 700 余人，压毙牲畜 1000 余头。庄浪倒塌房屋十分之四，死 1000 余人，牲畜 5000 余头。陇西倒塌房屋十分之六，死 7000 余人，压毙牲畜 10000 余头。西和倒塌房屋十分之七，4000 余人丧生，压毙牲畜 15000 余头。灵台倒塌房屋十分之三，死 1000 余人，牲畜 7000 余头。榆中倒塌房屋十分之四，死 900 余人，牲畜 1200 余头。临潭倒塌房屋十分之二，死

900 余人,牲畜 1000 余头。临洮倒塌房屋十分之三,死 700 余人,牲畜 1000 余头。漳县倒塌房屋十分之四,700 余人死亡,2000 余头牲畜被压毙。正宁倒塌房屋 500 余间,窑洞近 500 处,死伤 97 人,压毙牲畜 280 余头。阴平倒塌房屋十分之四,死 700 余人,牲畜 2000 余头。武山城垣倒塌 34 丈,垛口 446 个,房屋震毁不少,死伤 322 人,牲畜 884 头,陇县城坠山崩,压死 700 余人。岐山墙倒房塌,地裂深沟,死伤甚多。凤翔倒塌房屋 4319 间,窑洞 1043 座,2353 人伤亡,压毙牲畜 3342 头。渭原震毁房屋 778 间,死 13 人,牲畜 380 头。镇原县北的慕家滩山崩,形成一 40 余亩的水潭,全县震毁房屋、窑洞共 11840 间,死伤 3005 人,压毙牲畜 3904 头。崇信城垛大半震落,城楼崩裂,房屋倒塌甚多。木林镇建筑物全遭破坏,死 900 余人,压死牲畜 2000 余头。平凉死 2000 余人,200 余户全户灭绝。华亭倒塌房屋 5000 余间,窑洞 66 座,死 37 人,伤 5 人,压毙牲畜 81 头。

在重破坏区的外围,有一个范围更大的轻破坏区。在这个区域内,也普遍发生倒塌房屋、压死人畜之事;其损失虽较重破坏区为小,但有的县罹难人数也有达 500 余人的(如扶风),死数十人的县份就更多。属于轻破坏区的,有宁夏的银川、宁朔、平罗、盐池,甘肃的两当、徽县、永登、临泽、武威、西宁、景泰、兰州、成县、临夏、洮沙、和政,四川的成都,陕西的南郑、城固、华县、华阴、朝邑、兴平、扶风、武功、凤县、醴泉、永寿、榆林、西安、三原、邠县、泾阳、盩厔、宝鸡、略阳、澄城、横山、安塞、宜川、韩城、大荔,山西的太原、汾阳、临汾、新绛、芮城、太谷、榆次、武乡、曲沃、永和、临晋、离石,以及河南的阌乡、修武等地。

受此次地震波及的地区就更多了。除上列数省外,甚至河北的文安、完县、武清、永清、霸县、磁县、邯郸、天津,山东的观城、郓城、堂邑、馆陶、武城、清平,湖北的郧西、老河口、襄阳、汉口,安徽的太和、蒙城、合肥、无为、桐城,江苏的无锡、苏州、上海,都有震感。有的地区并发生轻微的破坏。

12 月 16 日强震以后,又持续了很长一段时间的余震。1921 年 1

月 30 日的《申报》载:"12 月 16 日夜,甘肃地震,30 日止。计此两礼拜中,每日夜震数次,每次最少数分钟,全省各县,均成灾难,轻重有差"。有的余震也造成相当大的破坏,如 12 月 25 日的余震达 6.75 级,12 月 28 日的余震达 6 级。所以甘肃督军张广建在一个文电中说:"且连日各地仍震动不息,人心惶恐,几如世界末日将至"。①

可以想见,造成如此悲惨后果的大地震,不但对于灾区人民是一个可怕的毁灭性的打击,对于当时整个中国社会也不能不引起强烈反响。一位老地震工作者回忆说:"1920 年冬,西北地区海原大地震,死人二十万,震惊了全国上下"。② 这一年,北方 5 省发生大旱灾,《申报》曾以整版篇幅登过这样一幅广告:"现在北方有几千万灾民,没有饭吃,没有衣穿,快要饿死了,冻死了。恳诸公省下一次请客吃酒的钱,捐助华洋义赈会,救活几个灾民,功德无量"。待到海原大地震发生后,报上多次发表评论,认为这次震灾"实较本年北五省旱灾情形为尤重"。《申报》的文章则称:"此次陕甘两省地震,损失之钜,为历来所罕见"。③ 由直、奉军阀控制的北京政府,为了向社会作一点姿态,"以甘肃地震情形极烈",不得不作出 5 点决定:一是责成地方政府"将受灾实况调查";二是表示要对"损坏交通与重要建筑积极修补";三是除北京政府拨一点赈恤款项外,不足部分应"妥由地方详筹";四是对无处居住的灾民,要求各地设立"栖流所"加以安置;五是加强警察的防范措施,以防止所谓"灾区匪患"。事实上,其中关于赈灾的一些规定,大抵都是具文。前引甘肃督军张广建的文电中谈到震灾以后的幸存者悲惨生活情景时说:"所遗灾民,无衣无食无住,流离惨状,目不忍睹,耳不忍闻。苦人多依火炕取暖,衣被素薄,一旦失所,复值严寒大风,忍冻忍饥,瑟瑟露宿,匍匐扶伤,哭声遍野。不特饿莩,亦将僵毙。牲畜伤亡

---

① 《大公报》1921 年 1 月 11 日。
② 李善邦:《中国地震》。
③ 《申报》1921 年 1 月 24 日。

散失,狼狗亦群出吃人"。① 在那个时候,政治上是豺狼当道,军阀混战,"洒向人间都是怨";社会生活中是灾荒连年,饿莩遍野,"万户萧疏鬼唱歌"。广大群众忍受着天灾人祸的双重摧残,他们何等热切地企盼着有一个新的天、新的地、新的山河、新的世界啊!

---

① 《大公报》1921 年 1 月 11 日。

第 七 章

清代封建统治阶级"荒政"述略

第一节　清政府的仓储政策

从前面的叙述可以看到,在近代社会,各种各样的自然灾害曾经给了人们以何等深重的苦难。在当时那种社会条件和生产水平之下,人们没有可能从根本上改变"靠天吃饭"的命运。千千万万的贫苦农民,代代相承,"日出而作,日入而息",胼手胝足,用极为简陋的生产工具,在广袤的黄土地上辛勤耕作,养育着众多的人口,支撑着庞大的上层建筑,创造着具有悠久历史的中华民族的物质文明和精神文明。但他们自己的命运,包括本身生命的维持和延续,在很大程度上还是取决于"老天爷"的恩赐,气候、水文等自然条件是决定农业生产丰歉的关键因素,因此,风调雨顺、五谷丰登,成了人们普遍和最高的祈愿。我们已经用详尽的历史事实说明,人们的这种美好的愿望,往往是落空的、无法实现的。在整个近代中国社会,灾荒与饥馑像一个巨大的阴影,始终伴随着人们的生活,几乎到了形影不离的地步。

灾荒的频繁发生,对于人民群众固然是深重的灾难,对于封建统治阶级也是一个严重的威胁。这不仅因为它直接导致封建王朝主要财政来源田赋收入的减少,更重要的是,大量饥民、灾民、流民的存在,会增加社会的动荡不安,威胁到封建统治秩序的稳定。中国封建社会历史上不乏这样的实例:一次大的或较大的自然灾害发生后,使本来已严重存在的阶级矛盾更趋尖锐,在死亡线上挣扎的农民群众,为了生存,不得不铤而走险,抢掠地主和官府,最终发展成大规模的农民起义和农民战争,严重削弱以至推翻封建王朝的统治。历代封建统治阶级从自身的利益和安危出发,也不能不对如何抗御自然灾害、消除自然灾害带来的后果予以高度的重视,逐步设计和规定许多对付自然灾害的措施和办法,这就是历代封建王朝的所谓"荒政"。清朝是中国历史上的最后一个封建王朝,清朝统治者吸取、借鉴了历代封建王朝的经验教训,形成了自己一整套周密而完整的救荒机制。1840年以前,更具体地说,在清中期,清政府的"荒政"已基本完备、定型,并在清后期仍一直起着决定、规范作用。因此,当我们谈到近代社会封建统治阶级的救荒政策和措施的时候,常常要联系到整个清王朝"荒政"的基本状况,以便大家对这个问题有一个历史的了解。

说起"荒政",首先要介绍清政府的仓储政策。

在中国历史上,由于水旱无常,灾歉时见,农业生产始终处于波动状态,人民的生活与社会的稳定均直接受到影响,因此,历朝历代的统治者都十分重视储粮备荒、救荒,有关的经济思想亦很发达。早在《礼记》"王制篇"中就有这样的论述:"国无九年之蓄,曰不足;无六年之蓄,曰急;无三年之蓄,曰国非其国也。三年耕必有一年之食,九年耕必有三年之食,以三十年之通,虽有凶旱水溢,民无菜色",这种"耕三余一"、"耕九余三"的经济思想一直影响、指导着后人的思想与实践。清代统治者继承、总结了前人积蓄备荒的思想和经验,对仓储问题十分重视。如康熙帝认为:"民生以食为天,必盖藏素裕而后水旱无虞。自古耕九余三,重农贵粟,所以藏富于民,经久不匮"、谕令各省督抚"督率有司,晓谕小民,务令力田节用,多积米粮,俾俯仰有资,凶荒可备"。①
乾隆帝更认为"地方积谷备用乃惠民第一要务"。②

　　早在清王朝定鼎中原之初,顺治帝于在位期间,即多次颁谕,责成
各地方官员恢复常平等仓,以仓储积谷多寡定有司功罪,并颁布常平仓
谷粜籴则例。但由于清初国内处于战乱状态,社会经济受到严重破坏,
农民死亡逃徙,土地大量荒芜,到处呈现一片荒凉萧条景象,所以上述
措施并未收到多大的实效。

　　康熙中期以后,国内战乱逐渐平息,社会形势趋于稳定,又历经雍
正、乾隆两朝,受明末清初战乱严重破坏的社会经济得到恢复和发展,
出现了社会稳定、经济繁荣的"康乾盛世"。社会经济环境的好转,为
清政府的仓储政策的实施提供了有利的条件。这期间,清政府的仓储
制度才完全确立,并全面推行,主要有以下三种,即常平仓、社仓、义仓,
这三种仓储制度,就名称而言,均古已有之,并不是清王朝的新发明,这
三种仓储制度在清代也有一个发展、完善的过程。这里只着重对康、
雍、乾期间确立的,并为后来嘉、道、咸、同、光、宣各朝所遵行的上述三
种仓储制度及其作用予以概要的介绍。

一、常平仓

　　清代,最常见、最普遍的官仓为常平仓。各直省州县,以及各地驻
防军队的卫、所,都设有常平仓。

　　在一般年景下,常平仓的基本作用是适时粜籴,调节平抑粮价,以
稳定农业生产和人民生活。通常,每年秋收季节,新粮登场,粮价低廉,
易滋谷贱伤农之弊,而每年春夏间青黄不接时,又因粮价高昂,百姓难
以承受。常平仓于秋获时买进新粮,刺激粮价适度上涨,而于次年春夏
时将存粮卖出,平抑粮价,即所谓"春夏出粜,秋冬籴还"。常平仓谷每

---

① 《清圣祖实录》,卷81,康熙十八年六月初八日上谕。
② 《清朝通典》,卷14。

年粜籴并不是全出全进,而是"存七粜三",即春夏出粜时,只拿出仓额的30%。但这只是清政府的一般性规定,具体的比例,还要因时因地而定。如1735年(雍正十三年)内阁学士方苞即提出,"江淮以南地气卑湿,若通行存七粜三,恐霉烂实多"。① 随后,清政府就对各省存粜比例,作了更为具体和灵活的规定,如湖南省长沙等45府、州、县地势干燥,仍按"存七粜三"之例,永州等31府、厅、县、卫地势稍湿,则存粜各半,龙阳等4县因"地势尤卑",则"粜七存三"。若遇岁歉米贵之年,"亦不拘三七之例,随时定数发粜"。② 另外,常平仓春夏粜谷粮价比照市价适度减低,具体减价幅度大小不一。1742年(乾隆七年)谕称,"减价粜谷于成熟之年每石照市价核减五分,米贵之年每石照市价核减一钱……但思荒歉之岁,谷价甚昂,止照例减价一钱,则穷民得米仍属维艰,不沾实惠。嗣后著该督抚临时酌量情形应减若干,预行奏闻请旨"。③

除了调节平抑粮价外,常平仓的另一个作用是赈恤灾民。逢遇自然灾害,清政府照例要对灾民进行赈济,常平仓积谷于灾荒之年即可发挥它的这一作用。

常平仓积谷的主要来源是由地方官员向所属官绅士民劝输。为此,1682年(康熙二十一年),清政府颁布了州、县、卫、所官员劝输常平各仓谷议叙之例,规定:"一年内劝输至二千石以上者,纪录一次;四千石以上者,纪录二次;遇加至万石以上者,加一级"④,以为刺激、鼓励。在正常情况下,常平仓可凭自己的谷本滚动式地发展、扩大:春夏间虽减价平粜,但一般仍比秋季的买进价为高,其间的价格差成为常平仓的盈余,用于抵偿"鼠耗"和盘量时的折耗,也可用于各种人工食用之费,再多余者,即可成为谷本的增值部分,在下一年度中可多购米贮仓。由

---

① 《清朝通典》,卷13。
② 《清朝通典》,卷14。
③ 《清朝通典》,卷14。
④ 《清朝通典》,卷13。

于常平仓谷源于本境官绅士民的输纳捐助，为避免挫伤他们的积极性，按清制，各州县常平仓积谷只供本州县平粜赈济之用，不得拨解外运。

常平仓设于州县治所，由州县官亲自负责，严格管理，该省督抚严加稽核。州县官如升迁、调任，须将存谷照正项钱粮移交，短少者，以亏空钱粮罪论处。[①] 州县官员因保管不善，致使仓谷霉烂者，"革职留任，限一年内赔完复职；逾年不完，解任；三年外不完，定罪，著落家产追赔"。[②]

康、雍、乾时期，清王朝经常规定各直省州县常平仓额，总的来说，是随着当时经济的发展而不断提高额定之数。如1691年（康熙三十年）"令直省各州县所捐谷石，大县存五千石，中县存四千石，小县存三千石。……嗣又令直属捐谷各州县再加贮一倍"。[③] 1748年（乾隆十三年），又定各直省常平仓额：直隶2154524石，奉天1000022石，山东2959386石，山西1315837石，河南2310999石，江苏1528000石，安徽1884000石，江西1370730石，浙江2800000石，湖北520935石，湖南702133石，四川10298000石，广东2953660石，广西1274378石，云南701500石，贵州507000余石，福建2566490石，陕西2733000余石，甘肃3280000石。[④] 当年，直隶所属州县常平仓实贮谷合计已达3366000余石[⑤]，业已超出当年新定该省常平仓额数。

这里需要说明的是，常平仓只是清代官仓中最普遍、最常见的一种，其他还有省仓、府仓，以及设在京畿的京仓、通州仓，各地八旗驻防、绿营兵军营、边防要塞、水陆要冲等处均设有官仓。这些官仓同样也有平粜、赈恤的功能。康、雍、乾时期，财力充裕，清廷经常或发国帑购米，交各省、府、州、县仓存贮、平粜，或令各省、州、县截留漕米用于平粜、仓

---

① 《清朝通考》，卷22。
② 《清史稿》"食货志二"。
③ 《清朝通典》，卷13。
④ 《清朝通典》，卷14。
⑤ 《清高宗实录》，乾隆十三年八月丁未。

贮,这是清中央政府直接掌握的机动财力。

二、社　仓

清代统治者虑及"直隶各省州县虽设有常平仓收贮米谷,遇饥荒之年不敷赈济,亦未可定。应于各村庄设立社仓,收贮米谷"。① 清代社仓,设于乡村中,由村人自行管理,属于民办性质,与常平等官仓有严格区别。

1703 年(康熙四十二年),令各省设立社仓,以"本村诚实之人经管","上岁加谨收贮,中岁粜借易新,下岁量口发赈"②,兼具平粜、赈济功能,就其作用而言,与常平仓相同。1715 年(康熙五十四年),清政府又规定了社仓劝输办法,凡富民捐谷五石者,免本身一年杂项差徭;多捐一二倍者,照数按年递免。绅衿捐谷四十石者,州县给匾;六十石者,知府给匾;捐至二百五十石者,咨部给以顶戴。凡给匾之家,永免差役。③ 但康熙似乎对办好社仓缺乏信心。1721 年(康熙六十年),在山西赈灾的左都御史朱轼曾奏请在山西立社仓,以备荒歉。康熙颇不以为然,认为社仓董其事者无权无役,借出之米难以催还,必致司事者无故为人赔偿,并将了朱轼一军,让他久住山西,鼓励试行,"若所言有效,甚善"。朱轼知难而退,随奏请"俯鉴臣愚,免令试行"。④

雍正即位后,对社仓之事十分重视,于1724 年(雍正二年)定社仓事例,使社仓制度得到进一步完善。建立社仓的基本原则是,地方官"劝谕"百姓捐谷建仓,"听其自为,不当以官法绳之",地方官的职责只在"善为倡导于前,留心稽核于后,使地方有社仓之益,而无社仓之害"。具体办法和规定是,地方官先将向村民劝输的社仓米石,于公所、寺院等处暂存,待出借米石所得"息米"增多,在本村建社仓仓房收

① 《大清会典事例》,卷 193。
② 《清朝通典》,卷 13。
③ 《清朝通考》,卷 34。
④ 《清史编年》第 3 卷,第 559—560 页。

贮。社仓积谷，全赖本村绅民捐助，并造册登记，捐至十石、三十石、五十石以上者，递加花红①、匾额奖励。如经年不倦，捐至三四百石者，给以八品顶戴。每社设正、副社长二人，负责出纳。凡借社仓谷一斗，收息二斗，小歉之年减半收息，大歉之年全免。办至十年后，息米倍于本谷，改为"加一行息"。出入仓谷时，使用部颁量具。夏天计口给发，冬天依限完纳。社仓有用印官簿二本登记仓粮数目，一本由社长掌握，一本缴州县存查，"其存查之本，夏缴秋领，冬缴春领"，供州县官员查核。对于社仓事务，"凡州县官止听稽查，不许干预出纳"。1730 年（雍正八年）的上谕，又申明各社仓借给之例，"凡遇荒歉贫民借领仓谷者，每石止收息谷十升，遇小歉免息还仓"。乾隆年间，又重申这个规定，"永著为例"，并规定，"每息谷十升，以七升归仓，以三升给社长作修仓、折耗"。② 1739 年（乾隆四年），清政府规定社长"三年更换，以杜欺弊"，并将借户谷数、姓名"粘贴晓示，以除捏冒"。③ 雍正、乾隆朝的社仓制度与康熙朝的有关规定的主要区别是，社仓存粮只向本村人加息出借，不用以平粜、赈济。

雍、乾两朝对于各省社仓予以积极扶持。如 1735 年（雍正十三年），对云南社仓存贮未及千石者，于常平、官庄等谷内动拨五百石或八百石作为仓本，令社长经管，俟足千石之额，再将常平等仓归还原款，1738 年（乾隆三年），又批准四川省"粜卖常平谷价银，买补正项外，余银均买作社粮，以为民倡"。1761 年（乾隆二十六年），安徽一省社仓归还的官谷本就多达 153360 石。④

三、义　仓

清代，常平仓为官仓，设在州县城。社仓是民仓，设在乡村。而义

---

① 旧时风俗，插金花、披红绸是表示喜庆的意思，名为"花红"。后引申为凡是犒赏及奖金也称"花红"。
② 《清朝通典》，卷 13。
③ 《清朝通典》，卷 14。
④ 《清朝通典》，卷 14。

仓也是民办,设于市镇。在州县范围内,三者构成一个互为补充的仓储网络。

顺、康、雍三朝即屡见命令各州县地方设立义仓的诏谕,但从现有材料看,乾隆初年对义仓的建设抓得最紧,而这时推行义仓最力的省份要算直隶。

1746 年 11 月(乾隆十一年十月),清廷命地方大吏广泛劝募设立义仓。三年后,方观承出任直隶总督,劝办义仓颇见成效。他所制定的《畿辅义仓条例》规定,士民捐谷 10 石,给以花红;30 石,奖以匾额;200 石,具题九品顶戴;300 石,奖以八品顶戴;400 石,授以七品顶戴。至 1753 年(乾隆十八年),直隶义仓告成,方观承绘《畿辅义仓图》呈报朝廷,其时全省有 144 个州县,39687 个村庄,设立了义仓 1005 座。

1751 年(乾隆十六年),直隶布政使曾颁布义仓规条,于义仓制度规划甚详。在正常年景下,义仓同社仓一样,也是"出纳积息",具体办法是,"每年于青黄不接时,分半出借,定于三月下旬开仓。仓正、副核明某应借若干,具榜送官标发,贴仓门。愿借者互保具领,自数斗至二石止。如已借常、社仓谷,不准再借。一村无捐户者,不准借;愿借杂粮,听。借谷限秋收十月内还仓。收成八分以上,加一收息;六七分,免其加息,每斗加谷三合;五分以下,缓至次年秋后,分别加、免还仓。谷息以丰年之入,每百石收息十石,以一石为仓正、副纸张饭食,一石为仓谷折耗,一石为铺垫之资,其七石除动支仓谷工食外,存作修仓建廒之资,余者积贮。州县官每年十二月逐乡同仓正、副盘查,取甘结,加印结,详报道、府。仓正、副有侵混者,则严究之"。上述作用,与社仓同。不同之处,在于义仓还具赈恤功能:"遇岁荒,出谷碾米,附立粥厂,每日散一次,人给一筹,缴筹领粥,大口五合,小口二合,日煮米五石,可食大口千余人。……遇凶荒,计户散谷,第上、中、下户,上户责偿,中、下免。准谷之多少以算户,视户之众寡以贷谷,有田者来岁还仓,或宽期二年,均免息;无田者免偿,则极、次贫户,既皆得食"。对于义仓的管理人员有如下规定:"每乡谷数在五百石以内者,立仓正一名,责其经管;一千石以上者,添仓副一名。令公举端谨殷实之人充当,免差徭,选乡耆,不用生监。许径赴官署白事,不准胥役隔手,平时亦不准胥役至仓。经理勤妥者,每岁正月传集公堂,劳以酒食,鼓励之。三年无误,由州县详府、直隶州给匾奖励;六年,详布政司给匾;十年,详院给匾。徇私者革惩,侵蚀者治罪赔补"。①

第二节　灾情的呈报与调查

有清一代,清政府管辖的国土十分辽阔,每年都会有数以千百计的大大小小的自然灾害发生,给人民的生命财产、农业生产带来程度不同的损失和破坏。为了及时、全面地了解全国各地自然灾害的情况及造成的损失破坏,拿出对策,清政府对受灾地区灾情的呈报和调查的程序有明确的规定。

一、灾情的呈报

灾情的呈报,清时称为"报灾"。报灾有规定的程序,由州县而督抚而中央,自下而上地进行。

州县是清代的最低一级行政机关。一旦有水、旱、风、雹、虫、冻及地震、海啸等灾情发生,州县官吏须立即搜集有关情况,迅即向所属府州官员和该省的督抚司道报告灾害发生的时间、地点,及产生的破坏和影响。各州县报灾到省后,该省督抚汇总后应立即将所辖地方的被灾情形、日期向清廷"飞章题报"。

为防止地方官员疲玩拖延,清政府规定:各直省夏灾限阴历六月底以前,秋灾限阴历九月底以前向清廷题报。如果延迟报灾,地方官要根据情节轻重受到不同的处分,州县官逾限半月以内者罚俸六个月,一个月以内者罚俸一年,一个月以外者降一级,两个月以外者降二级,三个

---

① 《光绪顺天府志》,卷55。

月以外者革职;抚、按、道、府官员以州县报到之日为始,若有逾限,"照例一体处分"。① 中国绝大部分地区农作物为一年两熟、两年三熟、一年一熟,分为夏收、秋收。一般来说,夏收作物、秋收作物分别于阴历六月底、九月底以前有收无收,或丰或歉,已成定局,甚至已收打归仓,清廷接到各直省按时驰报的奏章后,可以及时掌握全国各地的灾情,迅速采取消除灾害影响的措施,并由此大致了解作为政府主要财政来源的田赋收入的情况。有的省区,如甘肃省地处西北,"地气较迟",收获季节较其他地方为晚,故该省的题报日期放宽为"夏灾不出七月半,秋灾不出十月半"。

二、灾情的调查

层层报灾,只是整个救灾工作的第一个环节。由于自然灾害往往事出突然,对由此而产生的破坏和损失,从州县一级开始的报灾公文中,只能做大致的反映、评估,具体的情况还有待于做详尽细致的调查,这个工作清时称为"勘灾"和"查赈"。

灾害发生后,受灾之户填写"灾单",注明灾户姓名、所居村庄、男女大小口数、受灾田地亩数及坐落方位。州县官员收到灾单后,即与所存粮册查对,俟灾单报齐汇总后,根据区、图、村、庄分别装订,用印存案,形成勘灾底册,据此进行调查核实。

按照规定,勘灾和查赈工作严禁"假手胥役"代查代报,而是由各级官员和印委查灾官员负责查报。接到州县报灾公文后,该管府州即于佐贰官员中选派委员赴县协查;如灾情较重,受灾范围较大,督抚于知府、同知、通判或候补、试用官员中遴选妥员赴受灾州县会同地方官勘查;"遇灾伤异常之地",则该省督抚须亲自赴灾区查勘。

查灾委员选定并委派之后,需迅即驰赴受灾州县,会同州县官员,根据勘灾底册分成若干路分片查勘。其调查内容主要有两个方面:

---

① 《清朝文献通考》,卷46。

（一）"勘灾"，即调查核实受灾田地的确切亩数和被灾分数。所谓"被灾分数"，是根据田地的收与不收和收多收少分为 10 个等次，即"10 分"。被灾 10 分，意味着庄稼颗粒无收，被灾 9 分，是指庄稼收获量只相当于丰产足收年景的十分之一，余类推。按照规定，被灾 5 分（含 5 分）至 10 分的田亩为"成灾田亩"。5 分以下为"勘不成灾"，其中被灾三四分田亩虽"勘不成灾"，但属于"收成歉薄"。

一县之内，甚至一村一庄内，田地条件往往大不一样，如有山地、坡地、平地、洼地之别，有的靠近河湖，有的远离河湖，土质亦有区别；遇水旱，则有收有不收，有丰有歉，情况各不相同。风、雹、虫、冻、地震、海啸等灾害对农作物所带来的破坏和损失也因地而异。因此，勘灾委员必须深入庄户，按照勘灾底册"履亩踏勘"，实地核查，对于原册无名续报被灾的灾户田地，也予受理。最后，将勘实受灾田地亩数及被灾的分数于勘灾底册中注明，多报者剔除，少报者补上。已抛荒而不纳地丁的"废地"，由于河湖决堤洪水泛滥，田地被"水冲沙压"，以及由于地震、山崩等原因使田地遭破坏，无法垦殖者，亦须调查注明。

委员勘灾完毕，即将原册缴县汇报。州县官员俟各路委员勘毕，核造总册，将被灾田亩分数分别申报司道。该管道员复行稽查，加结呈报该省督抚。督抚接到下属勘灾公文后，迅即向清廷题奏。勘报期限，以"报灾"之日起计算，扣除程限，州县官定限 40 天，督抚以州县报到日为始，定限 5 天，统于 45 天内向清中央政府题报。逾限，据迟报月日分别议处。但自然灾害情况比较复杂，勘报期限也可酌量变通。除旱灾系"以渐而成"，州县官仍照 40 天"正限"勘报外，原报遭水、霜、风灾地方，后又遭灾，其距原报受灾之日在 15 天以外者，准于在"正限"外展限 20 天勘报；距原报受灾情形之日未过 15 天者，统于正限内勘报请题，不准展限，有时初灾的勘报时限已过，地方又遭重灾，准于另起期限勘报。

勘灾的主要内容是调查核实受灾州县灾歉田地的数量和程度，但也需对其他如河湖堤坝、桥梁、道路、衙署、仓廒、庙宇、学校的损失情况,以及人、畜伤亡情况进行调查,一并上报。

(二)"查赈",即调查需要救济的灾民人数。自然灾害会程度不同地影响到灾区人民的生活,严重的自然灾害会导致灾区人民尤其贫苦农民的生活状况急剧恶化,以致丧失基本的生存条件,出现数量众多的灾民,成为严重的社会问题。赈济灾民是自然灾害发生后刻不容缓的工作,因此,查灾委员在勘查受灾田亩的同时,还须调查灾民生活状况,确定需要赈济的灾民人数,以酌情赈济。

同处灾区,人们的生活状况往往有很大的差异,除了遭灾与否及遭灾的轻重,对每家每户生活的影响自然不一样外,更重要的是,清代封建社会制度下,因阶级地位不同,存在着严重的贫富差别,每家每户应付与承受自然灾害影响的物质条件大不相同。"素裕之家"饶有存储,一般来说,偶遇水旱灾害,田亩荒歉,生活不至于受太大的影响,更不至于无衣无食,依赖救济;而"贫苦之家"则大不一样,他们平时已是度日维艰,"素鲜盖藏",一遇荒年,更是雪上加霜,坐困愁城,"嗷嗷待哺"。查灾委员的责任是"挨庄挨户访查",通过其"亲身周历",根据人们的实际生活状况,决定应予赈济的人数与等次。

按照清朝的规定,施赈的对象是灾区的"极贫"与"次贫"人口。所谓"极贫"、"次贫"的标准,据嘉庆朝汪志伊撰《荒政辑要》称:"如产微力薄,家无儋石,或房倾业废,孤寡老弱,鹄面鸠形,朝不谋夕者,是为极贫。如田虽被灾,盖藏未尽,或有微业可营,尚非急不可待者,是为次贫"。晚清时,李兴锐曾于同治年间到直隶南部地区办理赈务,在其所拟《畿南办理赈粜章程》中对"极贫"、"次贫"立了这样的标准,即"大致以粟布无可易,糠秕无可啖,典质既罄鬻妻卖子之类为极贫。仅有耕牛籽种,别无剩本余粮,度日艰难,农事浸废之类为次贫"。[①]

以上标准只是大致原则,实际查赈时不易掌握,1823 年(道光三年),浙江大水成灾,省当局于查赈时曾参酌有关规定和他省情况拟定

---

① 《李兴锐日记》,第 150 页。

区分"极贫"、"次贫"的细则。所谓"极贫",包括"并无己产己屋佃田耕种全荒者;并无己田己屋佃田耕种成灾过半家口众多者;外乡别邑农民携眷耕种搭寮居住田已全荒无力佣工者。以上无论大小口数多寡俱系全给。十六岁以上为大口,十六岁以下至行走者为小口,其在襁褓者不准入册"。所谓"次贫",包括"虽无己田尚有房屋牲畜佃田全荒者;虽无己田己屋佃田半属有收而家口无多者;自耕己业仅止数亩而全荒者;自耕己业仅止数亩尚有少许收获而家口众多者;搭寮居住耕种外乡别邑农民佃田荒已过半无力佣工者。以上老幼妇女全给,其少壮丁男力能营趁者不准给赈,其有残废无力营趁者,应与老幼一体散给"。另外,对"被灾村庄内无田贫民"极贫、次贫的划分有以下三条规定:"无己田又无佃田,并无手艺专藉佣工糊口,因被灾无工可佣,而有家口之累者为极贫,孤身为次贫;无己田又无佃田,并无手艺专赖小本营生,因被灾无可卖买而有家口之累为极贫,孤身为次贫;成灾村庄之四茕无依未经编入孤贫者为极贫"。以下五种情况不准入赈:"有力之家堪以资生者,不准入赈;但有本经营及现有手艺营生者,概不准入赈;田地虽被灾伤,尚有山场柴草花息者,不准入赈;成灾村庄内之四茕,其有力自给及家族可依,并已编入孤贫册者,不准入赈;不成灾村庄内之四茕及无手艺营生者,概不准入赈"。贡、监生员是与一般"民户"有别而具有特殊地位身份的,所以对他们也作了特殊的规定:"被灾贫生例以全无粮产亦无己屋者为极贫;尚有些微田地住系己屋而全荒者为次贫,应令教官确查,分别极、次大小口数造册移县,不得混入民户编查,致有歧冒。"①

　　州县官员及查灾委员应按上述标准调查户口,确定应赈人口和等次,登记造册,另行上报,由督抚向清廷题报请赈。如果灾区范围小,灾户人数少而易于调查清楚,则应该在勘灾期限之内同田亩灾情一起查实上报。

---

① 王凤生:《荒政备览》。

调查灾情,关系国计民生,责任重大,故清朝政府除规定勘灾期限外,还对疲玩不职营私舞弊官员做出了处分规定:"委员协勘赈务,不据实勘报扶同具结者,与本管官一例处分。其勘灾道府大员不亲往踏勘,只据印委各官印结率行加结转报者,该督抚题参"。督抚查勘时,"如滥委属员贻误滋弊,及听从不肖有司违例供应者,严加议处"。查灾官员"开报不实,或徇纵冒滥,或挟私妄驳者,均以不职参治"。① 当然,规定是规定,实际情况又是另外一回事,这在封建政治中是屡见不鲜的常例。关于这方面的情况,我们将在下一章作专门的介绍。

第三节 蠲缓与赈济

自然灾害的发生,总会给灾区的生产、生活带来程度不同的损失和影响,为了减轻、克服这种损失和影响,清代统治者采取"蠲缓地丁"、"赈济灾民"等一系列措施,以尽量维护社会秩序的稳定。

一、蠲缓地丁

地丁,系"田赋"与"丁役"的简称。"地"指"田赋",就是土地所有者(包括地主、小土地所有者、自耕农在内),每年按亩向政府交纳一定的税额;"丁"指"丁役",就是年满16岁到60岁的男丁(称为"壮丁")每年向政府无偿地承担一定的徭役。"田赋"和"丁役",是中国历代封建国家的主要收入,被称为"正赋",用以"养活一大群的国家官吏和主要地是为了镇压农民之用的军队"。② 在封建社会初期,"田赋"是交纳粮食,"丁役"是服劳役。至清朝,中国已处于封建社会的末期,随着商品货币经济的发展,封建统治者需要的货币量日益增加,作为封建国家"正赋"的"田赋"和"丁役",除仍交纳部分被称为"漕粮"的粮食以

---

① 《荒政辑要》。

② 《中国革命和中国共产党》,《毛泽东选集》第2卷,人民出版社1991年版,第624页。

供军队和各级官员消费外,大部分改收银、钱。随着社会经济和政治的发展,康熙、雍正年间赋役制度实施了重大改革。1712 年(康熙五十一年)开始实行"滋生人丁,永不加赋",以 1711 年(康熙五十年)全国的人丁户口数字为准,以后达到成丁年龄的,再不承担丁役。至 1723 年(雍正元年),又正式颁布诏令,在全国推行"摊丁入亩",将丁银摊入地亩,实际上废除了人头税,按土地的单一标准收税。这样,"田赋"与"丁役"合一,称"地丁钱粮"。

逢到水旱灾害,田亩减产以至绝收,土地所有者难以照章向政府缴纳地丁钱粮,不能不酌予减免。但地丁钱粮作为"正赋",即清政府的主要财政来源,只有最高统治者——皇帝才有权决定是否蠲免。故地方田亩受灾,地方官员勘查属实后,需由该省督抚专折奏报,将灾户原纳地丁钱粮分作 10 分,按被灾分数请蠲。清代的灾蠲规则有一个发展过程:1653 年(顺治十年)所定灾免则例为,被灾 8 分至 10 分者免正赋的十分之三,被灾 5 分至 7 分者免十分之二,被灾 4 分者免十分之一。1678 年(康熙十七年)灾蠲定制有所变化,被灾 5 分(含 5 分)以下为不成灾田亩,不予蠲免;被灾 6 分,免正赋的十分之一;被灾七八分者,免十分之二;被灾 9 分、10 分者,免十分之三。至 1723 年(雍正元年),重定灾蠲则例,变化较大:被灾 10 分者,免正赋的十分之七;被灾 9 分者,免十分之六;被灾 8 分者,免十分之四;被灾 7 分者,免十分之二;被灾 6 分者,免十分之一。后至 1736 年(乾隆元年),除增加被灾 5 分者亦蠲免正赋的十分之一外,对雍正元年的有关规定未再改动,并"永著为例"。① 以后的嘉、道、咸、同、光、宣等朝在灾蠲地丁时,一直按此定规办事,未再更改。

按规定,蠲免之年,概不开征。州县官员自勘报之日起,即将"成灾"田亩当年应缴纳的地丁钱粮一律停止征收,等候皇帝的决定。俟蠲免上谕及户部具体规定的文件下达,将应予蠲免的部分扣除后,仍应

---

① 《清朝通典》,卷 17。

缴纳的当年地丁钱粮,自次年起,分作二年或三年"带征",即分成两或三批随次年、第三年以至第四年应征的地丁钱粮一起征收,是为"缓征"。其具体规定是,被灾 10 分、9 分、8 分者蠲余应征钱粮,自次年起,分作三年带征;被灾 7 分、6 分、5 分者蠲余应征钱粮,则自次年起,分作两年带征。至于被灾 5 分以下"勘不成灾"但"收成歉薄"的田亩,其正赋例不得予以蠲免与缓征,但如连年积歉地方困苦等因,经地方督抚题请并经皇帝谕允,亦可将当年应征地丁正赋缓至次年麦熟后征收,而次年麦收后应征的地丁正赋,则缓至秋收后征收。下列两种情况亦可缓征:(1)受灾州县,如全境总计"成灾"5 分以上,因受灾面积大、灾情重,该州县中不成灾"成熟乡庄"的应征地丁正赋可以一律缓至次年秋收后征收,这样可以平抑灾区粮价,亦可周济乡邻;(2)旱灾之年如至深冬方得雨雪,水灾之年田亩积水至岁末始消涸,均对越冬作物的播种和生长已构成威胁,影响次年的麦收,经该省督抚题明,将已缓至次年麦熟后征收的地丁正赋展缓至秋收后再征。

灾蠲范围除地丁正赋外,还涉及与其一并征收的附加税——"耗羡"(亦称"羡余"、"火耗")。官府向民间征收正赋时,将征收上来的散碎银子经过加工铸造,熔炼成一定规格的银锭,上缴国库,其间不免有损耗;另外,征收粮食时,在收放过程中因"雀耗"、"鼠耗"等因,也不免会有损失。为向国库足额上交银、粮,官府在征收正赋时,于定额外加征一定数量银、粮以弥补上述损耗,俗称"耗羡"。按规定,灾蠲地丁正赋之年,其随正赋征收的耗羡银两,按灾蠲正赋分数一律蠲免。

清代,还有隶属皇帝、贵族的官庄、旗地,招纳佃民垦种并上缴租银。这些田地遇灾蠲缓的则例,与对各直省民田缴纳地丁正赋的土地所有者的蠲缓则例有些区别:该管官员也是将灾户应纳租银分作 10 分,按灾请蠲。但被灾 10 分者,蠲原租的一半;被灾 9 分者,蠲原租的十分之四;被灾 8 分者,蠲原租的十分之二;被灾 7 分者,蠲原租的十分之一;被灾 6 分以下不作成灾分数,其原纳租银概缓至来年麦熟后启征。

在特殊情况下,地方督抚也可奏请将民田应纳地丁正赋全部豁免,这主要是指,黄河及其他河湖决堤泛滥,洪水所经之处,不少土地因"水冲沙压"无法垦复,导致荒废,不能照旧升科。但其中有尚可修复者,由地方官按亩酌发修复银米,责成灾户设法垦复。

地方官接到蠲缓地丁正赋的上谕后,应将此上谕广为刊刻,以便周知,这叫作"刊刻誊黄"。同时,将应征、应免数目予期开报,经本省藩司核定,发回刊刻,将免单交各"纳粮业户"收执,并张贴告示,广为周知。事竣,咨送户部察核。

有时,地方受灾,蠲免上谕下达之前,业户已将当年应缴正赋输送到官府。按清政府的规定,这部分应蠲免但实际已上缴的正赋不再返回业户,准予"流抵"下一年应完正赋。

清政府对地方官在灾蠲中的种种贪渎行为,规定了具体的处分办法:其"州、县、卫、所官奉蠲钱粮,或先期征收不行流抵,或既奉蠲免不为扣除,或故行出示迟延,指称别有征款,及虽为扣除而不及蠲额者,均以侵欺论罪。失察各上司,俱分别查议";州县官"若不给(灾户)免单或给而不实,该官吏均以违旨计赃论罪。胥役需索,按律严究,失察官议处"。①

需要说明的是,灾蠲地丁,得益者主要是拥有大量土地的封建地主阶级,拥有少量土地的自耕农也多少减轻了一些负担;而广大贫苦农民没有土地,或虽有很少土地,仍不得不租种地主的田地,向地主缴纳田租。他们并没有从清政府的蠲缓政策中得到什么好处。1710 年(康熙四十九年),康熙曾根据兵科给事中高遐昌的奏请,决定"嗣后凡遇蠲免钱粮,合计分数,业主蠲免七分,佃户蠲免三分。永著为例"。② 但实际上这个决定并未落实,更谈不上什么"永著为例"。他的儿子雍正帝上台后,并未遵行这个"定例",他在 1735 年 12 月(雍正十三年十一

---

① 汪志伊:《荒政辑要》,卷 4。
② 《清圣祖实录》,卷 244。

月)的一个上谕中称:"所在有司善为劝谕各业户酌量宽减佃户之租,不必限定分数……其不愿者听之,亦不得勉强从事",并恶狠狠地说:"若彼刁顽佃户藉此观望迁延,则仍治以抗租之罪。"①1790 年(乾隆五十五年),因乾隆八十大寿,特发"恩旨",普免当年各直省应征钱粮,在这个上谕中也提及"今业主既概免征输,而佃户仍全交租息,贫民未免向隅,应令地方官出示晓谕,各就业主情愿,令其推朕爱民之心,自行酌量,将佃户应交地租量予减收",但又说"亦不必定以限制,官为勉强抑勒"。②

二、赈济灾民

蠲缓地丁钱粮只是在一定程度上减轻了"纳粮业户"(即向封建国家缴纳正赋的土地所有者)灾歉之年的税务负担;但是,灾区人民,特别是无地少地的贫苦农民,往往缺吃少穿,甚至衣食无着,流离失所,在死亡线上苦苦挣扎。因此,赈济灾民,尤其是濒临绝境的"极贫"、"次贫"灾民,实属刻不容缓。

在清朝的救荒制度中,按当年自然灾害发生的时间,分为"夏灾"、"秋灾"两种,救灾措施有所不同。中国大多地区一年两熟,即使春、夏有灾,夏熟作物受损,但既有上年存粮可食,又可寄望秋季有收以丰补歉,故"民田夏月风、雹、旱、蝗、水溢成灾,若秋禾播种可望收成者,统俟秋获时确勘分数另行办理",一般不蠲不赈。只对"播种较晚必须接济者,酌借籽种口粮,秋后免息还仓,若播种只有一季,夏月被灾,即照秋灾例办理。其播种两季地方,既被夏灾,不能复种秋禾者,亦即照秋灾例办理"。③ 至秋季,无论一年几熟,全年收成已成定局,即可依据丰歉情况确定应征、应免正赋,并赈济灾民。

清代,赈济灾民有正赈、加赈、补赈等名目。

①　汪志伊:《荒政辑要》,卷4。
②　汪志伊:《荒政辑要》,卷4。
③　汪志伊:《荒政辑要》,卷4。

正赈:民田水旱成灾,该省督抚一面向清廷题报灾情,一面饬令下属开仓,将乏食贫民不论成灾分数先予一个月的钱米,是为正赈,又称普赈。这是由于自然灾害往往突如其来,调查田地受灾分数、受灾人口,统计极贫、次贫均需时日,灾情紧迫,不容缓待。

加赈:各省督抚于前述 45 天限期内查明民田受灾分数,并查清极贫、次贫应赈人口,即可具题请赈。被灾 10 分者,极贫加赈 4 个月,次贫 3 个月;被灾 9 分者,极贫加赈 3 个月,次贫 2 个月;被灾 8 分、7 分者,极贫加赈 2 个月,次贫 1 个月;被灾 6 分者,极贫加赈 1 个月;被灾 5 分者,酌借来春口粮。

补赈:如地方连年积欠,或灾情异常严重,该省督抚可予上述正赈、加赈外,临时题请补赈,补赈时限视具体情况而定。如前面提到的"丁戊奇荒",山西灾情奇重,该省于 1877 年 8 月(光绪三年七月)开办官赈,但以后仍长期亢旱,情况不断恶化,经山西巡抚曾国荃奏请,赈期一再展延,直至 1879 年(光绪五年)夏赈务才基本停止。①

赈济灾民的标准为每大口每日给米五合,小口减半,谷则倍之;大小月,按实际日数计算。因散赈时,有时发给米谷,有时散给银钱,有时银(钱)米兼施,这里便有一个赈米(谷)与银钱换算的问题。按惯例,直隶省普通灾民赈米一石折银一两二钱,"贫生"(指贡、监生员中的灾户——下同)赈米一石折银一两;河南、浙江、江西三省,赈米一石折银一两二钱,赈谷一石折银六钱;山东、江苏、安徽、湖北、湖南、甘肃、云南七省,赈米一石折银一两,赈谷一石折银五钱;山西省赈米一石折银一两六钱,赈谷一石折银九钱六分;奉天省赈米一石折银六钱,赈谷一石折银三钱;陕西省赈米一石折银一两二钱,赈谷一石折银六钱;福建、广东、广西、四川、贵州五省向不折银。据此,在赈济中向应赈灾民放钱,或银米兼施时,根据每大口、小口应得米数,即可算出应放银、钱数。有时,灾区米价昂贵,可特旨增加赈银(钱)标准。

---

① 《山西通志》,卷 82。

上述赈济则例,是针对各直省民田遭灾情况制定的。盛京旗地、官庄地及站丁被灾赈济,则另有一套办法:盛京旗地、官庄地及站丁被灾,无"正赈"名目,均先借给一个月的口粮,于随后的"加赈"月份中扣除;"加赈"时,不分"极贫"、"次贫";盛京旗地、官庄地被灾10分、9分者,加赈5个月,站丁被灾10分、9分、8分、7分者,加赈9个月;盛京旗地被灾8分、7分者,加赈4个月,官庄地被灾8分者,加赈5个月,被灾7分者,加赈4个月;盛京旗地被灾6分者,加赈3个月,官庄地被灾6分者,加赈4个月,站丁被灾6分者,加赈6个月;盛京旗地、官庄地被灾5分者,加赈3个月,站丁被灾5分者,加赈6个月。另外,盛京旗地、官庄地、站丁给赈米数,大口月给二斗五升,小口减半。

散放赈灾钱米时,州县官将所报成灾分数、应赈户口、月分,先期宣示,散发赈票。灾户于指定时间、地点凭票领赈。散赈处所设在州县所在,并于四乡添设分厂,由州县官亲自给赈,或由印委官员协同办理。"贫生"则由该管教官册报入赈,其应得钱米亦由教官散给。及赈毕,州县官应将已赈户口和施放银米数字"复行晓谕",并向上司题销。

州县散赈,该管道府有监察之责,如州县办赈"不实不力,致有遗滥",灾民可以举报,该省督抚以"不职题参","其协办赈务正佐官扶同捏结,与本管官一例处分。若道府不亲往督查,率据州县印结加结申报者,该督抚指名题参"。①

除"正赈"是不分成灾分数予乏食贫民普给一个月口粮外,"加赈"和"补赈"均按成灾分数、"极贫"、"次贫"给赈。但是,仅仅靠封建政府规定的这些赈济办法,即使不发生办赈官员的种种克扣贪污(事实上这种情况是经常地和普遍地存在的),也不能完全解决灾民的生活问题,这是因为:(1)"极贫"、"次贫"吃完赈粮后,仍然难以度日;(2)被灾六分的"次贫"、被灾五分的"极贫",以及"中贫",例不与赈,生活艰难;(3)灾区米价昂贵,即使小有资财的人家也难于招架。这

---

① 《荒政辑要》。

样,逢灾年,地方官一般均开仓平粜,或酌借口粮,以补赈济之不足。

三、其他救荒措施

"蠲缓地丁钱粮"、"赈济灾民"是清政府救灾的两项主要措施,前者在一定程度上减轻了土地所有者的税务负担,后者则是对成灾地方最为困苦的人施以救济,如认真实施,对于克服自然灾害的影响,安定灾区人民的生活、生产,可以起到一定的积极作用。但是不同类型的自然灾害,尤其是严重的自然灾害,对于社会生活、生产的影响是多方面的,情况十分复杂,光靠这两项措施,还不足以完全消除自然灾害造成的影响,解决由此而产生的各种社会问题。为此,清代统治者在救荒实践中,还实施了其他若干配套措施。

1. 留养、资遣流民。自然灾害发生后,灾区贫民在家乡往往难以生存下去,不得不背井离乡,四出就食;有时因灾区绵广,他们只能长途跋涉,到几百里外谋食。如苏北、皖北地区处于黄河下游,深受黄水之害,几乎年年非旱即涝,是清代主要灾区之一。这里的贫苦农民一遇水旱灾害,即大批外出向江南一带逃荒。众多的流民,导致社会的动荡,威胁封建统治的安宁。为防"患"未然,清代在清江浦、扬州、镇江、江宁(今南京)等处设留养局、栖流所等机构,一有苏北、皖北灾民南下,地方官即多方设法,力求将灾民堵截在长江以北,就地留养,并派员分期分批将灾民资遣递解还籍就赈。遇到大水大旱之年,受灾地区流民四出,数量众多,往往堵不胜堵,留养、资遣所费不赀,沉重的工作量和财务负担,令当地官员苦不堪言。

2. 抚恤灾民。黄河等大江大河决口,或其他河湖泛滥,昔日干旱之地转眼即成泽国,幸存者栖居屋顶、河堤、高岗、树梢,无衣无食,风餐露宿,形势危迫。当地官员乘坐舟楫向灾民施放钱米、馍饼、席片,以救燃眉之急。所用钱粮,如系地方官自掏腰包(称"捐廉"),或由当地绅富捐助,则另当别论。如动用公款,则有两种情况,一种是归入正赈,由赈款内动支报销;再有一种,归入抚恤款内题销。

3. 施粥。在正常年景下,仍不免有部分贫苦农民生活艰难,特别是冬春季节问题尤为严重。清代,在京城、省城、府城等大中城市及一些水陆要冲处,每年冬春时设立施粥厂,救济饥民。在水旱成灾的情况下,视灾情的轻重,饥民的多少,在灾区以及邻近灾区的州县,临时性地设立施粥厂,使一时得不到赈济的灾民得以存活。

4. 施放棉衣、医药。寒冬腊月,北风刺骨,总有一些贫苦百姓冻馁街头,京城等地每年除开设粥厂外,还经常向流落街头的贫民施放棉衣。至成灾之年,没有避寒衣物的灾民更多,向他们施放棉衣也是救灾中的一项重要工作,数量也相当大。按规定,赈给棉衣一套折银一两,无论士民捐助棉衣,或督抚向清廷奏销赈务开支时,均按这个标准计算。灾荒之年,往往伴之以疾疫流行,向灾区人民施放医药也是救灾中经常要做的工作。

5. 掩埋尸体。自然灾害以及它对生产的破坏,常会大量地吞噬灾区人民的生命。各地依例,予死者(分大、小口)棺殓银钱若干,或由家属,或由地保,承领掩埋。"好善"绅士出资掩埋无主尸体,由地方官查明捐数,具详请奖。

6. 坍房修费。水灾、地震常使灾区墙倒屋塌,需酌情予以坍房修费。"有力之家"与"佃居业主之房"者,不给。对需要给以坍房修费的,要看是瓦房,还是草屋,还要区别房屋损坏程度、人口多少,酌情给价。

7. 借发籽种,收养耕牛。灾后,农民不论得赈与不得赈,常会有缺乏籽种的困难,直接影响灾区生产的恢复,如无本地义、社等仓借贷,这个负担就落到官府的身上。官府不得不在赈济之外,向农民借贷或发给籽种。耕牛是重要的生产资料,在重灾的情况下,灾民自身尚且难保,更无余力喂养耕牛,只得将耕牛弃养或宰杀,为保护生产力,收养耕牛,也成为官府在救荒中的一项重要内容。

8. 购粮平粜。灾区极贫、次贫户领得赈款购粮时,常会面临灾区粮价高昂的问题,"又次贫"、"中户"例不与赈,自己存粮匮乏,也有购粮的困难，如无本地仓储平粜借贷，生活顿成问题。地方官员救灾时，必须动用赈款赴外州县，甚至外省采购粮食运回平粜。因路途遥远，雇人雇马的运费开销往往很大。

9. 以工代赈。清代灾区时兴以工代赈，即政府招募灾民挖河、筑堤，给予工价银米。这样，既解决了抗灾及兴修水利所需的劳动力，又可局部解决灾民的生活问题，可谓一举两得。为了鼓励灾民参加，清政府还规定对赴工次的灾民不得扣除其应得赈款。

以上我们较为系统地介绍了清朝政府有关救荒的政策和措施，这些政策、措施虽大都产生及完善于清朝前期和中期，但属于中国近代史范围的晚清时期，大致沿用不变。当然，封建政治的一个重要特征，是条例、规定看起来相当周密完备，而实际执行却往往面目全非。这种情况，即使在封建政治尚属清明之时，亦不可免。到了近代，中国由封建社会转化为半殖民地半封建社会，随着各种社会矛盾的激化，政治日益腐败，许多政策规定，不但多成具文，而且不少还完全走向了反面，在"救荒"问题上，也逃不出这样一个逻辑。

第 八 章

半殖民地半封建社会条件下救荒之弊

第一节　社会经济的凋敝对救荒能力的削弱

为了克服自然灾害带来的破坏,恢复发展农业生产,稳定社会秩序,如前一章所介绍的,清政府采取储粮备荒,并于灾歉之年蠲缓钱粮、赈济灾民等对策,形成了一套比较完整、严密的救荒制度。但是,我们不难看出,人们所规定和设计的救荒措施的落实,救荒机制的正常运转,有一个必备的前提条件,即有充裕的物资,主要是钱、粮作为支持和保障,以应灾歉之年经常是巨额的物资投入之需;否则,只能是画饼充饥。充裕的钱、粮不能从天而降,只能由社会生产提供,因此,归根结底,救荒活动能否有效进行,取决于是否有一个良好的社会经济环境。

清代初期,由于长期的战乱,社会经济受到严重的破坏,土地荒芜,人口锐减,但由于清前期的统治者能认真吸取明王朝灭亡的教训,随着国内政治局势的逐步稳定,采取了兴修水利、蠲免田赋、奖励垦荒、更名田、永禁圈地、修改逃人法以及改革不合理的赋役制度等措施,这些措施主观上是为了增加国库收入,加强清政府的经济实力,巩固清王朝的封建统治,但客观上也有利于农业生产的发展,康熙、雍正、乾隆年间农业生产呈上升趋势,耕地面积和人口迅速增长,社会财富大量积累,相应地,清王朝府库充盈,掌握了大量的机动财力,为备荒、救荒提供了较好的物质保证。康熙、乾隆年间,清政府除经常以优惠条件蠲免灾歉地区的赋税,还于非荒歉之年主动减免地方负担。如:从1662年(康熙元年)至1710年(康熙四十九年),累计蠲免之数已逾亿两[①],随后,又因康熙即位50年大庆,于1711年(康熙五十年)起三年内轮免全国应征及旧欠钱粮,总额达32064697两。此外,清政府还常以多余漕粮调拨给地方存储,如1703年(康熙四十二年)颁谕,以河南府(今洛阳)居各省之中,命于该处积储米谷,备山陕歉收之用,该省漕粮20万石,可截留三年备用。1717年(康熙五十六年)又以通州仓米积压甚多,命分运至直隶各府、州、县存贮,每府万石,每州县数千石,于青黄不接时平粜。[②] 康、雍、乾期间,还大力提倡民间兴办社仓、义仓,积谷备荒,规模、建制相当可观。

至18世纪下半期的乾隆后期,清王朝开始由盛转衰,从著名的"康乾盛世"的峰巅上跌落下来,农业生产力趋于萎缩,社会矛盾日趋尖锐。到了近代,清王朝进入晚清时期,农业经济凋敝残破,社会环境严重恶化,与康、雍、乾时期比较,清政府的救荒能力遭到严重的削弱。

导致晚清社会经济环境恶化的原因主要有以下几点:

首先是由于统治阶级的腐朽没落。本来,在封建专制制度下,不可能对各级政权的官员建立有效的监督机制,官场的腐败是不可治愈的顽症痼疾,在封建政治较为清明时,官场的这一宿弊还能受到一定的遏制,不至于成为十分突出、严重的问题。但当王朝统治走下坡路时,它就会恶性发展,像溃烂的脓疮,蔓延到整个政治肌体。清王朝由盛至衰的历史又一次重复了这一轨迹。清朝在经历了一段政治稳定和经济繁

① 《清圣祖实录》,卷244。
② 《清史编年》第3卷,第394、231、476页。

荣的"盛世"之后,至乾隆后期,统治阶级骄奢淫逸,腐败之风特甚,乾隆六次南巡,到处游山玩水,寻欢作乐,挥霍无度,还大兴土木,修建宫殿、苑囿,劳民伤财。上梁不正下梁歪,王公贵族、文武百官、大地主、大商人无不挥金如土,穷奢极欲。为了满足奢侈豪华生活的需要,各级官吏贪风日炽,贿赂公行,吏治废弛,官场大坏。和绅在乾隆后期任军机大臣20余年,运用各种手段,虎吞狼夺,积攒了数量惊人的财富,就是一个典型的例子。乾隆死后,嘉庆帝抄没了和绅的家产,共编为109号,其中已估价者26号,即值银2.2亿两,相当于当时清政府5年多的国库收入的总和。清政府虽然有时也惩办少数贪官污吏,却无力扭转这股愈刮愈烈的贪渎之风,只能坐视其不断蔓延扩大。由于大大小小的官僚们唯以财纳贿为能事,致使官风日坏,官场充斥着昏庸、自私、卑劣的小人,他们只知升官发财,封妻荫子,置国家安危、民生疾苦于不顾,因循苟且,百务废弛。至晚清时期,统治阶级的腐朽没落较前更为严重,"官以贿成,刑以钱免",大小官员几乎无官不贪。统治同治、光绪两朝40余年的慈禧太后更是荒淫无度,她为了自己的享乐,动用大量人力、物力、财力,甚至挪用海军经费修建颐和园。在中日甲午战争爆发之际,她仍靡费巨款举办庆祝自己60寿辰的"万寿盛典",各级官员为博取她的青睐,竞相"报效"巨款和其他奇珍异玩。从乾隆中叶到清王朝灭亡的百余年中,统治阶级的腐朽没落,使国内的经济生活一片混乱,日益衰败。各级官员严重的贪污腐化,耗尽了清中叶积蓄的社会财富,导致国库亏空,入不敷出,钱粮支绌,财政状况江河日下。端华在1857年11月3日(咸丰七年九月十七日)的一个奏折中说:"溯自乾隆年间以至今日,各省额外加增之银不知几百万矣,以致帑项暗为截留,部库所入不敷所出,病由于此。"①在此之前,大学士、管理户部事务的潘世恩等于1848年(道光二十八年)奏报各省积欠情况时称:"道光二十三年,臣部初办积欠时,查得地丁一项,除缓征外,共欠银壹仟壹佰陆

---

① 《录副档》,咸丰七年九月十七日端华折。

拾余万两之多。叠据奏咨严催,始据完银壹佰贰拾余万两,又完旧欠新,甚或续欠之数转浮于续完之数。迨道光二十五年恭遇覃恩,普免道光二十年前逋赋,共免银玖佰叁拾余万两,民力不为不宽。讵道光二十一年以后,又有未完地丁共银捌佰陆拾余万两,另缓征未完者又壹仟伍佰贰拾余万两。……竟有一省之中或欠至二百余万两,或欠三百余万,尤出情理之外。"①贪官污吏一方面肆无忌惮地侵蚀国帑;一方面加紧对黎民百姓的朘削搜刮,广大农民日益困苦,百业凋零。致使乾隆后期以后,阶级矛盾十分尖锐,农民起义连绵不绝。为了维持自己岌岌可危的统治,清政府又不得不耗费大量军费用于军事镇压,仅为扑灭18世纪末19世纪初的白莲教大起义,它就花费了饷银2亿两;为了镇压19世纪中叶以太平天国农民战争为中心的各族人民反清斗争,清政府的用度更为浩繁,不仅挖尽了它的库藏,还捐卖实官、开征厘金、滥铸滥发钱钞,国家财政濒于崩溃,并从此一蹶不振,经济危机不断加深。

帝国主义的疯狂掠夺是导致晚清时期中国经济凋敝、经济环境恶化的另一重要原因。资本—帝国主义列强为了把中国变为其殖民地,自1840年的鸦片战争起,多次发动侵华战争,其中规模较大的有1856年英法两国发动的第二次鸦片战争,1884年的中法战争,1894年的中日甲午战争以及1900年八国联军的侵华战争,由于清政府的极端腐败,这些战争无不以中国方面的失败、被迫签订丧权辱国的不平等条约而告终。通过这些不平等条约,列强不仅获得大量的侵略权益,强占了中国的大片领土,而且勒索巨额的战争"赔款",其中由于甲午之战的失败,中国即被迫向日本"赔款"2.3亿两白银,相当于当时清政府3年收入的总和。1901年的《辛丑条约》规定中国赔款4.5亿两,此款分39年付清,本息合计9.8亿两,再加上各省地方的赔款,按当时中国人口4亿计算,每人要赔出3两白银,这是中国近代史上最大的一次赔款,是帝国主义对中国人民最大的一次敲诈勒索。进入近代以来,由于自

---

① 《录副档》,道光二十八年十月十七日潘世恩等折。

身的腐败和为了镇压农民起义,清政府在经济上已陷入困境,弄得国破民穷,为了向帝国主义赔款,不得不举借"洋款",并把负担向广大人民转嫁,不断加捐加赋。清末时御史胡思敬曾奏称:农民负担"漕粮、地丁、耗羡之外,有粮捐,有亩捐,有串票捐。田亩所出之物,谷米上市有捐,豆蔬瓜果入城有捐",甚至"业之至秽至贱者灰粪有捐,物之至纤至微者柴炭酱醋有捐,下至一鸡一鸭一鱼一虾,凡肩挑背负,日用寻常饮食之物,莫不有捐"。① 早在鸦片战争前,英国就向中国非法大量走私鸦片,造成中国白银大量外流,有人估计,仅广州一地就外流白银 3000万两。由于白银的大量外流,使中国出现了银荒,造成银贵钱贱。1794年(乾隆五十九年)一两白银折钱 1000 文左右,1838 年(道光十八年),1700 文铜钱才能换一两白银。因为农民完粮纳税是以银计算的,过去农民卖一石谷可纳税银一两,现在差不多需卖二石谷才能纳税银一两,实际负担大为加重。至鸦片战争后,资本主义国家向中国大量倾销商品。其中鸦片输入量日益增多,进一步破坏了中外贸易的平衡,造成白银继续大量外流,银贵钱贱的现象更为严重。1850 年(道光三十年),2300 文左右铜钱才能换银一两,农民的负担进一步加重,曾国藩在1852 年 2 月 7 日(咸丰元年十二月十八日)的一个奏折中说:"昔日两银换钱一千,则石米得钱三两;今日两银换钱二千,则石米仅得银一两五钱。昔日卖米三斗,输一亩之课而有余;今日卖米六斗,输一亩之课而不足。朝廷自守岁取之常,而小民暗加一倍之赋。"②外国商品的大量涌入,特别是洋纱洋布的倾销,使广大农村家庭手工纺织业遭到严重的摧残,剥夺了农民借以勉强维持穷苦生活的手段。同时,外国商人还大量从中国输出农产品,把中国变为外国资本主义的原料供应地。他们控制中国的出口贸易,任意压价掠夺,榨取中国农民的血汗。为了输入商品和输出原料之便,外国资本家还控制了中国海上和内河航运权,

---

① 胡思敬:《极陈民情困苦请撙节财用禁止私捐疏》,《退庐疏稿》,卷 1。
② 《备陈民间疾苦疏》,《曾文正公全集·奏稿》,卷 1。

并大量修筑铁路,中国旧式水陆运输业日渐衰微,工人大量失业。

人口激增、耕地不足是晚清时期经济环境恶化的又一重要原因。清代以前,我国人口始终没有超过 1 亿,明代全国人口最高的数字是 6300 万,由于明末长期战乱而人口锐减,清初的 1652 年(顺治八年),只有 1400 万人。至康熙朝以后,我国人口迅速增长,1741 年(乾隆六年),我国人口突破 1 亿大关,达 1.4 亿。从此扶摇直上,到 1840 年(道光二十年)鸦片战争爆发时,全国人口激增至 4.1 亿。百年内,我国人口增加了 3 倍,而耕地面积增长却极为缓慢,从顺治末至乾隆末,大约 140 年间,耕地面积由 5 亿亩增至 9 亿亩,此后便长期徘徊不前。这种情况,使人均耕地面积直线下降,如乾隆末人均占地尚有 3 亩,至鸦片战争时,人均耕地仅有 2 亩多一点了。

由于劳动生产力的低下,粮食亩产量本来就很低。明末清初的张履祥说:"百亩之土,可养二三十人"。① 即维持一个人的最低生活,约需耕地 4 亩上下。清人洪亮吉于乾隆末年也说过:"一岁一人之食,约得四亩;十口之家,即需四十亩矣。"② 从乾隆年间,人均耕地面积已低于这个数字,到晚清时期更相去甚远。这样,仅从人均占有耕地这个标准来看,全国至少也有 1/3 的人口处于饥饿和半饥饿状态。更何况,阶级社会中,土地从来不是均衡分配,清代的土地兼并日益加剧,有限的土地资源的分配愈来愈不合理。晚清时,尽管中国有 90% 的居民从事农业生产,但是大部分土地掌握在地主、官僚、富商、军阀,以及外国教会的手中。据 1911 年(宣统三年)的调查,在主要农业省份,2/3 以上的农民都是缺地少地的佃户和半佃户。随着土地资源的日益紧缺,地主阶级对农民的地租压榨愈来愈重,地租率直线上升,有的材料说,江苏震泽县"田每亩得二十(斗)粟已庆大有,其代价不过六七元,除去肥料人工,所余几何? 乃收租竟至五六元,少亦须五元,是以冬期农民只

---

① 张履祥:《杨园先生集》,卷 5。
② 洪亮吉:《意言·生计》,《卷施阁文甲集》,卷 1。

可罗掘以应,不足则卖妻鬻子以偿"。①

人口激增的又一严重后果是破坏了生态平衡,使水旱灾害更趋频繁。如湖北省地处汉水下游,长江中游,道光前,水患并不严重。但由于上游地区本地及外来人口日增,为了开垦荒地,滥砍滥伐,水土流失严重,使湖北江、汉沿岸地区从道光年间起直至新中国成立前的百余年间几乎年年受水灾之害,是近代中国著名的灾区。湖广总督裕泰、湖北巡抚赵炳言在1842年2月22日(道光二十二年正月十三日)的奏折中分析江汉水灾频仍的原因时称:"溯自十余年来,川陕等省民人于深山邃谷之中,凡有地土可开辟者,无不垦种,以致每逢大雨时行,山水涨发,□沙土顺流而下,江汉底垫日高,堤塍愈形卑矮,溃决频仍,实由于此。……是近年江汉溃堤,实因今昔形势不同,有以致之。"②

统治阶级的腐朽没落,帝国主义的疯狂掠夺,加之日益沉重的人口包袱,使1840年以后的社会灾难极为深重,国家残破,民不聊生,再也难以承受和有效地应付大自然时时降临的灾害,换句话说,清朝政府以至全社会的救荒抗灾能力严重地削弱了。

在近代社会,封建统治阶级救荒能力的削弱,首先具体表现在仓储制度的严重瘫痪上。

上一章中我们曾介绍了清代的仓储制度,这套制度是在清中期社会稳定,生产发展的基础上形成和完善起来的。它反过来又对社会的稳定,生产的发展起到了积极的作用。当然,这并不是说这套制度本身完美无缺,更毋庸讳言,在实施仓储政策中,主要由于贪官污吏的侵蚀中饱,其所应具有的积极作用大打折扣。但揆诸史实,当时推行仓储制度所起的积极作用毕竟还是主要的。待到清王朝"盛极而衰",迅速从"康乾盛世"的顶峰上跌落下来之后,仓储制度也就日趋败落,常平、义、社等仓,越来越严重地遭到贪官污吏、恶胥蠹役、劣绅刁监的侵蚀,

---

① 李文治:《中国近代农业史资料》第1辑,第287页。
② 《录副档》,裕泰、赵炳言折。

亏空严重,积贮日少,加之由于人口激增,人多地少的矛盾日益尖锐,客观上也无法提供更多的剩余粮食用于存贮,仓储制度日渐瘫痪。进入近代后,情况更为严重,许多地区的粮仓已名存实亡,甚至连"名"也不复存在。这里举一个比较典型的例子:京师所在的顺天府是所谓"首善之区"、"京畿重地",清中期的统治者对这一地区的仓储十分重视,如上一章所介绍的,在官仓中曾积储了大量的粮食。这些粮食,一是由当地人民的劳动所提供,再一个就是清廷或发国帑购粮,或调拨漕米予以充实。如1691年(康熙三十年),京仓、通州仓存米即多达780万石有奇,足供三年之需,经常用以在附近地方存贮平粜。仅1717年(康熙五十六年)一次就将通州积压仓米,运至直隶各府、州、县存贮,每府万石,每州县数千石。时过境迁,至光绪年间编纂《顺天府志》时调查,该府的义仓"所存十不二三",就是现有者,其存谷也少得可怜,而作为官仓的常平仓竟"亦率倾圮",甚至基址难寻,昔日的盛况几乎已变成了一场遥远的梦。① 这种现象具有全局性、普遍性。我们查阅清宫档案时,发现晚清地方督抚一遇稍大的自然灾害就叫苦连天,以本省"素鲜盖藏",无力自救为由,请发国帑,请截漕粮,请外省协济,请开赈捐……总之,伸手向上要钱要粮。这倒也是实情。比如那场震惊中外,凄惨无比的"丁戊奇荒",就其实际灾情,"略与道光丙午(即1846年——引者注)相仿,即陕、豫并歉,亦无甚异"、"乃昔但借仓缓赋,不烦公家之赈,并无大伤",而"丁戊奇荒","至竭天下之财几于不救",花了上千万两银子,几百万石粮食,还是死了上千万人。② 原因就在其仓储已空,无力自救,周围省份自身不保,只好千里迢迢兴师动众调运粮食,费尽九牛二虎之力,总算调到一部分粮食,人也快死光了。

地方向中央要钱要粮,而中央早远不如其先祖阔绰,出手大方了。表面上,晚清时清廷在救荒时仍大体"循照旧章办理"赈务,实际内容

---

① 参见《光绪顺天府志》,卷55。
② 《山西通志》。

却大打折扣,这是救荒能力削弱的又一表现。如光绪三年那次山西办赈,按定制,仍是每大口每日给米五合,小口减半,由于"若均赈以米谷,断无此巨宗之粮",非搭放钱文不可。按山西银米折价,每石折银一两六钱,五合粮折银八厘,在受旱严重的山西南部,八厘银只能换七八文至十文钱,其时粮价奇贵,十文钱只能得米一合。就是说每大口饥民得到的钱仅能买米一两多,小口则只能吃到六七钱粮食。经巡抚曾国荃多次奏请,清王朝同意酌增钱文,大口日给钱十二文到十六文,小口日给钱六文到八文,大口每天仍仅能吃不到二合米,小口则不足一合,只能做到"饥民可望延活,不致即于死亡"。① 银米折价,是根据清中期时的粮价制定的,清后期粮价日昂,遇灾则暴涨得没有边际,日给五合(指大口),只是空头支票,饥民们用钱究竟能买到它的几分之几呢? 更何况,晚清时地方官员经常以"库储支绌"、"赈款不敷"为由减半放赈,加之官员、胥役、地保、首事等从中又多方克扣、勒索,最后饥民拿到手里,吃到嘴里的钱、粮又有几何呢?

由于清朝中央政府钱粮匮乏,要救荒办赈只好别寻出路,另筹赈款。主要办法是广开赈捐。赈捐并不是什么新事情,清中期出于救荒的需要,也常开例"捐监",即富民出赀报捐获得监生资格。而为了筹集赈款,捐卖实官,则自"同治中闽赈,光绪中津赈始行之",到"丁戊奇荒"发生后,不仅在山西本省开捐,而且"推广捐输"至直隶、江苏、安徽等 10 省,捐卖道员、知府、知州、知县 4 项实官。捐卖实官是封建社会政治的一大弊政,官职成了商品,捐纳出身的官吏花了许多银钱,才买得一官半职,做官犹如做买卖,将本求利,自然乘机大捞一把,导致大量骇人听闻的腐败现象发生,使官场更加混乱黑暗,历来受到舆论的抨击。对此,清政府不无顾忌,所以后来曾一度改为只给虚衔、封典、翎枝等。但由于各省遇灾均纷纷开办赈捐,造成"捐局林立,势成弩末"的局面,赈捐收数越来越少,富民对仅可买到中看不中用的虚衔不感兴

① 《山西通志》,卷82。

趣，至 19 世纪末，各省又纷纷向清政府施加压力，请捐卖实官。最后，清廷无奈，只好又开实官捐。晚清时期，主要是光绪朝，明知开办赈捐奖授实官是饮鸩止渴，但由于从中央到地方钱粮俱空，无力救荒办赈，还是只好喝下这杯毒酒。赈捐，已成为这一时期办赈的主要财源。

光绪初年以后，由于近代中外关系新格局的形成，新的社会经济成分的出现，在救灾中出现了一些新的现象。

1. 外国传教士卷入救灾活动。鸦片战争后，外国传教士进入五口通商城市传教，尤其是 1860 年（咸丰十年）中法《北京条约》中允许外国人在中国内地自由传教后，外国教会势力大举向中国内地渗透，并以赈济灾民为手段，吸收教徒，扩大教会组织。"丁戊奇荒"时，英国传教士李提摩太正在山东青州，利用清政府救灾不力，插手救灾活动，向灾民散放由各国外交官、传教士和商人组成的赈灾委员会募集的数万两银子，后又至山西赈灾，发放了 12 万两赈银，借机在山东、山西吸收了大批教徒。当时，在华北灾区活动的外国传教士约百人。这是外国传教士第一次在中国有组织、有计划地从事救灾活动。①

2. 义赈的出现。江浙一带具有某些资本主义经济背景的绅商在光绪初年的华北大旱时，自发地组织起来筹集资金，不通过官方渠道，径自前赴灾区实地散赈，他们不拘官赈成例，深入灾区，"不论灾情之轻重，只择户口之赤贫者量为抚恤"，形成有别于"官赈"的"义赈"。由于清政府无力救灾，对这种独树一帜的"义赈"表示了宽容和认可，地方官员甚至将官赈、义赈合办，"绅任查户放钱，官任监视、弹压"②，清政府及各级官员对其中功绩显著的"义绅"予以表彰。"义赈"对于破除"官赈"中的陈规陋习，推进赈务确有积极作用。但时久弊生，从事"义赈"活动的人，虽以"民间"身份出现，却终究不能摆脱对封建官僚政治的依赖和联系，"官赈"中的弊端不免传染到"义赈"中去，故有人指出，

---

① 参见顾长声：《从马礼逊到司徒雷登——来华新教传教士评传》。
② 《录副档》，光绪三十二年十二月十三日两江总督端方折。

社会上颇有一些人是靠办"慈善事业"而发家的,并感叹说:"自义赈风起,或从事数年,由寒儒而致素丰"。个别人于赈务鞠躬尽瘁,"每遇灾祲呼吁奔走,置身家不顾",并且"始终无染,殁无余赀者",倒成了凤毛麟角,"盖不数觏"的了。①

3.爱国华侨、香港同胞捐银助赈。"丁戊奇荒"震惊世界,也牵动着海外华侨、香港同胞的心。著名洋务派官僚、前福建巡抚丁日昌正在原籍广东养病,"闻晋豫两省荒旱筹赈艰难",不仅在广东设局劝捐,并派人赴中国香港、新加坡、小吕宋(今菲律宾)、暹罗(今泰国)、安南(今越南)劝办捐输,先后交解晋、豫两省共 64 万多两银子。② 其中部分捐银来自爱国华侨、香港同胞,他们献上了热爱祖国、心系中华的一片赤子之情。

第二节　晚清救灾活动中的弊端

从上一章我们介绍的清代统治阶级的"荒政"可以看出,清朝作为中国历史上的最后一个封建王朝,其统治者总结了历代王朝救荒思想,设计和规定了许多对付自然灾害的措施和办法,形成了一整套比较周密而完整的救荒制度。有清一代,这套救荒制度也确实发生了积极的作用。但是,这套制度的运转,有关规章、制度的落实,都要靠人来完成,主要靠各级政权的官吏去执行。清政权毕竟是剥削者的政权,从来都存在着腐败的一面,特别是历史进入近代以后,清王朝的统治危机日趋严重,政权的腐败程度有加无已,而在一个严重腐朽了的政权统治下,任何有效的政治机制都会运行失灵,任何严密的规章、制度都会成为一纸空文。在多数场合下,实际活动都会表现为对成文规定的明目张胆的破坏和背离。晚清时期封建王朝的救荒活动就正是如此。这时

① 《潘民表传》,《清史稿》,卷 452。
② 《录副档》,光绪五年河南巡抚李鹤年片。

期,清政府的救荒活动可以说是一潭浑水,百弊丛生,各种各样的问题俯拾皆是,这里只能选择其中最突出、最普遍、最典型的问题,进行简要的介绍和分析。

一、"匿灾不报"与"以丰为歉"

清代,尤其是晚清时期,报灾不实是各级政权经常存在的问题,其表现是,或者"以丰为歉",即地方官于丰收或平收之年,虚报捏造灾情;或者"以歉为丰",即遇有水旱灾害之年,地方官"匿灾不报"。

地方官捏造虚报灾情,是为了贪污。"州县不肖者遇平岁,相率为欺蔽,以灾歉上闻,而实则予征民赋,为官吏侵用,名曰'存章'。"① "地方官不论年之果否荒熟,总以捏报水旱不均,希图灾缓,藉此可以影射。督抚不察灾之虚实,擅以掩饰奏请,从中谅可分肥"。② 晚清时期,捏造虚报灾情,已成常事。1903 年(光绪二十九年)的一个上谕中曾这样说:"如果灾歉属实,一经督抚奏请,(朝廷)无不立沛恩施。乃近年各省所陈缓征之处,几若视为常例。不肖州县每多捏报成灾,以完作歉,积习相沿,年年照报,名为'例灾',实则民间已经完纳",结果清廷虽"叠下蠲缓之诏,间阎并无实惠可沾,致使惟正之供徒归中饱"。只有那些有权有势的"劣绅大户",可以以地方官捏造虚报灾情冒请蠲缓,对地方官进行挟制,借机"抗不完粮",而从中分得一杯羹。③

曾任湖北巡抚的胡林翼曾分析过"捏灾"与"匿灾"的危害,他说:"以丰为歉,是病国计;以歉为丰,是害民生,而终害于国计"。④ 地方官捏造虚报灾情,使一部分征之于民应上缴国库的地丁正赋落入了他们的腰包,致使清政府的"赋税日绌",是为"病国",对"民生"尚无直接的危害。而"以歉为丰",匿灾不报,则使灾区人民的"民生"遭到直接

① 《前河南巡抚李庆翱墓志铭》,《清代碑传全集》三编,卷 15。
② 柯悟迟:《漏网喁鱼集》,第 5 页。
③ 《清朝续文献通考》,卷 80。
④ 《胡林翼传》,《清史稿》,卷 406。

的危害,而最终也会危害"国计"。

地方官"以歉为丰",匿灾不报,大致有以下三个原因:

(一)为了规避责任。1892年(光绪十八年)顺天府属发生水灾,地方官所报被灾分数距实际情况"远甚","初报二三分灾者,实成灾五六分,报四五分灾者,实成灾七八分",结果由于"各处既无赈需,又乏冬抚",灾民无以聊生。其实"灾重已成之区,在各厅、州、县日后非不深知,或以开报灾轻在先,终始异辙",惟恐受上级申斥,"遂隐匿不敢详"。① 也有的是因勘灾、查赈手续颇繁,"必至展转推延,有逾报灾限期",担心要受到处分,"遂不造报"。②

(二)为了追求升官晋级。清时定期对各级官吏的政事成绩进行考核,并据此决定官吏的升降,是为"考成"。地丁钱粮是国家主要财政收入,征收地丁钱粮是州县官最重要的工作,因此,地丁钱粮征收情况的好坏,是对州县官进行"考成"的主要内容。地方官为了自己的前程,自然不顾百姓的死活,于灾歉之年匿不报灾,照旧催征。如"丁戊奇荒"之前,山西、直隶等地已连续两年大旱,但"在上者惟知以催科为考成,在下者惟知以比粮为报最,故虽连年旱灾,尽行匿而不报,田虽颗粒无出而田粮仍须照例完纳……民间之饿毙者相属于道,然州县之比催如故",致使1877年(光绪三年)时"仓库所存无几,而待赈之民无算,杯水车薪,于事何益。故曾中丞(即曾国荃)履任,不得已奏请发银发照,欲救活无数之灾黎也,然而晚矣"。③ 时隔20余年,御史郑思赞在一个奏折中揭发:苏北徐州府、海州直隶州于1896年(光绪二十二年)"五月兼旬雨水,麦已无收;秋霖连绵,山河合溜,稻、粱、菽、麦,旁及菜蔬,霉烂漂流,一时俱尽,城县村落十室九空,而各属州县印官但知自顾考成,竟以中稔上报。迨秋闱乡试,各属士子始以灾状陈诉于督抚臣。督抚臣始以灾状询诸各州县,乃查勘已历灾区,而征收无异往

① 《录副档》,光绪十八年十一月十七日江南道监察御史丁之轼折。
② 《朱批档》,光绪二十二年十二月二十一日云贵总督崧蕃、云南巡抚黄槐森折。
③ 《申报》1877年11月23日。

日……以致转徙道殣，其待赈而活者尚不及半"。①

（三）经济上的贪婪追求。早在1705年3月20日（康熙四十四年二月二十六日），康熙帝于南巡途中就曾说过："凡罹灾荒，倘预行奏报，无不可赈救者。只因山东各官匿不报灾，故大致饥馑。向日陕西饥荒，亦由于匿不报闻。朕曾以地方官匿灾不报之故询之于民。据云民一罹灾，朝廷即蠲岁赋，赋一蠲，火耗无征，故地方官隐而不报也。自古弊端，匿灾为甚。"②清朝各级文武官员的薪俸很低，一个七品知县岁俸银仅45两，即使是总督、巡抚这样的封疆大吏，每年的俸银也只有150两至180两。这样低的薪俸远不足以维持各级官员及其家属的豪华生活。另外，清朝留给地方的办公用费数额很少。官员们为了饱其私囊，便千方百计地从百姓身上进行搜刮，往往"私派倍于官征，杂项浮于正额"。这"私派"、"浮收"的主要一项就是"耗羡"（又称"火羡"）。"耗羡"，本来是征收赋税、交纳钱粮时，对合理损耗的补贴，也是一种增收的附加税，是有一定数额的。可是，地方官在实际征收时，任意加派，每两正赋银的"耗羡"少则一二钱，多则四五钱，甚至数倍于正额。加征的"耗羡"，除了贴补办公用费外，大多进了州县官员的腰包，供其挥霍，或向上级官吏送礼纳贿之用。清末，有一个御史曾说过，各地州、县缺分有优、瘠之别，"优者"岁入七八万两，"瘠者"岁入也有一二千两③，是其名义薪俸的数十倍到上千倍。这种额外的收入，一般主要来自加征的"耗羡"。按照规定，地方遇灾蠲免地丁钱粮，与正赋随征的"耗羡"也按蠲免分数相应减免，这就直接损害了地方官的经济利益，这不啻是驱使他们去掩盖灾情，于灾歉之年仍旧催征。这样，不仅可以博取上司的好感，为升官晋级铺平道路，更可以攫取经济上的丰厚利益，一举两得，名利双收，何乐而不为。然而，这对于深受自然灾害之苦

---

① 《录副档》，光绪二十四年六月初四日郑思赞折。
② 转引自《清史编年》第3卷（康熙朝）下，第255页。
③ 《录副档》，光绪三十四年五月三十日掌陕西道监察御史吴纬炳折。

的灾区人民来说,却是雪上加霜,天灾、人祸,将他们逼入既无蠲缓,又乏赈济,奄奄待毙的绝境。这样的事例在近代历史上可以说是俯拾即是,这里只随手举一个例子:安徽颍州府颍上县的一个名叫高溥昌的拔贡生,于1898年(光绪二十四年)向都察院递呈,谓:"颍州府七州县自光绪十年遭荒后未甚丰稔,前年被水灾,去年二月大雨三旬,水大涨,麦草、下地尽淹,岗田多溃死。六、七、八月大雨,沙、淮复大涨,近河之地两季未收一粒,岗禾复被水渍死。秋冬至春,谷物、柴草大贵。每岁麦价制钱三百制文一斗者,今八百文。(二十四年)正月二十四日,复连雨四五十日,米谷物价更贵。麦根烂坏,又生螟虫。民往往一日食一顿喂猪饼,甚者食苜蓿草与树叶。借洋一元,至麦秋还十八筒八斗或六七斗,柴薪、秫秸几卖一文钱一根。路上之草,民几铲尽。牛苗卖十文钱一斤,尚无处觅。民间诸物,非当即卖。男子无衣被,妇人多无裤者。乞丐遍门,无人给与。鬻妻子女,饿死逃亡,不知几何。加以东、南、西、北皆荒,无处逃亡。日落后,盗贼抢夺焚窃;白昼间千百为群,以均粮借粮为名。放赈无多,不过小补。加以急催税银,抚札又于光绪十六年以后概行花征,皆因去岁州县官为浮收计匿灾不报,即报亦不实故耳"。①

二、拘文牵义,坐失时机

1895年(光绪二十一年)春夏间,正值中国在甲午战争中刚刚失败,被迫签订了丧权辱国的《马关条约》,康有为、梁启超等维新派发动了震惊朝野的"公车上书",要求拒和言战,京城内群情汹汹,政治温度骤然上升。就在这个时候,京城内出现了一幅惨不忍睹的画面:难以数计的灾民扶老携幼涌入城内觅食,而在施粥厂"所领之粥不足供一饱,优施钱米亦无",结果,"馁卧路隅待死沟壑者有之,沿门行乞随车拜跪者有之……城垣之下,衢路之旁,男女老稚枕藉露处,所在皆有。饥不得食,惫不得眠,风日昼烁,雾露夜犯,道殣相望,疫气流传";"五城月

---

① 《录副档》,安徽颍州府颍上县拔贡生高溥昌呈。

报路毙已三千余人,其内城归步军衙门,顺天府经理者尚不在此数"。①
那些"将绝未绝","宛转道上一息仅存"的饥民的惨景,令"见者合睇,
闻者鼻酸,郑侠流民之图不过是也"。这些灾民来自京城周围顺天府
及直隶省所属州县。是年"顺天东、南、西三路于四月初旬连被阴雨,
田地淹没,麦苗固已黄萎,早禾亦被浸伤,平地水深尺余,房屋倾圮无
数……而赈抚之事至今寂寂无闻",灾民不得不背井离乡,四出逃荒。
究其原因,"诚以春夏之交,从无勘灾办赈之事,小民既未敢冒昧陈报,
该州县亦或拘守故常,不敢据实勘详"②,更有甚者,"不肖州县又复从
而迫之,以为饥民就赈四出,可以卸责避嚣"③。前面已经说过,按清王
朝的定制,"夏月"之灾,是"例不与赈"的。如果说,拘守这个常例在经
济环境比较好的清中期还不会成为太大问题的话,那么到了晚清则危
害甚大了。晚清时期,农业经济凋敝,特别是顺、直地区从 1888 年(光
绪十四年)起,几乎水旱之灾不绝,"连年积欠",民无盖藏,地方官仍拘
文牵义,于春夏之灾不请动赈,不仅是玩视民瘼,简直是杀人害命了。
顺便说一下,查晚清时宫中档,经常看到各地遭灾,地方督抚照例要报
告一下灾情及所采取的措施,文报中经常使用这样一类语句:此系"一
隅偏灾",或"不致成灾",均经该员"随时捐廉抚恤","毋庸另行调
剂",故"毋需查报"。既然无须请动公帑,上级官员,包括清廷,也乐得
不去深究了。至于州县官是否真的"捐廉抚恤",即自己掏腰包去救
灾,没人去查,只有天晓得。

我们已经介绍过清代办灾的一套固定的程序。政府施政,有章可
循,可以避免无法可依的随意性,本是必要的。但如拘文牵义,以不变
应万变,同样也有问题,特别是天有不测风云,自然灾害的情况十分复
杂,照章办事,公文往返旷日持久,常常坐失救荒时机,贻害百姓。对

① 《录副档》,光绪二十一年七月二十九日陕西道监察御史熙麟折。
② 《录副档》,光绪二十一年五月初六日浙江道监察御史李念兹折。
③ 《录副档》,光绪二十一年七月二十九日陕西道监察御史熙麟折。

此,咸丰年间一个名叫曹登庸的御史感受颇深。1856 年(咸丰六年),江苏、浙江、河南、直隶、山东、湖北、山西、陕西等省夏间旱蝗交作,他的家乡河南光州一带"斗米千钱。七八月间,水一斤值钱八文。民间水米俱无,有阖家自尽者"。因"各属义仓半属有名无实,断不足以备缓急",民间既无力自救,"惟今之计,只有亟图赈济而已"。本来,救荒如救火,是不能有须臾耽搁的。但赈济的施行,必须经过一大套繁杂的手续和程序,结果是远水难解近渴。曹登庸揭露这种情况说:"夫荒形甫见则粮价立昂,嗷嗷待哺之民将遍郊野,必俟州县详之道府,道府详之督抚,督抚移会而后拜疏,迩者半月,远者月余,始达宸聪。就令亟沛恩纶,立与蠲赈,孑遗之民亦已道殣相望。况复迟之以行查,俟之以报章,自具题以迄放赈,非数月不可。赈至,而向之嗷嗷待哺者早填沟壑……奈何以亿万生灵悉耗于拘文牵义之手"。① "丁戊奇荒"中死亡特别惨重,很大程度上也与这个原因有直接关系,《山西通志》载:"各处报灾既失限期,又无成案,至烦颁程式,严檄谕令,审户需时,造册需时,比达于大府,而贫民之死者半矣。移粟千里,缓不济急,一入晋疆,万山环阻,雇募车马,费更不赀。筹款需时,拨运需时,比散之于灾区,而贫民死者又半矣。盖自(光绪三年)七月办赈,直至次年春仲,各路之粮始源源而来,极贫固难图存,次贫亦复垂毙,其食赈者皆平日操业稍能自立者也"。②

三、"积压誊黄"与"田废粮存"

清初就有人指出:"国家免钱粮,动数百万而民不感恩。民不受惠,想是官不好。上有法蠲,他有法征。州县敛之以贡府道,府道敛之以贡两司,两司敛之以贡督抚,督抚又有交际及办差诸事。宛转归上,民穷日甚"。③ 寥寥数语,倒也道破了国家蠲免钱粮中的实情。有鉴于

---

① 《录副档》,咸丰六年十月十六日湖广道监察御史曹登庸折。

② 《荒政记》,《山西通志》,卷 82。

③ 《榕村语录续集》,卷 18。

此,嘉庆皇帝曾颁谕:"各省蠲免以奉旨之日为始,奉旨之后部文未到以前,已输在官者,准作次年正赋。惟奉旨日期以及蠲免分数,村野小民无由周知,而不肖官吏藉以因缘为奸,或于部文未到之前催比更急,私图肥已。且有奸猾书役藉名垫纳加倍索偿等情。即各省督抚颁示恩旨,通饬各州县,尚有隐匿不急为悬挂者。嗣后著各督抚严查,饬令各州县遇恩旨颁到之日,即将奉旨日期遍行晓谕,并刊刷实征额册串票等,注载明晰,俾小民得知蠲免分数,官吏无从欺隐,务期实惠及民,以副朕爱育黎民至意。"①规定是再明确不过了,但仍然是"上有法蠲,他有法征",其中一个重要的办法就是"积压誊黄"。所谓"誊黄",是旧时皇帝下诏书,受诏者须用黄纸誊写颁行下属。"积压誊黄",就是地方官把刊刻蠲免上谕的黄纸告示搁置起来,照旧催征,催征到一定程度或催征完毕,再放个马后炮,让这些告示冠冕堂皇地张贴出来。"积压誊黄"作为清代救荒的一个痼疾宿弊,到晚清时期越发严重。1861 年(咸丰十一年)的上谕中称:"往往恩诏虽颁,有迟至数月而始张贴者,有先征钱粮而后张贴者。在国家屡颁宽大之恩,间阎仍难沐纤毫之惠",警告"如或有视同具文及任意压阁,致令朝廷泽不下逮,一经发觉,朕必重治其罪,以为玩视民瘼者戒"。② 如此郑重其事地发出警告,不能说没有一点作用,但不能根本杜绝这种现象,封建官僚们依然是我行我素。光绪年间,御史刘恩溥在奏折中说:"向来州县牧令偶遇水旱偏灾,禀报到省,委员勘验,该省大吏入告后奉有蠲缓恩旨,刊刻誊黄,辗转动须数月之久。此数月中,州县明知其必奉蠲缓也,因而敲扑比催不遗余力。及至誊黄到后,遂将征存者尽饱私囊,并无流抵次年正赋之说。小民之不被实惠,概由于此"。③ 说白了,就是州县官利用了从成灾、报灾到蠲免上谕下达之间的"时间差",来了个"短、平、快",高速度、高效率地催征钱粮,以肥己囊。即使不能全部催征到手,至少也要

---

① 《清朝续文献通考》,卷 80。
② 《清朝续文献通考》,卷 80。
③ 《录副档》,光绪十一年刘恩溥片,月日不详。

尽量多捞一点,如有人所揭露的:"州县且多积压眷黄,赶紧催科,待催科过半,而后张贴"。①

不独民田如此,耕种"京旗王公、贝勒各府及内务府之地"的佃农们也有类似的遭遇。李鸿章在1886年(光绪十二年)的一个奏折中说,据查灾委员反映,管地的庄头将"今年租项已于上年预收,今年又须预收来年租项,始准种地",逼迫佃农们在田地受灾奉谕减收田租之年照旧纳租,"并称光绪九年十月曾奏奉明谕减收,而为时已迟。该庄头等皆于九月起即行催索,或串通州县书役压搁告示,直待租项追齐,始行张贴。致有售田房、鬻子女,并以所得赈款凑交者"。②

民间田亩因"水冲沙压"等因无法垦复者,本应由州县官上报,经清廷批准,其应征钱粮可以豁免。"但各州县未能一律切实奉行,其相沿追纳者仍属不少。民间呈报荒田恳请查勘,往往置之不理"。③ 1891年(光绪十七年),刑部主事饶昌麟等家乡在江西抚州临川县的京官曾揭露,临川县"丙子(即光绪二年)波臣为虐,合邑堤垱四十余道莫不冲决为害,早晚绝收,米价腾贵,几至斗米千钱。报灾不准,催科照常。民多逃亡,道路饥毙,哀鸿遍野。……近堤之田,水到之处,积沙盈丈累尺,往之腴产概成沙丘。沙浅复垦成田者,不及十分之二,余者几如山积,尽属不毛之地,而钱粮照常征纳。存者多鬻子女以偿,逃亡者波及亲属戚族。十余年来,赔累难言"。④

四、"浑灾"与"清灾"

笔者在查阅清宫档案时,曾看到几份关于1898年(光绪二十四年)山东水灾及办赈情况的奏折,相互结合对照起来看,颇为耐人寻味。山东巡抚张汝梅先于是年9月8日(七月二十三日)报灾称:"山

---

① 《录副档》,光绪六年五月十七日御史李暎片。
② 《录副档》,光绪十二年九月初四日直隶总督李鸿章折。
③ 《录副档》,奏主、日期均不详。
④ 《录副档》,光绪十七年刑部主事饶昌麟等呈。

东地处黄河下游，河身弯曲，淤垫日高，近年以来几于无岁无工即无岁无赈。然水势之大，灾情之重，从未有如今岁伏汛之甚者"，多处河堤决口，报灾州县多达 29 个，情况十分危急，"已随时立饬司、局速委妥员多备船筏携带银钱、席片、馍饼分赴灾区设法拯救查放急赈"。9 月21 日（八月初六日）又有一折，对灾情做了补充报告，称急赈已将次放竣。① 后来，因有人奏报"山东放赈迟延，请饬催速办急赈"，光绪电谕他"迅速遴派妥员分投散放急赈，以苏民困"，张汝梅不得不于 1899 年1 月 9 日（十一月二十八日）再次上折，对此详加辩解。折中说：灾区急赈州县"早经一律放竣，共放赈银七万五千二百三十余两，官捐施放馍饼、席片等项尚不在内。急赈放竣，随即接办冬赈……自九月十七日查户起，截至现在"，委员查放历城、禹城等 24 州县"共四千三十八村庄灾民，折实大口六十七万八千六百三口半，每大口极贫放京钱一千二百文，次贫放京钱八百文，小口各减半"，并称"节经严饬印委各员赶紧认真查放，不准草率从事，放完一庄，即贴一庄榜示，俾姓名、口数、钱数一目了然，以杜克扣中饱之弊，并将放过村庄户口、赈钱各总数，另贴简明榜示，咸使周知"云云。② 光看这几个奏折，会觉得山东官员办事认真，安排周详，符合定制，整个山东的赈务似乎确实在有条不紊地进行着。但当我们又看到差不多同时山东籍日讲起居注官、翰林院侍讲学士陈秉和的奏折后，印象又颠倒了过来。

作为山东京官自然关心桑梓的苦难，故陈秉和"凡遇东省来人无不询以赈务，其自省城来者则云，急赈时，近省堤岸有官绅捐放馍饼、席片。每席棚七八人，十余人不等，仅给馍饼二三斤，未放银钱。自距省较远州县则云，并未放赈。……此急赈之情形，该抚所奏与臣所闻异也。"陈秉和于这年岁末在北京街头遇见山东禹城县流亡的灾民正在卖女求食，经了解，他们 12 月底（十一月中旬）离开家乡时"无赈可

---

① 《朱批档》，张汝梅折。
② 《朱批档》，光绪二十四年十一月二十八日山东巡抚张汝梅折。

食"。又向刚从山东返京的义赈京绅了解,他们在山东义赈时,未闻放官赈,只是接到光绪派溥良为查赈大臣的电报后,巡抚"始张皇失措草草查放",该京绅 1899 年 1 月 7 日(十一月二十六日)离开的山东,"其时始派委员","此冬赈之情形与臣所闻见者均异也"。该折还揭露道:"刻闻东省来信云,所派委员与首事人等勾通,从中分肥。十户之中领者一二,逼令合村具领赈甘结,以致各处哗然,情愿不领。而该抚乃在省城派委员十余人、书手数百人倒填月日,连夜赶造赈册。是今虽已放,而任用非人,百弊丛生,半归中饱。百姓当时溺毙者五万余人,至今饿毙者不计其数。"①至次年年初,查赈大臣溥良的奏报中虽多回护之辞,但也不得不承认,山东巡抚"所定急赈章程,大口均给钱一千,小口均给钱五百,而灾重之地印委各员往往以人多款少禀请酌减钱数,或大口仅给钱数百文,或每户仅给钱数百文,并有泊舟村外量取数千文、数十千文付之村人领回分给,至有每口仅分钱数文、数十文者",冬赈虽照章如数发给,但却"按照民间初报户口原册删减户数、口数";"其民间报灾请赈公用,本庄之首事、地保竟有按亩按户摊派钱文,而取给于所领之赈款以为盘费者";再有,"逃亡各户闻赈归来,而赈已放过,则州县等官且亦限于文法而莫可如何"。②

　　这一年山东赈务的弊端到底严重到什么程度,陈秉和的揭发与溥良的调查出入较大,陈秉和出于对家乡亲人的关心直言不讳,溥良则不免沾上官官相护的恶习,为封疆大吏留点面子,看来陈秉和反映的情况更可信些。况且,以忠直著称的前任山东巡抚李秉衡也对该省办赈中的问题深有感受:"东省办赈日久,乃奉行不善流弊滋生。查赈委员不下乡挨查,人数开自庄长,造册委之书吏,而户口之大小多寡与极贫、次贫之差等,得以任意赢缩,重领、冒领习为固然,真正饥民反不得食。即同一得之,亦仍是均摊匀散,而沟中之瘠已非一滴所能苏。每年公文下

①　《录副档》,光绪二十四年十二月二十二日陈秉和折。
②　《录副档》,光绪二十五年正月初七日溥良折。

—— 231 ——

行,赈册上报,曰赈过若干人。其实灾民之生与死未尝过问,浮滥之与遗漏,其罪等耳"。①

"浮滥"与"遗漏"是晚清救荒中所存在问题的集中表现,它不仅存在于赈济中,也存在于蠲免中,即应该得到蠲免、赈济的人被"遗漏",而不应得到的人却被滥于蠲、赈。晚清时,各省向有"清灾"、"浑灾"名目,十分具体、形象地反映了这一混乱现象。所谓"清灾",顾名思义,是指地方官在勘灾、查赈中,不仅自己奉公守法、清正廉洁,而且勤勤恳恳照章办事,把有关工作处理得一清二楚,绝无"浮滥"与"遗漏"。反之,"浑灾"是指勘灾、办赈中一片混乱,"浮滥"与"遗漏"比比皆是,犹如一潭浑水。

办"清灾",对地方官的品德操守与工作作风有很高的要求,故有关上谕总要强调勘灾办赈时需"选派妥员",上引李秉衡折也说办灾时要遴选"操守可信勤朴耐劳之员",即封建时代的"循吏"。但在当时的历史条件下,连统治阶级自己也说"牧令中十人难得一循吏"②,那么,真正能够办"清灾"者能有几许呢? 故总体而言,清代,尤其是晚清时期的救荒活动确是浑水一潭。

那么,导致"浑灾"的原因何在? 这不能不从具体负责救荒的州县官员及印委查灾委员们说起。

首先,这些官员往往自己就是发"天灾"财的吸血虫。他们经常是以赈银来抵补因挥霍、贪污所造成的仓粮、库银的亏空,"领到赈银,酌提若干先肥己囊,其余或归诸绅士,或委之胥役,任其随意放给,府、县并不过问"。"大吏委员查勘,举凡一切供应盘费,又率皆取给于赈银";他们赴省领取赈银时,"必遍探钱价较贱之处"前往兑换,从中谋利。③

其次,则由于这些官员"疲玩"、"废弛",玩忽职守。按规定,地方

---

① 《朱批档》,光绪二十一年九月二十二日降级留任山东巡抚李秉衡折。
② 《录副档》,光绪二十七年五月内阁中书许枋折。
③ 《录副档》,道光二十九年九月初九日掌江西道监察御史方允镶折。

遇灾,该管州县官及印委查灾官员必须亲历灾区"按亩踏勘",核查田地灾情,还要"挨庄挨户访查"灾民,晰分极贫、次贫,工作相当繁重,况且灾区的气候、交通以至吃住条件往往比较恶劣,对于平日养尊处优惯了、"性耽安逸"的官老爷们来说,这份差事真是苦不堪言,"每惮其烦"。故"地方以灾祲告,(州县官)初未下乡亲勘,核定被灾分数,及委员到境复勘,复与串通一气,浑报成灾分数。往往灾在民情良懦钱粮易征处所,则避重而就轻;灾在民情刁健钱粮难征处所,则避轻而就重。以致应赈者漏未及赈,不应赈者滥与之赈,畸重畸轻,弊端百出",或者"遇被灾应赈年岁,以编户审丁造册各事概付书吏、门丁、里长、保正之手"①,听任其营私舞弊。

清朝的制度本来规定,勘灾、查赈不得"假手胥役","务使实惠及民"。每遇灾荒,有关上谕总要重申这条禁令,督抚的奏折中也总是信誓旦旦地保证遵照执行,这已成为上行下达公文中例行公事的套话。"胥役"(又称"吏役")是州县的具体应差办事人员,是书吏和衙役的合称。清代一个州县的经制吏役(相当于今天的定编人员)总数不过60人左右,最多也不过上百人。但实际的吏役人数不断增长,大大超过经制之数。嘉庆时洪良吉说:"今州县之大者,胥吏至千人,次至七八百人,至少亦一二百人"。② 1830年(道光十年)上谕称:"山东州县差役,大县多至一千余名,小县亦至数百名。一省如此,他省可知"。③御史游百川估计,同治年间,大县有胥吏二三千名,小县至少三四百名。这些人社会地位不高,但以森严的衙门为靠山,在百姓面前作威作福,敲诈勒索,查灾办赈是他们大发不义之财的良机。至晚清,随着这个寄生阶层人数的急剧膨胀,其危害也更加严重。尽管清廷反复重申,禁止胥役染指救荒工作,但由于地方官疲玩废弛,客观上也由于事务繁忙,不能不借助于胥役。此外,插手救荒工作的还有地方官的家丁、私人幕

① 《录副档》,光绪十九年七月十四日湖广道监察御史叶庆增折。
② 洪亮吉:《卷施阁文甲集》,卷1。
③ 光绪《钦定大清会典》,卷98。

友，以及地方上的保正、庄长、里长、绅衿等。这些人见"本官尚且克扣，遂尔相率效尤"，在查灾办赈中相互勾结，上下其手，借机"需索中饱"，干出了许多伤天害理的勾当。其中的弊窦和黑幕，实在难以历数，在救荒工作的每个环节都可以看到他们的鬼影：

1. 报灾："民间报灾请赈公用，本庄之首事、地保竟有按亩按户摊派钱文，而取给于所领之赈款以为盘费者"①；"造沙压地亩清册送县"，差役"逼索钱四十千整，否则不准送册"。②

2. 查灾：查灾"委员等随带之书差藉赔盘费等词，向各保及灾户需索费用……灾民皆不愿出钱，该乡保、庄长曾向吓称，若不允给，不得有票"。③

3. 蠲缓："每遇蠲缓之年，书吏辄向业户索取钱文，始为填注荒歉，名为'卖荒'。出钱者，虽丰收亦得缓征；不出钱者，虽荒歉亦不获查办。甚至不肖州县，通同分肥"。④

4. 查赈：书吏、门丁、里长、保正掌握"编户审丁造册各事"，"于是需索不遂，而赤贫之户多漏遗，中饱堪图，而次贫、稍次之户多添改。以至老赢壮者年貌不符，绝户摊丁，花名滥列。地方之劣衿、刁监知赈款不无浮冒也，遂群起而相挟制，迭出而事把持，而弊愈辗转，不胜穷诘"；⑤"胥吏则更无顾忌，每每私将灾票售卖，名曰'卖灾'；小民用钱买票，名曰'买灾'；或推情转给亲友，名曰'送灾'；或恃强坐分陋规，名曰'吃灾'。至僻壤愚氓，不特不得领钱，甚至不知朝廷有颁赈恩典"。⑥

这真是令人痛苦的现实，而我们的先祖们，正是在这样一种痛苦的现实中生活过来的。

---

① 《录副档》，光绪二十五年正月初七日溥良折。
② 《录副档》，咸丰七年四月初八日都察院左都御史肃顺等折。
③ 《录副档》，道光三十年三月二十九日两江总督陆建瀛等折。
④ 《清文宗实录》，卷208。
⑤ 《录副档》，光绪十九年七月十四日湖广道监察御史叶庆增折。
⑥ 《录副档》，道光二十九年九月初九日御史方允镶折。

结 束 语

噩梦醒来是清晨

　　读完这本书,读者们也许会产生一种如同经历了一场噩梦一般的感觉。是的,对于我们中华民族来说,这种噩梦般的生活和处境,一直持续到新中国的诞生,才告结束。常言道:噩梦醒来是清晨。新中国成立以后,人们终于迎来了充满着希望也充满着阳光的黎明。

　　新中国成立40年来,我们在减轻自然灾害的工作上,已经取得了举世瞩目的伟大成就。据最近公布的数字,新中国成立以来,我国在农、林、水利、气象方面的基本建设总投资共1074.94亿元。仅兴修水利一项,1952—1986年,国家财政的投资累计达630亿元,整修、新建堤防、圩垸、海塘20.4万公里,修建水库8.3万座,塘坝600多万座,总库容4504亿立方米。建成排灌站46万多处,机电井251万眼,机电排灌动力6400多万千瓦。建成万亩以上灌区5000多处。全国灌溉面积由解放初期低标准的2.4亿亩发展到7.2亿亩,初步治涝面积2.84亿亩,改造盐碱地0.71亿亩,改造渍害低产田0.52亿亩,治理水土流失面积53万平方公里。由于全国已初步形成了一个防洪抗旱的工程体系,使得自然灾害造成的损失大大减轻了,据估计,新中国成立以来防汛抗洪共减少经济损失 3000 多亿元,为防洪建设投入的 12 倍。即使发生较严重的自然灾害,政府也立即组织群众抗灾救灾,40 年来,国家直接用于解决灾民生活的救灾救济费累计达 170 亿元,调拨救灾口粮2000 多亿公斤。① 这就使得旧中国经常出现的"饥民遍野"、"饿莩塞途"的人间悲剧,再也不会重演了。

从黄河在旧中国连年漫决、新中国却岁岁安澜的历史巨变中,我们更深切地体会到,社会制度和政治制度的不同,对自然灾害的影响是何等重大。新中国成立后,国家为治理黄河投入了大量的人力、物力和财力。黄河流域人民在政府的统一规划下,每年出动上百万人,积极投入宏伟的治黄工程;国家在财力十分紧张的情况下,先后投资上百亿元,为治理黄河提供了财力和物力基础。40 年来,共完成加固老堤、修建新堤的土方工程量达 9 亿多立方米,整修险工的石方达 1400 多万立方米,消灭堤身隐患 33 万处;从搬动的土石方来说,相当于建筑 13 座万里长城。在黄河泥沙主要来源区的黄土高原,由于坚持不懈地进行了植树种草、打坝淤地、修建梯田,大规模开展水土保持工作,取得了显著的成效;水土流失最严重的粗沙区,有效治理面积已达 10 万平方公里,近 15 年来,平均每年减少入河泥沙 1.8 亿吨。这些措施,大大提高了防洪能力,本书中所叙述的黄水不断泛滥的状况已经彻底扭转了。新中国成立 40 年来,黄河下游发生每秒 10000 立方米以上洪水共 12 次,却没有一次决口成灾。1958 年,黄河出现特大洪水,花园口洪峰达每秒 22300 立方米,尽管黄水汹涌澎湃,排山倒海,但两岸大坝却安然无恙。但在国民党统治的 1933 年,花园口洪峰流量仅每秒 18700 立方米,下游决口漫堤即达 72 处,12000 平方公里的土地上均受黄水浸淹,造成一次很大的水灾。两相对照,形成了何等鲜明的反差。在治黄工程中,不仅"黄灾"得到控制,而且变害为利,先后在黄河两岸建成 5 万亩以上的灌区 200 多处,灌溉面积由新中国成立前的 1200 万亩发展到

① 《人民日报》1990 年 3 月 5 日、3 月 14 日。

7000万亩。黄河下游新建引黄涵闸76座,虹吸工程55处,扬水站68座,引黄灌溉和补源面积达3000万亩,成为我国最大的自流灌区。

"大雨大灾、小雨小灾、无雨旱灾"的淮河流域,也因为对淮河进行了大规模的综合治理,使旧貌换了新颜。40年来,在淮河的干流和支流上,先后兴建了35座库容1亿立方米以上的大型水库,140余座库容1000万立方米以上的中型水库,5000余座库容10万立方米以上的小型水库,总库容250亿立方米,有效地控制了山区洪水,削减了洪峰流量。还在淮河中下游修建了许多蓄水控制工程,使淮河两岸的湖泊充分发挥防洪、灌溉等综合利用的作用。为了提高河道的宣泄能力,在淮河中下游和一些重要支流,都修筑和加固了堤防,如中游的淮北大堤,长340公里,南四湖地区的湖西大堤,长129公里,都成为保护千百万亩农田的重要屏障;下游的洪泽湖大堤和里运河大堤,经多次除险加固,大大改善了下游3000万亩农田和2000万人民生命财产的防洪安全条件。此外,还开挖了新沂河、新沭河、苏北灌溉总渠等,大大提高了入海泄洪能力;开展了规模广阔的除涝、治碱斗争;修建了40000多座排灌站;兴建了全国著名的淠史杭灌溉工程;建成500千瓦以上的水电站53处,总发电量达7.6亿度;营造了10000平方公里的水土保持林,原有53000多平方公里水土流失严重的地区,已有18000多平方公里得到初步治理。经过淮河两岸人民在党和政府领导下的持续努力,自然灾害在很大程度上得到了有效的控制,粮食产量大幅度增加,其他经济也得到迅速发展,人民生活有了明显的改善。

前面我们曾经谈到,生态平衡的严重破坏,是造成水旱等自然灾害的重要原因。新中国成立以后,特别是党的十一届三中全会以来,我国先后开建了一系列大规模的生态工程。在著名的"世界八大生态工程"中,我国即占了5项,包括:(1)中国"三北"防护林体系;(2)中国平原绿化建设;(3)中国长江中上游防护林体系;(4)中国沿海防护林体系;(5)中国太行山绿化工程。其中,"三北"防护林体系的范围包括东北西部、华北北部、西北东部的551个县、市、旗,面积为406.9万平方公里，占国土总面积的 42.4%。截至 1988 年，已人工造林 900 多万公顷，封山育林 200 多万公顷，零散植树 30 亿株，被誉为世界生态工程之最。其他的几项工程也是规模宏大，对缓解生态危机、改善生存环境将发挥重大的作用。

正因为做了上面的种种努力，才使我国农业用占世界 7% 的耕地基本上解决了占世界 22% 人口的温饱问题，被许多国际友人誉为奇迹般的成就。这正是中国人民在社会主义条件下向自然灾害作顽强斗争并取得巨大胜利的集中体现。但是，社会主义虽然送走了"饥荒之中国"，同时也还应清醒地认识到，我国毕竟还是一个发展中国家，我们防灾抗灾的能力还很有限，自然灾害对我国人民生命财产造成的损失和对经济发展的制约作用还颇为严重。据统计，在一般年份，我国因受自然灾害的影响，除有数以千计的人员伤亡外，农作物成灾面积近 3 亿亩，因灾少收粮食近 400 亿斤，因灾倒塌房屋 300 万间左右。仅此两项，年直接经济损失就达 100 亿元以上。加上交通、通信、电力、水利设施、文教卫生、工矿企业和市政方面的损失，经济损失数百亿元。① 可见，同自然灾害作斗争，仍然是一个艰巨而长远的任务。

我们衷心祝愿我国人民在同自然灾害作斗争中不断取得新的胜利。

---

① 《光明日报》1990 年 2 月 13 日。